생명의
사회사

생명의
사회사

분자적 생명관의 수립에서
생명의 정치경제학까지

A Social History of Life

김동광 지음

궁리
KungRee

일러두기

· "이 저서는 2012년 정부(교육인적자원부)의 재원으로 한국학술진흥재단의 지원을 받아 수행된 연구임(NRF-2012S1A64021456)"
· "This work was supported by the Korea Research Foundation Grant funded by the Korean Government(Ministry of Education & Human Resources Development)"(NRF-2012S1A64021456)

오늘날 DNA와 유전자는 실험실을 넘어 우리의 일상 속에서까지 매우 큰 힘을 발휘하고 있다. 이중나선 구조의 상징물은 생명공학 기업의 상표뿐 아니라 친근한 화장품 광고 속에서도 심심찮게 찾아볼 수 있다. 언론 매체에서는 몸매가 좋은 연예인이나 실력이 뛰어난 운동선수를 지칭하면서 "DNA를 타고났다"라든가 "유전자가 남다르다"는 말이 스스럼없이 나온다. 육체적 특성뿐 아니라 뛰어난 지적 능력을 보이거나 학문적 업적을 이룬 사람을 언급할 때면 직계 가족이나 친척들 중에서 비슷한 능력을 가진 사람을 찾아내서 유전적 연관성을 지적하곤 한다. 과학사회학자 이블린 폭스 켈러는 DNA가 생명공학과 그 연관 분야들을 넘어서 일반인들의 담론과 광고의 소재로까지 등장하면서 우리 시대의 빼놓을 수 없는 문화적 상징물(cultural icon)이 되었다고 말한다.

이것은 유전자, 또는 유전정보가 과학 분야에서뿐 아니라 사회 속에서 권력을 획득하는 과정이기도 하다. 유전자가 사회문화적 권력을 가지는 이유는 우리가 생명현상이나 그 특성을 유전자로 설명할 때 그렇지 않을 때보다 더 설득력이 있다고 여겨지기 때문이다. 그것은 우리 사회가 신체의 특성이나 운동 능력, 나아가 정신적 능력까지도 DNA로 설명하려는 강한 경향성을 가지고 있다는 뜻이다.

과학사가인 릴리 케이(Lily E. Kay)는 이처럼 유전자를 중심으로 생명을 이해하고 설명하려는 경향을 "생명에 대한 분자적 관점(molecular vision of life)"이라고 표현했다. 생명을 보는 관점은 하나가 아니라 여럿이며, 모든 시대에 걸쳐 고정된 것이 아니라 시간의 흐름에 따라 바뀔 수 있는 무엇이다. 그런 면에서 분자적 관점은 우리 시대에 형성된 독특한 생명관이라고 할 수 있다. 토마스 쿤의 패러다임(paradigm) 개념을 빌면, 이러한 생명관은 하나의 패러다임, 즉 분자적 패러다임이라고 볼 수 있다. 그리고 이러한 관점이 형성된 데에는 역사적 및 사회적 맥락이 있다.

이 책은 이러한 생명의 분자적 패러다임이 어떻게 형성되었는지, 그리고 그 패러다임의 특징이 무엇인지 살펴보려는 시도이다. 이 책의 중심적인 물음은 다음과 같이 정리될 수 있다. 근대 이후 우리가 생명을 보는 관점에 어떤 변화가 일어났는가? 분자적 패러다임이 수립된 역사적·사회적 맥락은 무엇인가? 이 패러다임은 오늘날 우리가 생명을 보는 관점뿐 아니라 생명을 다루는 방식에 어떤 영향을 미쳤는가?

서문에서는 이 책을 떠받치는 중심적인 관점을 개괄하고 이어지는 각 부의 내용과 서술 방식을 간략히 소개하기로 하겠다.

'사회적 실행'으로서의 과학

과학을 어떻게 볼 것인가의 문제는 그리 간단치 않다. 과학을 보는 관점, 즉 과학관도 시대에 따라 변화해왔기 때문이다. 뉴턴 이후 근대과학의 성공에 크게 고무되었던 계몽주의 이래 20세기 초반 실증주의 철학에 이르기까지 과학은 다른 종류의 지적 활동과는 구별되는 독특한 영역으로 간주되어왔다. 특히 과학활동의 본체로 여겨졌던 과학지식은 인문학이나 사회과학의 지식과는 달리 보다 근원적인 지식이라는 생각이 일반적이었다. 다시 말해서, 과학지식은 보편적이고 객관적인 지식이며 우리를 둘러싼 세상에 대해 가장 본질적인 인식을 준다는 생각이 그것이다. 그러나 이러한 과학지식의 인식론적 특수성, 또는 예외주의는 오늘날 대체로 더 이상 받아들여지지 않는다. 기술을 포함해서 과학 역시 한번도 사회적 맥락에서 벗어난 적이 없기 때문이다. 특히 과학이 사회에 미치는 영향이 과거 어느 때보다 커지고, 컴퓨터를 비롯한 첨단기술과 과학의 상호의존도가 높아지고 그 경계가 불분명해져서 테크노사이언스(technoscience)의 양상을 나타내면서 사회와의 관계가 한층 고도화된 오늘날, 과학을 사회와 고립된 활동으로 보기는 불가능해졌다.

이 책에서 과학은 사회적 실행(social practice)으로 간주된다. 다시 말해서, 과학은 진공 속에서 이루어지지 않으며 그 사회가 해결해야 할 문제를 연구주제로 삼고, 과학연구를 수행할 인적 자원과 함께 많은 연구비를 필요로 하는 사회적 활동이라는 뜻이다. 1970년대 이후 수립된 과학지식의 사회학은 과학을 사회적 구성물(social construction)로 간주한다. 오늘날 과학에는 과학자와 기술자들뿐 아니라 정부, 기업, 법률 등의 규율체계, 대학과 연구소, 언론, 시민단체 그리고 일반 대중 등 다양한 행위자들이 참여한다. 그리고 이 과정에 참여자들의 다양한 이해관계가 투영되기 때문에 논쟁과 갈등이 빚어지기 마련이다.

생명공학의 형성과정도 무수한 역사적 · 사회적 굴곡을 거쳤다. 멀게는 17세기 과학혁명으로 시작된 근대과학의 인식론적 특성에서 배태되었고, 20세기 초반 이래 생명에 대한 태도에 일대 변화를 가져온 분자생물학과 생명공학의 탄생, 그리고 새로운 천년대가 시작되면서 완성된 인간유전체계획(Human Genome Project, HGP)에 이르는 숱한 사건과 그것을 둘러싼 사회적 논쟁들이 있었다.

이러한 과정은 오늘날 우리가 생명을 보는 관점, 즉 우리의 생명관을 빚어낸 과정이기도 하다. '생명이란 무엇인가?'라는 물음은 근대 이후 과학기술의 역사 속에서 그 내용과 초점이 크게 변화했다. 그러나 그것은 단순히 과학기술적인 사건들의 연속이 아니며, 그 속에는 생명을 이해하고 통제하려는 사회적 갈망과 이해관계, 즉 정치경제학이 함께 작용했다. 특히 1930년대 이후 미국을 중심으로 이른바 거대과학(big science)이라는 새로운 연구양식이 등장하고, 2차 세계대전이 끝난 뒤 점차 보편적인 양상을 띠면서 과학자 개인이 연구의 주도권을 잃고 있는 상황에서 이 물음은 생명 정치의 여러 굴곡을 거치면서 '생명을 어떻게 조작할 것인가?'라는 물음으로 전환되었다.

이 책은 "생명이란 무엇인가?"라는 물음이 근대 이후 변천해온 과정을 살피려는 것이다. 이 책의 제목이 '생명의 사회사'이지만 이 연구는 과학기술과 사회의 관계에 대한 관심을 토대로 이루어지기 때문에 단순히 과학사의 하위 영역으로 생명과학의 역사를 지향하지 않으며, 사회적 맥락 속에서 생명에 대한 인식이 어떻게 형성되었고 그러한 역사적 흐름이 오늘날 생명공학을 형성해온 사회적 맥락을 추적하려 한다.

생물학이나 생명공학의 역사를 다룬 책들은 흔히 '중요한 진전 (breakthrough)'으로 간주되는 DNA 이중나선 구조의 발견(1953), 재조합 DNA 기술(1973), 인간유전체계획(1990-2003) 등의 일련의 사건들이 순조롭고 매끄럽게 진행된 것처럼 기술하는 경향이 있다.

그렇지만 모든 역사가 우여곡절을 거치고 숱한 우연성을 내포하듯이, 생물학의 역사 또한 그리 순탄하게 진행되지 않았다. 생물학의 전개과정이 마치 누적적이고 선형적(線形的)인 것처럼 보이는 까닭은 사후적으로 다른 관점이나 패배한 이론들을 간과하고 갈등이나 경합과정을 누락시켰기 때문이다. 그렇지만 이러한 흐름이 결코 한번도 매끄럽게 진행된 적은 없었다. 사후적 관점에서 볼 때 그렇게 보이는 것일 뿐이다. 갈등과 논쟁을 부각시키려는 것은 현재의 생명관이나 패러다임이 유일한 것이 아닐 수 있음을 확인하는 기회를 우리에게 주기 때문이다.

생명에 대한 관점과 '패러다임'

과학철학자이자 사학자인 토마스 쿤은 유명한 저서 『과학혁명의
구조』에서 과학활동의 특성을 설명하기 위해서 패러다임이라는 개
념을 도입했다. 패러다임은 특정 시기에 과학자들에게 공유된 신념
체계이며, 무엇을 문제로 삼아야 할지 그리고 어떻게 문제를 풀어야
할지 알려주는 전범(典範)을 제공하기까지 한다. 쿤은 과학이 중요한
이유가 진리를 추구하기 때문이 아니라 그 시대의 패러다임에서 주
어진 문제 풀이(puzzle solving)를 잘 하기 때문이라고 말했다. 쿤은 아
예 과학을 진리 추구 활동으로 보지 않았다. 이러한 생각은 이 책이
나온 1962년에는 쉽게 받아들여지기 힘들었지만, 이후 과학에 대한
생각을 바꾸어놓는 데 크게 기여했다.

쿤의 패러다임 개념이 생명의 사회사를 서술하는 데 적절한 이유
는 패러다임이라는 개념이 어떤 본질적이거나 근원적 토대를 가정
하지 않으며, 생물학과 생명공학의 전개 과정에 대해 특정한 방향성
을 전제하지도 않기 때문이다. 이 관점에 따르면 이 책의 중심 주제
인 분자적 생명관이 수립된 것은 당시 사회적 맥락에 따른 패러다임
의 변화일 뿐, 생명에 대한 해석이 분자적 관점을 채택할 하등의 필
연성도 없게 된다. 우리가 오늘날 DNA와 유전자를 중심으로 생명
을 이해하고 해석하는 것은 우리가 DNA를 중심으로 한 생명의 분
자적 패러다임을 받아들였기 때문일 뿐 그 이상도 이하도 아니다. 다
시 말해서 분자 수준에서 생명현상을 설명하는 것이 그 밖의 다른 수
준, 즉 조직이나 개체 또는 군집(群集) 수준에서 생명을 이해하려는

접근에 비해 더 근원적이거나 본질적이라고 볼 수 없다는 뜻이다. 분자 수준의 접근이 더 근원적이라는 믿음은 생명의 분자적 패러다임에 의해 탄생하고 이후 이 패러다임을 지지하는 사회적 세력들에 의해 한층 강화된 신념체계일 뿐이다. 이 분자적 패러다임이 오늘날 지배적인 지위를 누리기 때문에 분자적 생명관은 당연시되고 있다.

일단 새로운 패러다임이 수립되면 모든 관찰을 이 패러다임으로 다시 설명하려는 폭넓은 시도가 이루어지고, 새로운 패러다임에 적합한 정교한 관측장비나 실험장치들이 만들어져서 과거의 장치들을 대체하고, 그에 따른 기능(skill)과 전문 용어들이 만들어지게 된다. 또한 과학 교과서와 대중서들도 패러다임의 전환에 따라 그 내용이 바뀌게 된다. 따라서 위기와 혼란의 과정이 끝나고 새로운 패러다임이 수립되면 저항은 사실상 불가능해지며, 과학자들은 새로운 패러다임을 수용한다. 새로운 패러다임에 따른 신념, 규율, 제도 등이 제도화되기 때문이다. 쿤은 패러다임이 변화되면 과학자들이 새로운 패러다임에 "동화(同化)"되고, "집착한다(committed)"고 표현한다. 쿤이 '동화'와 '집착'과 같은 단어를 사용한 이유는 패러다임 전환이 진보나 발전과 무관하며, 마치 심리학의 게슈탈트 전환처럼 같은 그림을 어느 쪽으로 보느냐의 전환과도 같다고 보았기 때문이다. 과거의 패러다임을 퇴보나 거짓으로 규정할 수 없으며, 단지 새로운 패러다임에 동화되고 집착하게 된다는 뜻이다. 쿤은 패러다임과 패러다임 사이에 공통된 부분이 없기 때문에 과거의 패러다임과 현재의 패러다임을 단순 비교하거나 참이냐 거짓이냐의 잣대를 적용할 수 없다고 말했다. 이 책에서는 이러한 분자적 패러다임이 생명을 바라보는 지배적인 관점으로 받아들여지게 된 역사적 과정을 살펴보려고 시도한다.

대중과 대중논쟁

전통적으로 일반 대중은 과학에서 수동적인 역할을 하는 데 국한된다고 생각되곤 했다. 과학의 생산자는 전문가인 과학자들이고 대중은 그 소비자일 뿐이며, 기껏해야 세금을 내고 자식들을 이공계에 진학시켜 과학을 후원하는 정도에 그친다고 여겨졌다. 그러나 대중은 근대과학이 처음 탄생할 무렵부터 실험의 증인으로 중요하게 기여했다. 아직 과학이 제도화되기 이전이었던 17세기 영국에서 젠틀먼이라 불리던 여론주도층은 당시 보일과 같은 중요한 과학자들의 실험에 입회해서 그 성공을 입증하고 전파해주는 역할을 수행했다. 18~19세기에 유럽을 휩쓸었던 계몽주의 운동에서도 대중은 뉴턴주의의 확산 과정에서 중요한 기반이 되었다.

두 차례의 세계대전과 냉전을 거치면서 과학에 대한 인식이 크게 바뀌는 과정에서도 대중은 풍향계와 같은 역할을 했다. 레이첼 카슨의 『침묵의 봄』으로 대표되는 환경 운동은 단지 환경 파괴에 대한 문제제기로 그치지 않고, 인간이 과학으로 자연을 마음대로 정복하고 통제할 수 있다는 지나친 오만함에 대한 근본적 문제제기로 이어졌다.

과학 분야 중에서도 특히 생명공학은 대중들의 관심이 가장 높았던 영역이었다. 근대과학의 역사는 자연에 대한 통제력을 확장시켜 온 과정이었다고 볼 수 있으며, 생명공학은 생명현상 나아가 인간 자체까지 그 대상으로 삼으려 했다는 점에서 그 출발부터 안전과 윤리를 둘러싸고 많은 논쟁을 낳았다. 이 논쟁은 전문가들의 영역을 넘어 대중논쟁으로 발전했다. 이 책에서도 다루어지는 재조합 DNA 논쟁이 좋은 예이다.

오늘날 GMO, 줄기세포, 가습기 살균제, 구제역 등 과학과 연관된 주제를 둘러싼 논쟁은 일상적인 현상이 되었다. 대중은 더 이상 과학의 지지자나 후원자에 머물지 않고 과학활동의 주요 행위자로 나서고 있으며, 대중논쟁은 일탈적이거나 예외적 현상이 아니라 과학활동의 정상적인(normal) 일부로 간주된다.

다른 한편, 불확실성이 높고 논쟁적인 생명공학의 경우, 대중과 대중논쟁은 서로 다른 입장을 가진 과학자들이 자신들의 정당성을 확보하기 위해 경합하는 각축장이 되곤 한다. 8장에서 다루어지는 사회생물학 논쟁에서 잘 드러나듯이, 과학자들은 저마다 대중을 설득해서 자신의 편으로 만들기 위해 대중매체들을 십분 활용했다. 과학사회학자 도로시 넬킨이 『셀링 사이언스』에서 잘 다루었듯이 오늘날 과학자들과 언론은 서로의 이해관계에 의해 긴밀한 관계를 이루고 있다.

분자적 생명관이 수립되는 과정에서도 대중적 확산은 빼놓을 수 없는 요소였다. 유전자에 대한 이해가 생명현상을 파악하는 데 중요하다는 생각은 멘델의 유전법칙에 대한 재해석에서 DNA 이중나선 구조의 발견에 이르기까지 일관된 흐름이었지만, 이런 생각이 공고화되고 대중적으로 확산된 중요한 계기는 인간유전체계획이었다. 10장에서 다루어지듯이, 인간유전체계획은 그 출발부터 게놈의 염기서열을 해독함으로써 생명의 본질을 이해하고, 질병, 건강 등의 문제에 대한 포괄적인 해결책을 얻을 수 있다는 신념을 자기강화해왔다. 그리고 이러한 신념은 여러 차례의 이벤트와 언론매체를 통해 대중적으로 전파되면서 확고한 사실의 지위를 확보하게 되었다.

과학 커뮤니케이션의 맥락에서 볼 때, 과학자들이 논문을 쓰면 과학 관련 기자나 과학 저술가들이 그 내용을 대중적으로 서술하던 이른바 과학 대중화의 관행은 리처드 도킨스나 스티븐 제이 굴드와 같은 과학자들이 직접 대중을 상대로 글을 쓰면서 크게 약화되었다. 도킨스, 에드워드 윌슨, 굴드와 같은 생물학자들은 스타 과학자로 부상하면서 일종의 팬덤을 형성했고, 물리과학에서도 칼 세이건의 고전적 사례 이후 스티븐 호킹의 『시간의 역사』는 과학서도 세계적 베스트셀러가 될 수 있다는 것을 보여주었다. 과학의 전문서와 대중서의 경계가 흐려지고 과학자들이 대중을 상대로 직접 발언하고 글을 쓰는 양상은 대중의 과학이해를 위해서 바람직한 현상이기도 하지만, 1990년대 이래 세계적인 저작권 회사인 브록만 에이전시의 경우처럼 세계적인 명성을 가진 수십 명의 과학자들과 계약을 맺어 일반인들의 입맛에 맞게 쉽고 얇은 과학서들을 쏟아내서 지나친 상업화라는 비난을 받기도 했다.

과학의 전 지구적 사유화 체제

1980년대 이후 과학에서는 자본의 논리가 유례를 찾을 수 없을 만큼 노골화되었다. 특히 생명공학은 이러한 움직임을 이끄는 선두주자였고, 생명은 급속하게 특허와 지적 재산권의 대상으로 편입되었다. 과학기술학을 비롯한 학계에서도 '과학의 상업화', '과학과 사회적 불평등'과 같은 주제가 본격적으로 다루어지기 시작했고, 주요 학술지들은 이러한 주제를 다룬 특집호를 발간했다.

초국적기업을 비롯한 사적 부문의 연구비 투자 비중이 공적 부문을 넘어서면서 이른바 돈이 되는 주제로만 과학연구가 몰리는 편중현상이 나타나게 되었고, 기업은 물론 대학의 연구자들까지도 부가가치가 높은 첨단 연구에 집중되면서 과학의 공익성은 크게 침식되었다. 생의학 분야에서 특히 이러한 경향이 두드러졌고, 초국적 제약회사들은 막대한 연구비를 들여 개발한 신약으로 수익을 창출하기 위해 초기에 높은 약값을 유지했다. 따라서 첨단 신약이 개발되어도 그 혜택을 누릴 수 있는 사람들은 경제적 여력이 있는 소수에 한정되었다. 백혈병 치료제로 각광을 받았던 글리벡이 좋은 사례이다. 노바티스사가 개발한 이 약은 기적의 항암제로 알려졌지만 약값이 한 달에 수백만 원이 넘어 저소득층에게는 그림의 떡에 불과했고 남은 가족을 위해 치료를 포기하는 사람들이 속출했다. 과학이 공공재라는 믿음이나 과학이 발전하면 모든 사람에게 혜택이 돌아갈 것이라는 보편주의 가정은 크게 흔들렸고, 과학이 발전할수록 사회적 불평등이 확대재생산된다는 인식이 확고해졌다. 정보사회학에서 처음 나왔던 디지털 격차(digital divide), 즉 정보기술이 발전할수록 그 혜택이 기존의 상위계층에 편중되어 사회적 격차가 확대된다는 정보 불평등 개념은 생명공학, 나노, 로봇 등 신흥 기술들에도 예외없이 적용되었다.

사실 과학의 상업화 자체는 새로운 현상이 아니다. 앞에서도 언급했듯이 과학은 사회적 실행이기 때문에 18세기와 19세기에 전문화와 제도화가 이루어진 이래 상업화에서 자유로울 수 없었으며 그 자체가 나쁜 것도 아니다. 상업화의 영향은 매우 복잡하며, 경우에 따라서는 과학의 공익성을 높이는 데 기여하기도 한다. 다만 1980년대 이후 상업화의 정도가 그 어느 시기보다 심화되고, 신자유주의와 세계화로 인해 일국적 상황을 넘어 전 지구적으로 확산되면서 과학의 '전 지구적 사유화 체제(globalized privatization regime)'의 양상을 띠게 되었다는 점에서 이전 시기와 차이를 드러냈다. 이 개념은 스콧 프리켈, 대니얼 클라인맨, 데이비드 헤스 등으로 대표되고, '과학의 새로운 정치사회학', 또는 '신과학정치사회학(New Political Sociology of Science, NPSS)'이라는 이름으로 포괄되는 접근방식에서 제기한 것으로 오늘날 과학을 둘러싼 상황변화를 구조적 차원으로 접근하려는 시도이다.

간단하게 NPSS의 문제의식을 소개하자면, 이 접근방식은 1980년대 이후 과학의 규율양식과 행위주체, 연구 수행 방식 등에서 과거와는 사뭇 다른 변화가 일어났다고 본다. 우선 1980년에 생명 특허를 인정한 차크라바티 판결과 공적 자금으로 수행한 연구에 대해 사적 특허를 인정한 베이돌 법안은 과학 상업화를 위한 새로운 법률적 기반을 제공했다. 둘째, 화학 분야에서 출발해 오늘날 세계적인 생명공학 기업으로 성장한 몬산토에서 대표적으로 나타나듯이 초국적기업들은 이윤을 위해서 물불을 가리지 않을 만큼 자본의 자기 운동을 노골적·폭력적으로 강제한다는 점에서 전 세계의 지탄을 받고 있지만, 한 나라의 정부도 좌지우지할 정도의 막대한 권력으로 시민사회의 대응을 무력화시키고 있다. 또한 세계화로 인해서 기업들은 규제를 피해 국경을 넘어 자유롭게 이동하고, 윤리적 문제가 없거나 비용이 적게 들어가는 나라에 연구 하청을 주는 이른바 연구의 외주체제를 수립했다.

이 접근방식은 지식 정치의 권력과 불평등이라는 구조적 차원에 초점을 맞춘다. 왜 과학이 어떤 집단보다 다른 집단에게 더 큰 혜택을 주는지 그리고 인종, 젠더, 계급, 직업 등의 차이에 따라 과학이 작동하는 방식이 어떻게 다른지 등이 주된 관심사이다. 따라서 정작 과학에서 중요한 주제인 생명, 민주주의, 페미니즘, 환경, 보건, 윤리 등의 주제가 왜 제대로 다루어지지 않는지에 대해 문제를 제기한다. NPSS는 그 이유가 과학지식 생산양식의 변화라는 구조적 이유에서 기인한다고 본다. 그러한 구조적 이유로 인해 돈이 되는 지식만 생산되고 공공의 이익을 추구하려는 사람들에게 필요한 지식은 생산되지 않는 '체계적인 지식 비생산'의 문제이고 사람들은 무지를 강요당하고 있다는 것이다.

다른 한편, NPSS는 이러한 구조적 문제점을 극복할 수 있는 중요한 주체로 '신사회 운동'에 주목한다. 앞에서도 간략하게 언급했듯이 전문가가 아닌 일반 대중은 오늘날 중요한 과학의 주체로 부상하고 있다. 특히 과거 노동운동이나 정치운동으로 한정되었던 사회운동이 환경, 보건, 과학기술 등 다양한 주제로 확장되면서 운동의 주제와 주체가 확장되었다. 1970년대 후반 직접민주주의 전통이 강한 북유럽에서 보통 사람들이 과학기술의 의사결정에 참여할 수 있는 모형들이 개발되면서, '합의회의(consensus conference)', 과학상점, 공론 조사 등 시민참여 제도가 우리나라를 비롯해 세계적으로 널리 채택되고 있다. 이 책의 마지막 장인 11장에서 이 주제를 탐구한다.

책의 얼개, 그리고 감사의 글

이 책은 대체로 시대적 순서에 따르고 있다. 시기적으로 보자면 1부는 16~17세기 과학혁명기부터 19세기에 이르는 기간이며, 2부는 19세기 다윈의 시대부터 20세기 초반에 해당한다. 그리고 3부는 20세기 초에서 사회생물학 논쟁이 일어난 20세기 후반까지를 다루며, 마지막 4부는 20세기 후반에서 새로운 천년대가 시작된 이후 몇 년까지에 이른다. 그렇지만 이 책이 단순히 역사를 다루려는 의도가 아니기 때문에 반드시 시대순으로 서술되지 않으며, 3부의 마지막 장인 사회생물학 논쟁과 4부 첫 번째 장인 재조합 DNA 논쟁 사례처럼 시기가 뒤바뀌는 경우도 있다. 그것은 이 책을 이루는 4개의 부가 이 책의 주제인 생명의 분자적 패러다임이 형성되는 과정과 그로 인해 21세기 이후 대두한 생명의 정치경제학을 설명하려는 의도로 구성되어 있기 때문이다.

『생명의 사회사』의 1부와 2부는 이 책의 중심이라 할 수 있는 3부와 4부를 예비하는 배경설명에 해당한다. 오늘날 우리가 생명에 대해 가지는 관점이 등장하게 된 전사(前史)인 셈이다. 필자는 과학사, 특히 생물학사를 전공하지 않았지만 16세기와 17세기의 과학혁명 이래 크게 변화한 세계관이 생명에 대한 관점에 미친 영향을 어설프

게나마 개괄하지 않고는 논의를 전개하기 힘들다고 판단했다. 특히 전문 연구자가 아닌 일반 독자들의 경우, 최소한의 과학사적 설명 없이 분자적 생명관이 도래한 배경을 이해하기는 힘들 것이다. 2부의 4장은 스티븐 제이 굴드의 연구에 많이 기댔다.

3부와 4부는 이 책의 중심적인 주제인 생명의 분자적 패러다임과 정치경제학을 다룬다. 3부를 구성하는 4개의 장 중에서 특히 7장의 '정보로서의 생명(life as information)'이라는 주제는 아직 충분히 연구가 이루어지지 못했지만 문제제기 수준에서 포함시켰다. 4부의 9장과 10장은 이전에 발표했던 논문들의 내용을 대폭 수정 보완한 것이다.

이 연구는 2012년 한국연구재단의 인문사회 분야 학술연구지원사업 저술출판지원사업으로 수행되었다. 이 책이 나오기까지 필자가 가톨릭 대학교 생명대학원을 비롯해서 여러 학교에서 수년 동안 개설했던 강의가 큰 도움이 되었다. 책의 출간을 흔쾌히 수락해준 궁리출판 대표이자 오랜 친구인 이갑수 형에게 감사드린다. 또한 늦어지는 원고를 인내심으로 기다려준 김현숙 주간님과 편집부 여러분께도 깊은 감사를 드린다.

2017년 8월 용인에서

김동광

차례

1부

기계론적 생명관의 배태

흔히 "과학혁명(the scientific revolution)"이라고 불리는 16세기와 17세기에 걸쳐 유럽, 특히 영국을 중심으로 일어난 역사적 사건은 세계를 바라보는 관점에 큰 변화를 야기했다. 코페르니쿠스의 지동설에서 갈릴레오를 거쳐 뉴턴의 『프린키피아』에 이르러 완성된 천체역학상의 일련의 혁명은 힘과 운동을 중심으로 세계를 해석하는 물리주의적 관점과 기계론적 세계상을 수립한 것으로 평가된다.

상업, 광업, 촌락과 도시의 성장, 화약이나 인쇄술과 같은 새로운 발명, 인도로 향하는 신항로의 개척, 그리고 신세계의 발견 등은 과학혁명이 일어나게 된 중요한 요인들이었다. 자연철학자와 의사, 그리고 외과의들은 히포크라테스, 갈레노스, 플리니우스에게는 전혀 알려지지 않았던 식물, 동물, 그리고 질병 등과 맞닥뜨렸다.[1] 그들은 새롭게 밀려들어오는 문물과 난생처음 보게 된 신기한 동물과 식물, 확장된 지리적 세계에 대해서 어떤 식으로든 설명을 내놓아야 했다.

이러한 사회적 맥락에서 16, 17세기의 과학혁명을 통해서 기계론(機械論) 철학이 수립되었다. 기계론은 중세시대까지 서구를 속박했던 신성(神性)에서 세계를 풀어내고, 르네상스 시기에 위세를 떨쳤던 마술적 자연관에 의해 유기적으로 얽혀 있던 자연을 오로지 물리적 힘과 운동에 의해서만 작동하는 곳으로 새롭게 수립하는 데 중요한 역할을 했다. 즉, 목적론으로부터의 탈피라는 근대의 기획에서 기계론은 매우 중요한 요소였으며, 낡은 사회 질서를 무너뜨리는 데 혁신적인 역할을 수행했다. 그러나 기계론은 당시 새롭게 부상하고 있

---

1   Lois N. Magner, 2002, *A History of the Life Sciences*(Third Edition), CRC Press. p.78

던 신흥 부르주아지 계층이 요구하는 세계관이자, 당시 그 맹아가 형성되고 있던 자본주의가 필요로 하는 세계관이기도 했다. 구 소련의 과학자이자 과학사가였던 보리스 헤센(Borris Hessen)은 유명한 논문「프린키피아의 사회경제적 뿌리(The Social and Economic Roots of Newton's 'PRINCIPIA')」에서 16, 17세기 자연과학의 눈부신 발달이 봉건 경제의 붕괴, 상업자본의 발달, 국제적인 해양 관계의 발전, 중공업, 탄광의 발달로 가능했다고 주장했다.

기계론 철학은 17세기 이후 지배적인 세계관으로 공고한 지위를 누렸다. 이 관점은 다음과 같이 거칠게 요약할 수 있다. 첫째, 이 세계는 입자(粒子)로 구성되어 있다. 물질이 그것을 구성하는 부분들, 즉 입자로 이루어져 있다는 실체(entity)로서의 존재론이다. 즉, 무엇이 있다는 것은 실체(實體)로서 확인가능하다는 관점이다. 둘째, 법칙성에 대한 가정. 자연은 법칙에 가까운 것에 의해 지배되며, 그 속에 질서가 내재되어 있다는 것이다. 이것은 뉴턴이 가정했던 시계장치 우주(clockwork universe)의 유비를 뒷받침하는 가정이다. 이 가정은 이성(理性)의 힘으로 이 법칙을 이해할 수 있다는 믿음으로 이어진다. 셋째, 자연의 수학화. 질에서 양으로의 환원가능성. 이것은 일견 무질서해보이는 자연을 인간이 다룰 수 있는 방식으로 전환시킬 수 있다는 믿음, 즉 양화(量化)를 통해서 인간의 의지를 개입시킬 수 있는 영역으로 바꿀 수 있다는 믿음이다.

이러한 세계상(世界像)의 기계화는 생명에 대한 인식에 큰 영향을 미쳤다. 기계로서의 우주, 기계로서의 세계의 관점이 생명으로 확장되면서 인체 안쪽으로까지 파고들어 해부학의 발전과 대중화를 낳았다. 이 과정에서 하비의 혈액순환론은 기계로서의 인체 개념을 수립시키는 데 크게 기여했다. 17세기 이후 생물을 기계로 보는 관점은 "동물기계(animal machine)" 개념에서 가장 두드러졌고, 이후 수많은 은유와 상징들이 등장하기 시작했다. 이러한 상징체계의 수립은 생명에 대한 관점에서 이후 지배적인 지위를 형성하게 되었고, 근대 이전의 유기체적 생명관은 크게 위축되었다. 게다가 동물기계론은 생물을 기계적으로 해석하는 데에서 한 걸음 더 나아가 실제로 기계장치를 이용해서 생물을 모방하는 자동기계, '오토마톤(automaton)'을 제작하는 단계로 진전되어 18세기 이후 유럽에서 오토마톤 열광주의가 큰 유행을 이루었다.

한편 17세기에 실험주의 자연철학이 과학지식을 수립하고 공인받는 주된 방법으로 확립되면서, 생명에 대한 실험적 관점이 수립되었다. 이제 생명은 실험실에서 인간의 조작과 통제를 받는 대상으로 인식되었다. 그에 따라 18세기와 19세기에 걸쳐 실험생리학의 흐름이 수립되었다. 실험을 통해 생명현상을 통제하고 인간의 의지에 따라 조작한다는 엔지니어링의 이상이 18세기 이후부터 자리를 잡기 시작했다.

그러나 이런 과정이 아무런 반발도 없이 일방적으로 진행된 것은 아니었다. 과학이론이나 개념이 수많은 이론들과의 경합을 통해 수립되듯이, 기계론적 생명관도 아무런 저항없이 수용되지 않았다. 이 생명관은 19세기에 독일을 비롯해서 유럽 여러 나라에서 나타났던 낭만주의 자연철학자들의 생명관과 갈등을 빚었다. 흔히 문예사조로 국한되어 인식되는 로맨티시즘(romanticism)은 이성을 중심으로 하는 계몽주의 자연관에 대해 다른 관점을 제기하려는 "낭만주의 자연철학"으로 이해될 필요가 있다.

1장

역학적 세계관과
기계론 철학

르네상스는 흔히 발견의 시대, 고대의 지식과 지혜의 부흥과 재발견의 시대로 묘사된다. 그러나 다른 한편 르네상스는 사회경제적으로 큰 변화가 일어났던 시기이기도 하다. 중세의 봉건질서가 무너지면서 사회적 이동성(social mobility)이 높아졌고, 특히 1347년에 일어나서 약 2500만 명 이상을 희생시켰고 일부 지역에서는 전체 인구의 절반을 몰살시키기도 했던 흑사병은 기존의 사회구조를 붕괴시킬 정도로 유럽사회에 큰 영향을 주었다. 당시 유럽에서는 흑사병의 원인이 알려지지 않았기 때문에 유대인과 외국인들이 원인으로 지목되어 학살이 자행되기도 했다. 이러한 사건들은 기존 체계의 혼란과 붕괴를 촉진시켰다.

　서유럽에서 구(舊)질서가 붕괴하면서 사상과 세계관의 측면에서도 큰 변화가 일어났다. 르네상스는 폭넓은 스펙트럼의 새로운 사상들이 만개하면서 서로 지배적 지위를 놓고 경합을 벌였던 불확실성의 시기였다. 헤르메스주의(hermeticism)로 대표되는 르네상스의 마술적 자연관은 신플라톤주의의 부활과 중세시대에 억압되었던 고대 지혜의 흐름인 헤르메스 트리스메기스투스[2]의 저작에 대한 새로운 번역 작업을 통해 크게 부흥했다. 르네상스 신플라톤주의라고도 알려진 이 움직임은 중세와 17세기 중반에 나타나서 변화된 사상적 분위기, 즉 우주에 대한 인간의 태도가 변화하는 기원이 되었다.[3] 예이츠는 유명한 예이츠 테제(Yates thesis)를 통해 종전까지 과학혁명이나 근대과학과 무관한 것으로 알려졌던 신비주의적 마술적 철학이 자연마술(自然魔術)과 같은 단계를 거쳐 근대과학 형성과정에 중요한 영향을 미쳤다고 주장했다. 마술적 그물망으로 연결되어 있는 세계를 인간이 적극적으로 조작함으로써 지식을 얻을 수 있다는 새로운 태도가, 근대과학의 특징이라고 할 수 있는, 세계에 대한 적극적 태도에 모티브를 제공했다는 것이다.[4]

그러나 비커스는 신비주의 과학(occult science)을 둘러싼 논의를 개괄한 책의 서문에서 예이츠 테제가 새로운 논쟁을 촉발시켰고, 예이츠의 주장처럼 신비주의 과학이 새로운 과학을 빚어내는 영향을

---

2 헤르메스 트리스메기스투스(Hermes Trismegistus)는 실존인물로 이집트의 성직자이자 철학자이며 모세의 동시대인이라는 주장도 있었지만, 신비주의 과학과 그 흐름을 표상하는 상징으로 간주되고 있다.

3 프란시즈 A. 예이츠, "르네쌍스 과학에서의 헤르메티씨즘 전통", 김영식 편, 『역사속의 과학』 창작과비평사. p.89

4 이범, 1993, "르네상스-근대초의 마술과 과학" 한국과학사학회지 15권 1호. p.97

미쳤다는 주장을 받아들이는 사람들도 있지만, 예이츠의 주장을 반박하면서 신비주의 과학과 근대과학이라는 두 가지 흐름이 저마다 생명, 정신, 그리고 물리적 실재에 대한 전체적인 접근방식을 결정하는 고유한 사고과정, 고유한 정신적 범주들, 즉 "과학적 멘탈리티(scientific mentality)"를 가지고 있다고 주장하는 사람들도 있다는 것을 분명히 했다.[5] 다시 말해서, 르네상스 시대에 나타났던 다양한 마술적 자연관들을 근대과학으로 이어지는 징검다리로 보아서는 안 되고, 그 나름대로 독자적인 설명체계이자 과학적 세계관으로 간주해야 한다는 것이다. 이후 등장한 기계론 철학은 이러한 르네상스 신플라톤주의로부터 여러 가지 요소들을 받아들이기도 했지만, 자연과 생명에 대한 태도에서 독자적인 관점을 수립했다.

기계론 철학의 등장과 "과학혁명"

기계적 철학의 출발을 어느 한 사람에게 돌릴 수는 없으며, 17세기에 걸쳐 서유럽의 과학계 전체에서 자연에 대한 기계적 관념을 향한 다양한 움직임이 형성되었다고 할 수 있다. 이러한 움직임은 몇 가지 특성을 띤다고 할 수 있다. 첫째, 르네상스 자연주의, 즉 마술적 자연관과 갈등을 빚었다. 둘째, 자연에 대한 지식과 기계기술의 발달을 통해 자연을 지배할 수 있다는 믿음을 가지고 있었다. 셋째, 이러

5　　Brian Vickers, edit, 1984, *Occult and scientific mentalities in the Renaissance*, Cambridge University Press, p.6

한 지식을 통해 세계를 더 나은 곳으로 만들 수 있다는 생각이 형성되었다.

근대 초기에 자연의 이미지는 정복하거나 통제해야 할 무질서하고 혼돈스러운 곳이었다. 야생의 자연은 중세의 유기적 자연관이나 자연을 미술적 힘들의 네트워크로 보는 르네상스의 마술적 자연관과 달리 인간이 이성의 힘으로 질서를 부여해야 할 대상으로 인식되었다. 무질서하고 길들여지지 않은 자연은 새로운 과학의 물음과 실험적 방식에 굴복해야만 했다. 새로운 기계론적 과학의 토대를 닦은 인물로 꼽히는 프랜시스 베이컨(Francis Bacon)은 이러한 자연관을 확립하는 데 중요한 역할을 수행했다.

베이컨의 사회경제적 뿌리는 중산층의 경제적 발전과 그들의 진보에 대한 관심과 가치에서 찾을 수 있다. 아버지가 정치가이자 엘리자베스 1세 여왕의 궁내장관이었던 베이컨은 제임스 1세가 왕위에 오른 후 법무장관을 거쳐 대법관을 지냈다.[6] 그는 르네상스 이후 백가쟁명처럼 등장했던 마술적 자연관의 다양한 흐름들과 맞서서 자연과 우주에 붙박혀 있던 인간을 떼어내서 독립시키고, 인간의 정체성을 이성과 자연에 대한 통제라는 관점에서 새롭게 확립시켰다. 이것은 사상적 의미에서의 인클로저(Enclosure) 운동이라고 할 수 있다. 중세 이래 신성(神性)과 유기적 세계관에 얽매여 있던 인간을 문자 그대로 떼어내서 분리시킴으로써 인간의 독립성을 얻고, 인간 이외의 세계를 개발하고 이용할 수 있는 인식적 토대를 구축하는 기획이

---

6 캐롤린 머천트, 2005,『자연의 죽음: 여성과 생태학, 그리고 과학혁명』, 미토, p.257

라고 볼 수 있다.

베이컨이 과학지식에 직접 기여한 부분은 크지 않다고 할 수 있다. 그는 수학의 중요성을 제대로 인식하지 못했지만, '새로운 과학'이 나아가야 할 방향을 잡았고, 그 방법론을 수립했다. 가장 중요한 기여는 새로운 과학이 자연에 대해서 가지는 태도, 그리고 궁극적으로 새로운 과학을 수행하는 사람들이 견지해야 하는 자연관의 핵심적인 요소들을 정초했다는 점이다.

베이컨은 자신의 정치적 포부를 실천하는 데에는 성공하지 못했지만, 자신의 방법론을 통해 자연을 이해하고 정복할 수 있을 것이며, 그 지식이 전례를 찾을 수 없는 물질적 및 사회적 성공으로 이어질 것이라는 낙관적 믿음을 결코 잃지 않았다. 그는 인간의 의지에 의해 자연을 마음대로 통제하고 부리는(exploit) 것을 찬양하고 정당화하는 '새로운 윤리'를 구축했다. 그는 자연이 과학이 제기하는 "물음들에 복종해야" 한다고 주장했다. 자연이라는 자궁 속에 여전히 감추어져 있을 비밀과 자원들은 관찰과 같은 수동적인 방법으로는 발견될 수 없다고 생각했다. 자연은 기술에 의해 "강요"되고 "주조(鑄造)"될 수 있는 "노예"로 간주되어야 하며, 인간을 위해 봉사하도록 강제되어야 한다는 것이다. 그는 기계 기술(mechanical arts)의 발달을 통해 인간이 자연을 정복하고 복종시키고 "그녀에게 엄청난 충격을 주게" 될 것이라고 확신에 차서 주장했다.[7] 베이컨에게 자연은 관찰의 대상이 아니라 인간이 자신이 원하는 자원을 얻기 위해 노예처럼

---

7   Magner, 같은 책, p.121

부리고, 궁금한 답을 얻기 위해 "닦달해야"[8] 할 대상이었다. 이후 베이컨의 방법은 곧 과학적 방법, 즉 귀납법으로 정식화되었다. "그러므로 우리는 자연을 완전히 분해하고 해체해야 한다. 성스러운 불인 정신으로 그렇게 해야 한다. …참된 귀납이 가장 먼저 해야 할 일은 이런 것이다."[9]

베이컨이 생각한 귀납은 과거처럼 단순한 사실 수집이나 열거가 아니라 자연에 대해 적극적으로 문제를 제기하고 자신의 관점, 즉 기계적 관점에 맞지 않는 사실들을 제거하는 능동적 과정을 통해서 작동하는 방법론이었다. 따라서 그의 귀납법과 기계철학은 불가분의 관계를 가지게 된다. 이제 자연철학자의 역할 모델(role model)이 바뀌게 된 것이다.

광부와 대장장이는 자연을 심문하고 바꾸는 새로운 계급의 자연철학자의 모형이 되어야만 했다. 그들은 자연의 비밀을 그녀로부터 캐내는 두 가지 가장 중요한 방식을 발전시켰는데, "그 하나는 자연의 내장을 파고 들어가는 것이고, 또 다른 하나는 모루 위에서 자연의 형상을 만드는 것이다." … 지구의 가슴 속에는 자연의 진실이 어떤 깊은 광산과 동굴 속에 감추어져 있기 때문이다.[10]

---

8 이 용어는 이기상이 하이데거의 개념인 "Gestell"을 '닦달'이라고 번역한 것을 빌어 온 것이다. 이기상, 1992, "현대기술의 본질; 도발과 닦달(1)," 『과학사상』 2호, pp.130~144, 범양사
9 베이컨 프랜시스, 2001, 『신기관』, 진석용 옮김, 한길사, p.177
10 Bacon, "Du Augmentis", Works, 4권, 343, 287, 343, 393, 머천트, 같은 책, p.265 에서 재인용.

베이컨은 과학지식을 통해 모든 수준에서 사회를 개혁할 수 있다는 믿음을 가졌다. 17세기 자연철학자들은 단지 자연에 대한 지식을 늘리는 데 그치지 않고, 지배자에서 신민에 이르기까지 모든 수준의 사람들을 더 낫게 향상시키기 위해 노력했다. 과학사학자 제이콥(James R. Jacob)은 프로테스탄트와 철학자들이 일부 사람들이 "세계개혁"이라고 부른 개혁과정에서 과학이 중심적인 역할을 수행할 것이라고 생각했다고 주장한다. 베이컨에게 과학이 가져오는 효과는 의심의 여지없이 긍정적인 것이었고, 과학 자체는 좋은 것이었다.[11] 베이컨의 낙관주의에서 사회개혁과 연관해서 과학의 중심적 역할이 가정되었다는 것은 분명하다. 이처럼 과학을 중심에 놓은 사회개혁의 꿈은 사후 출간된 그의 저서 『뉴아틀란티스』에서 분명하게 드러난다.

반면 생태학자이자 페미니스트인 캐롤린 머천트는 베이컨의 방법론이 자연과 여성을 동일시한다고 주장한다. 즉, 영어에서 자연을 여성(her)으로 받는 것이 단순한 은유에 그치지 않고 실제로 근대주의가 자연과 여성의 착취를 정당화한다는 것이다. 이러한 태도가 널리 확산되면서, 여성은 재생산의 자원으로 축소되고 자연을 여성으로 보는 이미지는 과학지식과 방법을 자연을 제압하는 인간(man, 즉 남자) 권력이라는 새로운 형식에 적응시키는 도구가 되었다.[12] 마녀 심

---

11   James R. Jacob, "Political Economy of Science in Seventeenth-Century England" in Margaret C. Jacob (edit) *The Politics of Western Science 1640-1990*, Humanities Press, pp.21-24

12   머천트, 같은 책, pp.256-257

문과 자연에 대한 심문이 같은 뿌리에 있다는 것이다.

한편 프랑스의 자연철학자 르네 데카르트(René Descartes)는 잘 알려진 이원론(Cartesian dualism)으로 르네상스 자연주의에 대한 반론에 형이상학적 정당화를 제공했다. 그는 모든 실재를 두 가지 실체로 분류했다. 하나는 정신이라고 부를 수 있는 것으로 정신적인 활동으로 특징지워질 수 있는 무엇이며, 다른 하나는 물질의 영역으로 그 본질이 외연(外延)인 실체이다. 데카르트는 이것을 "사고의 실체(res cognitane)"와 "외연의 실체(res extensa)"로 구분했다. 그는 이 두 가지 실체를 명확하게 구분할 수 있다고 생각했다.

데카르트의 이원론은 근대적 인식론과 존재론에 모두 큰 영향을 미쳤다고 할 수 있다. 이원론의 의미는 다음과 같이 정리될 수 있다. 첫째, 르네상스의 마술적 자연관과 달리 물질세계에서 정신적인 요소를 완전히 제거했다. "길버트가 이야기한 세계의 자기적(磁氣的) 영혼이나 판 헬몬트가 제기한 활동적 원리들도" 마찬가지로 배제되었다. 웨스트팔은 데카르트의 이원론의 영향을 이렇게 말했다. "물질세계로부터 모든 정신적인 것의 흔적을 외과수술과 같은 정확도로 잘라내버리는 것이었고, 그에 의해 물질세계를 불활성인 물질 덩어리들의 무정한 충돌만을 아는 생명 없는 장소로 만들었다. 그 황폐함에 있어서 충격적인—그러나 근대과학의 목적들을 위해서는 훌륭하게 고안된—자연의 관념이었다…근대과학의 물리적 세계가 태어난 것이었다."[13] 둘째, 이러한 이분법은 정신적인 특성을 오로지 인간에

---

13   리차드 S. 웨스트팔, 1992, 『근대과학의 구조』, 정명식 외 옮김, 민음사, pp.54-55

게만 허용함으로써, 르네상스 이래 인간과 자연 사이의 다양한 관계를 모색하던 움직임을 평정하고 인간을 중심으로 세계를 해석하고 나아가 개발할 수 있는 이념적 정당화를 이루었다고 할 수 있다. 이것은 한편으로는 르네상스 마술적 자연관에 대한 공격이면서, 다른 한편으로는 더 이상 세계 해석에서 신의 도움을 필요로 하지 않는다는 선언으로 볼 수 있다.

이것은 당시 시대적 요구에 따른 경계짓기라고 볼 수 있다. 한편으로는 정신과 물질을 구분해서 황폐하지만 근대라는 세계가 설 수 있는 물리적 세계관을 확보했고, 다른 한편으로는 인간이 자신의 이성을 토대로 이 세계를 해석할 수 있는 정당화를 이루었다. 이러한 인식적 토대 위에서 뉴턴은 『프린키피아』를 통해서 지상과 천상의 모든 움직임을 설명해낼 수 있었고, 나아가 서양인들이 아무런 도덕적 가책이나 윤리적 부담 없이 숲을 갈아엎고, 대양을 횡단할 수 있었다. 이러한 이분법은 이후 생명에 대한 인식에도 많은 영향을 주었다.

자연의 양화(量化)

중세와 르네상스인과 현대인 사이의 사고방식의 차이를 보여주는 가장 큰 요소 중 하나는 세계를 양(量)으로 인식하고 표현하는 방식일 것이다. 중세 유럽인들은 프톨레마이오스와 아르키메데스를 존경했지만 유리, 칼, 오르간 등의 물건을 만드는 방법을 적어놓은 설명서에는 숫자가 거의 사용되지 않았다. 중세시대 사람들은 정확성

을 기하기 위해서가 아니라 효과를 얻기 위해 숫자를 활용했다.[14]

서구에서 대체로 르네상스 시기부터 나타난 자연의 수학화, 또는 양화(quantification)라고 불리는 일련의 현상으로 유럽인들의 경험이 변화하면서 서구의 인식체계 역시 바뀌어갔다. 중세가 끝나가면서 전통적인 세 계급, 즉 농민, 귀족, 성직자로 구성된 중세 유럽사회의 밑바닥에 새로운 부류의 인간이 탄생하기 시작했다. 이 새로운 인간은 매매와 환전에 종사하는 사람들로 중세사 연구자인 자크 르 고프(Jacques le Goff)가 "계산의 대기(大氣)"[15]라고 부른 것을 만들어낸 사람들이었다. 그들은 계산할 수 있는 모든 것을 계산했고, 과거에는 양으로 전환할 수 없다고 생각했던 것들까지 계산가능한 영역으로 끌어들였다. 이른바 "질에서 양으로"의 대전환이 이루어지기 시작한 것이다.

이들이 오늘날 우리가 부르주아지(bourgeoisie)라고 부르는 사람들이었다. 부르주아지는 성(burg)이나 성안 마을(bourg)에 사는 사람을 뜻하는 말이었다. "도시의 공기는 자유를 만든다"는 말처럼 자유로워진[16] 새로운 유형의 사람들은 기계를 활용해서 자연력을 이용해서 부를 축적하고, 그 부를 통해 자신들의 사회적 지위를 높이는 데

14　앨프리드 W. 크로스비, 2005, 『수량화혁명, 유럽의 패권을 가져온 세계관의 탄생』, 김병화 옮김, 심산, p.63.

15　The Fontana Economic History of Europe ; The Middle Ages에 실린 Jacques le Goff의 "The Town as an Agent of Civilization, 1200-1500", 크로스비 『수량화혁명, 유럽의 패권을 가져온 세계관의 탄생』 p.75에서 재인용.

16　이 말은 독일의 유명한 경구로 13세기 말경 자유를 추구하던 농민들이 도시에서 1년 1일을 거주하면 자유민이 되었던 데에서 비롯되었다고 한다. 자크 르고프, 『서양중세문명』, 문학과지성사. p.495

성공했다. 새롭게 등장한 상인과 금융업자들 중 일부는 메디치가처럼 자기들의 가문을 세워 명문가로 세력을 떨치기도 했다. 그동안 유럽에서 정치적·경제적 권력을 독점해왔던 귀족과 고위 성직자들은 이들의 등장에 위협을 느꼈지만 부르주아지들을 억압할 수 없었다. 그들의 재산과 기술을 사용하지 않고는 자신들의 권력을 유지할 수 없었기 때문이다.

서구는 양화(量化)라는 새로운 세계관을 통해서 자신들을 둘러싼 세계를 인식하는 새로운 인식적 틀을 수립하게 되었다. 시간과 공간이라는 가장 근본적인 틀 역시 양화의 영향을 받았다. 과거에 시간은 순환적 개념이었다. 대부분의 농경사회에서 시간은 농사의 절기를 아는 데 필요했을 뿐, 정밀한 시간 개념이나 과거에서 현재, 그리고 미래로 일정하게 흐르는 시간의 정향성(定向性), 즉 시간의 화살(arrow)은 필요치 않았다. 다시 말해서 지금이 일 년의 어느 절기에 속하는지가 중요했지 몇 년인지는 중요하지 않았고, 더욱이 몇 시 몇 초인지의 정밀성에 대한 요구도 극히 낮았다. 고대 그리스의 플라톤주의자, 북미의 인디언들, 그리고 인도와 마야인들에 이르기까지 대다수의 인류는 시간의 패턴이 우리 눈앞에서 벌어지는 자연의 패턴과 비슷하다고 생각했다. 그것은 낮과 밤의 변화, 계절변화와 같은 주기적 순환의 패턴이었다. 그러나 이러한 시간관은 근대 이후 큰 폭으로 변화했고, 1735년 영국의 존 해리슨은 해상에서 정확히 시간을 측정할 수 있는 계시(計時) 장치인 크로노미터를 발명하면서 새로운 양상을 띠게 되었다. 계시기의 발명도 당시의 사회경제적 맥락을 가진다. 대항해시대에 장거리 항해를 위해 경도 측정이 필요했고, 경도

를 알려면 정확한 해상시계가 필요했기 때문이었다.[17]

양화는 공간에 대한 인식에서도 큰 변화를 일으켰다. 크로스비는 양화와 시각화(visualization)라는 새로운 접근법을 통해 유럽인들이 실재(實在)에 채워진 족쇄를 풀 수 있게 되었다고 말한다. "상파뉴 시장에서의 양모 가격의 기복이든 하늘에 있는 화성의 진로이든 그것을 종이 위에, 아니면 마음 속의 종이 위에라도 그려보라. 그리고 실제로든 상상으로든 그것을 균등한 단위로 쪼개보라. 그 분할된 단위가 몇 개인지를 헤아려 보면 그것을 계측할 수 있게 된다."[18] 결국 양화가 시각화와 결합해서 실재를 추론가능한 영역으로 끌어들이고, 종국적으로는 조작가능한 무엇으로 바꾸어놓게 되는 것이다. 양화는 모든 것을 균일한 무엇으로 바꾸어서 추론할 수 있는 환원(reduction) 가능성의 인식적 기반을 열어준다. 양모 가격의 기복이든 하늘을 가로지르는 혜성의 진로든 모든 것을 똑같이 균등한 단위로 표현할 수 있다면, 자연은 양으로 환원가능한 무엇이 되는 것이다.

양화의 신호는 서구 유럽이 1300년경 인구 및 경제성장 곡선의 첫 번째 절정에 도달하면서 나타났다. 양적으로 사고하는 이 새로운 경향은 전쟁과 약탈의 만연으로 인구가 급감하고, 교회의 신뢰가 추락하고, 기근이 주기적으로 일어나고, 역병 특히 페스트의 물결이 조수

17　　당시 유럽의 열강들은 해외 식민지와 상업 해로를 개척하기 위해 경쟁했고, 영국은 서인도제도까지 6주의 항해를 견뎌내고 항해를 끝내고 도착한 항구의 경도를 오차범위 0.5도 이내에 맞추는 발명품에 상을 주기로 했고 결국 해리슨 형제가 이 상을 받았다.(존 대시, 『해상시계, 바닷길의 비밀을 풀다』 장석봉 옮김, 사계절, p.67) 이것은 정확한 측정이 시간과 공간에 대한 인간의 통제를 높여주게 된 것을 보여준 좋은 사례이다.
18　　크로스비, 같은 책, p.279

처럼 밀려왔다가 가는 공포의 한 세기에 두드러졌다. 이 시대를 겪으면서 단테는 신곡을 썼고, 윌리엄 오컴(William of Occum)은 추론의 면도칼을 갈았고, 윌링포드의 리처드(Richard of Wallingford)는 시계를 만들었다.[19]

양화와 시각화는 생명관에도 큰 영향을 미쳤다. 특히 인체 해부도를 비롯한 수많은 삽화는 구텐베르크가 개발한 인쇄술 덕분에 인체의 구조와 그 작동방식에 대한 이해를 높이고 그 상(像)을 구체화시키는 데 중요한 역할을 했다. 여러 가지 도구와 기술장치들의 작동방식은 양화와 시각화의 결정체라 할 수 있는 근대적인 작도기술을 통해 어떤 언어로도 표현할 수 없는 이해의 수준을 가능하게 했고, 근대적인 계산가능 합리성(calculable rationality)의 토대를 확립했다.

유기적 자연관의 쇠퇴

프톨레마이오스의 우주체계나 단테의 신곡에서 표현되었던 인간과 우주의 유기적 연관성은 기계론 철학의 수립으로 크게 침식되었다. 근대과학의 중요한 요소로 세계의 작동방식을 체계적으로 탐구하고 근본원리를 통해 설명하려 했던 그리스 자연철학에서도 운동은 중요한 원리로 이해되었지만 베이컨이나 뉴턴의 개념과는 사뭇 다른 것이었다. 아리스토텔레스는 생명과 무(無)생명을 구분하는 중요한 근거로 움직임, 즉 운동을 들었다. 그러나 그것은 생명의 원리

---

19 크로스비, 같은 책, p.37

로서의 움직임이었고, 법칙적 운동 개념이 아니었다. 운동이 좀더 중요한 의미를 가지는 것은 헬레니즘 시대 이후이다. 고대 그리스 자연철학에서 생물과 무생물은 뚜렷하게 구분되지 않았다. 루크레티우스는 시원물질(corpora prima), 즉 만물이 그것을 기초로 만들어지는 물질을 가정했고, 시원물질인 원자는 불생불멸이자 자연의 제1원리이며 만물은 원자로 환원되었다. 그러나 그리스 자연철학의 환원론은 근대과학의 환원론과 달리 만물의 생성과 변화를 설명하는 하나의 요소로 기능했을 뿐이었다. 아리스토텔레스의 4원소도 문자 그대로 불, 물, 공기, 흙을 지칭했다기보다는 사물의 상태와 성질을 가리키는 상징에 가까웠다고 볼 수 있다. 즉, 기체, 고체, 액체와 같은 상태와 그에 따른 성질의 상호작용을 통해 만물의 원리를 설명하려는 정성적(定性的) 설명틀을 이루는 요소에 해당한다. 이러한 설명양식에서 생물과 무생물, 식물과 동물, 인간과 동물 등의 구분은 약했고, 모든 것을 관통하는 원리가 생성과 변화를 일으킨다고 가정되었다.

기계론 철학의 수립과정은 이러한 유기적 세계관이 무너지고 생물과 무생물, 인간과 동물에 대한 구별이 강화된 궤적으로 볼 수 있다. 새로운 세계관은 구별짓기를 요구했으며, 그에 따라 생명에 대한 관점이 변화되었다. 그리고 생물 내에서도 인간과 비인간 생물을 가르는 것이 구별의 중요한 과정이었다고 볼 수 있을 것이다. 과학혁명은 인간을 그 주변의 관계망으로부터 떼어내서 다른 생물이나 자연으로부터 분리시키고, 그 위쪽으로 들어올리는 인식적 혁명이었고, 그 결과 인간은 인간을 제외한 모든 것을 대상으로 삼고 지배할 수 있는 인식적 지위를 얻게 되었다.

한편, 기계론 철학은 인간에 대해서만 사고와 능동적 행위능력을 부여하면서 인간 이외의 모든 존재의 행위력을 사실상 부인했다. 데카르트는 동물의 정신적 능력을 생존을 위한 생리적 작용으로 국한시켰다. 따라서 인간만이 세계에 능동적 영향을 미칠 수 있는 유일한 존재가 되었다. 16세기에 전성기를 구가했던 르네상스 마술적 자연관도 공감(共感)과 반감(反感)이라는 형식으로 인간이 신비로운 힘들의 네트워크에 영향력을 미칠 수 있다고 가정하면서 인간의 행위능력에 특별한 지위를 부여했지만, 마술적 세계관에서의 인간의 행위능력은 이 세계가 신비로운 힘들로 이루어져 있으며 인간이 그 힘들과 영적인 형태로 연결되어 있다는 인식에 기반을 두고 있다. 이 힘들은 영적인 형태로 인지되었기 때문에 자연은 기본적으로 이성에 대해 불투명했고, 궁극적으로 인간의 이성으로 그 깊은 구석까지 들여다볼 수 없는 신비라는 확신에 바탕을 두고 있었다. 파라켈수스의 "무기고약(武器軟膏)", 즉 칼에 상처를 입으면 상처뿐 아니라 칼에 고약을 발라도 치유할 수 있다는 생각은 인간이 자연의 신비로운 힘들과 연결되어 있다는 믿음을 잘 표현한다.

기계론 철학이 등장하면서 헤르메스주의로 대표되는 마술적 자연관이 쇠퇴하는 과정은 세계를 보는 중요한 하나의 창문이 닫힌 것으로 볼 수 있다. 헤르메스주의는 생명을 신비스러운 힘들의 네트워크로 보았으며, 생물 개체보다는 생물과 생물, 생물과 세계, 생물과 영적인 힘들의 상호연결성과 의존성이 중요한 의미를 가진다. 반면 기계론은 이러한 연결성보다는 개체성(個體性)을 강조한다. 이것은 이후 생명에 대한 인식, 즉 근대적 생명관에서 중요한 함의를 가진다.

절대 시간과 절대 공간을 가정해서 생물을 비롯한 모든 실재가 배경 또는 무대로서의 시간과 공간으로부터 분리될 수 있는 무엇으로 가정하면서, 힘과 운동을 중심으로 하는 뉴턴주의의 물리주의적 세계관은 기계론적 생명인식을 탄생시켰고, 생명이 그것을 에워싼 환경, 즉 생태적 연결로부터 분리될 수 있다는 분리가능성을 전제로 삼았다. 또한 행위능력이라 여겨지는 특성을 중심으로 생물에 위계적 서열을 부여하는 인식이 강해졌다. 식물보다 동물, 동물보다 인간을 중심으로 생명을 인식하고 설명하는 경향이 형성된 것이다. 이러한 기계론적 생명관은 해부학의 발전과 대중화를 통해 한층 강화되었다.

해부학, 기계적 시선의 확장

르네상스를 통해서 한편으로는 신세계의 발견으로 유럽이라는 구세계 바깥으로의 외적(外的) 확장이 이루어졌다면, 다른 한편 인체 안쪽으로의 내적 확장이 함께 시작되었다. 르네상스 화가들 사이에서 인체가 금기를 벗고 하나의 관찰대상으로 등장하게 된 '인체의 세속화(secularization)' 현상을 찾아볼 수 있다. 특히 레오나르도 다빈치는 마치 정교한 기계를 다루듯 냉정하고 자세하게 인체를 관찰했고, 그 구조를 알기 위해 해부도 마다하지 않았다.[20] 30명 이상의 사체를 직접 해부하면서 이루어진 관찰을 토대로 탄생한 레오나르도 다빈

---

20   히로시게 토오루, 이토 준타로, 무라카미 요우이치로, 『사상사 속의 과학』, 남도현 옮김, 다우, 2003 p.124

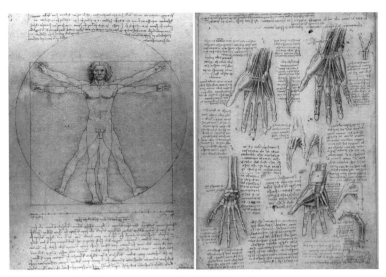

| 그림 1, 2 | 레오나르도 다빈치가 그린 인체 비례도와 손의 해부도

치의 해부도는 정밀한 비율 측정을 기반으로 인체를 양화 및 시각화 시킴으로써, 인체를 비롯한 생명도 다른 사물과 마찬가지로 양으로 환원가능한 영역으로 끌어들였다.

최초의 인체 해부를 한 사람은 기원전 500년 그리스인 알크마에 온(Alcmaeon)으로 알려져 있다. 그는 눈의 신경, 그리고 입에서 귀로 이어지는 관까지도 기술했다(Taylor, 1963). 그러나 해부학이 대중화 된 것은 르네상스 이후였다. 이탈리아 파도바 대학의 의학교육에서 해부는 일상적인 일이 되었다. 회수가 잦아지면서 임시 무대에서 해 부학 시범을 하고 헐어내는 일이 번거로워졌다. 따라서 1584년에 유 럽 최초로 실내 해부학 강의실이 설치되었다. 이것은 런던에 연극전 용 극장이 생긴 지 채 20년이 안 되는 시점이었다.

푸코는 해부학의 수립이 훨씬 후인 18세기 후반에서 19세기 초에 임상의학이 탄생하면서 의학 지식체계가 근본적으로 바뀌는 중요한 계기를 이루었다고 주장한다. 해부병리학적 질병 개념에 근거해서 실증적인 눈으로 환자를 보고 질병을 인식하는 시선, 즉 근대 의학적 시선의 탄생이 가능하게 되었다는 뜻이다.[21]

공개해부는 의과 대학생들을 위한 교육뿐 아니라 일반인들을 위한 사회적 행사이기도 했다. 하비 시대에 해부 무대가 가장 잘 보이는 자리를 차지하기 위해서 해부학 강의실에 돈을 내고 구경하러 오는 저명인사들이 적지 않았다. 흑사병 이후에 인체 및 질병에 대한 관심이 높아진 것도 하나의 이유였다.

공개 해부의 다른 목적에는 관찰의 타당함을 확보하려는 의도가 포함되었다. 해부학적 발견에 대한 주장을 펼치고 싶은 해부학자는 증인들이 보는 가운데 자신의 주장이 입증되기를 바란 면이 있었다. 따라서 해부학 실습은 증인이 목격해서 인정하는 사실체계를 기초로 한 과학이 탄생하는 계기가 되기도 했다. 이것은 논리적 증명을 세우는 것이 불가능한 학문 분야에서 이론의 토대에 해당하는 과학적 사실체계를 만드는 데 새로운 방법이 도입되었다는 것을 뜻한다. 물리적 시범을 해보이거나 사람들 사이에서 합의가 이루어지는 것이 논리적 증명을 대신할 수 있다는 것이다.

생체해부는 그리스 로마의 과학활동의 중심지였던 알렉산드리아

21　권상옥, 2009, "의학적 시선에서 기술적 시선으로 : 미셸 푸코의 「임상의학의 탄생」을 중심으로(From the Michel Foucault's Medical Gaze to the Technological Gaze)", 『의철학연구』 Vol.7 pp.63-80, 한국의철학회

(현재 이집트)에서 기원전 3세기경부터 이미 이루어지고 있었다. 생체 해부 전통은 16~17세기의 화학적 의사들에 의해 시작되었다. 그들은 화학이론에 근거해서 진단하고 실험방법과 전통적인 약초 치료법으로 만든 약을 처방했다. 화학적 의사들은 사체 해부를 비판했다. 그 이유는 사체 해부는 죽은 신체의 속성만을 보여줄 뿐 생명체의 특성인 생기철학과는 관련이 없다고 생각했기 때문이었다. 반면 사체 해부는 이러한 가설이나 접근방식과 다른 차이를 보여준 것이라고 할 수 있다. 즉, 죽은 사체의 구조를 통해서 살아있는 신체의 움직임(작동방식)을 이해할 수 있다는 것이다. 또한 갈레노스 시절의 동물 생체 해부가 인간을 알기 위해서 동물을 해부했다면, 하비는 모든 동물을 알기 위해서 인간과 동물을 해부했다고 볼 수 있다.[22] 즉, 근본적으로 인간과 동물의 차이가 없다는 인식으로의 전환을 뜻한다고 볼 수 있다.

해부학의 발전과 대중화는 기계론적 세계관의 시선이 인체 내부로 확장된 과정이라고 볼 수 있다. 르네상스 이후 진행된 세속화는 인체로까지 확장되었고, 더 이상 인체는 신비로운 장소가 아니었다. 해부의 대중화는 인체도 기계장치라는 인식을 널리 확산시켰고, 인체가 실험의 대상이 될 수 있다는 생각을 강화했다. 시선의 확장이 통제와 조작의 확장으로 이어진 것이다.

---

22   졸 쉐켈포드, 2006, 『현대의학의 선구자 하비』 강윤재 옮김, 바다출판사. p.48

자연철학에서 실험주의 생물학으로

17세기 실험주의 자연철학의 수립으로 이루어진 실험실의 등장은 인간과 자연의 관계, 과학지식을 생산하는 방식 등에 큰 변화를 가져왔다. 그런 면에서 실험실은 근대적 공간이며, 그 속에 다양한 자연의 대리물들이 들어오면서 생명 자체를 조작과 실험의 대상으로 삼을 수 있는 물적 토대를 구축했다. 과학사학자이자 과학사회학자인 스티븐 셰이펀(Steven Shapin)은 실험과학이 자연과 인간의 대표를 실험실로 끌어들여서 목격과 증언이라는 행위를 통해서 과학지식을 수립하게 되었다고 말한다. 실험주의 자연철학이 등장하기 전까지 과학지식은 자연을 관찰하고 사실과 표본을 수집하는 과정에서 얻어진다고 생각되었다. 그러나 실험실이 등장하면서 실험기기와 장치, 그리고 실험동물을 자연의 대리인으로 삼고, 당시 증인으로서 사회적으로 공인될 수 있었던 젠틀먼(gentleman) 계층을 공중의 대표로 불러들였다.[23] 과학지식을 수립하고 인정받는 새로운 방식이 등장한 것이다.

과거에 실험은 단지 증명이나 실연(實演)을 위한 수단쯤이었다면 이제는 본격적인 탐구의 방식으로 정착하게 되었다. 다시 말해서, 갈릴레이가 피사의 사탑에서 했던 낙하실험처럼 이미 경사로 실험을 통해 실험자가 사전에 알고 있는 사실을 다수의 목격자 앞에서 극적

23　　　Steven Shapin, 1999, "The House of Experiment in Seventeenth–Century England" in Mario Biagioli (edit) *The Science Studies Reader*, Routledge.

으로 성공시켜 확인받고 자신의 이론을 증명하기 위한 일종의 퍼포먼스에 그치는 것이 아니라 자신이 밝혀내거나 수립하려는 과학적 사실 자체를 탐구하기 위해 없어서는 안 되는 필수적인 방법이 된 것이다. 거기에는, 후술하게 될, 현미경과 같은 실험 기기들의 등장과 적극적인 수용도 중요하게 기여했다.

이제 실험을 거치지 않으면 확증된 지식으로 인정되지 않는 새로운 풍조가 형성되었다. 이것은 측정되지 않는 것은 실재하지 않는다는 물리학의 개념과도 부합한다고 볼 수 있다. 실험실이 등장하기 전까지 자연은 너무 크고, 복잡하고, 변덕스러운 곳이었지만 실험실로 불러들인 대리물들은 인간이 훨씬 쉽게 통제가능한 무엇이 되었다. 실험실에서 인간은 자연보다 강해질 수 있는 것이다. 라투르는 유명한 논문 "내게 실험실을 달라, 그러면 지구를 들어올리겠다"에서 파스퇴르가 탄저균을 자신의 실험실로 끌어들여 농부들에게 "보이지 않았던" 탄저균이 소를 죽이는 모습을 통해 "보이게" 만드는 과정을 분석했다(Latour, 1983). 결국 파스퇴르는 이러한 전략을 통해 질병이 세균에 의해 일어난다는 병인론(病因論)을 수립했다.

실험실의 등장은 조작성의 증대, 생물에 대한 조작가능성의 확대, 또는 그러한 가능성에 대한 인식이 수립되는 중요한 물리적 토대를 제공했다. 그로써 생물, 생명현상을 물리현상과 마찬가지로 실험적 대상으로 만들 수 있게 되었고, 통제와 조작 능력은 크게 신장되었다. 이러한 흐름은 생물과 생명현상에 대해서 확장되었고, 18세기와 19세기에 걸쳐 생물학의 실험적 전통이 수립되었다. 생명현상 자체를 통제하고 인간의 의지에 따라 조작한다는 엔지니어링의 이상이

18세기 이후부터 수립되기 시작했다(Pauly, 1987).

현미경, 생명에 대한 새로운 시야의 등장

새로운 세계관과 생명관, 특히 실험주의적 생명관이 수립되는 과정에서 빼놓을 수 없는 중요한 요소 중 하나가 새로운 실험도구와 장치들의 발전과 그 수용이었다. 16세기 이후 망원경, 현미경, 공기펌프와 같은 장치들이 새롭게 등장했고, 과거에 이미 개발되었던 시계, 자(尺), 온도계 등의 장치들은 그 정확도나 이용의 편의성 등에서 크게 개량되었다. 이런 장치들은 인간의 감각을 확장해주었을 뿐아니라 자연에 대해 제기되는 문제의 성격 자체를 바꾸었으며, 때로는 이전에 벌어졌던 논쟁을 다른 방향으로 격화시키기도 했다.[24] 예를 들어, 공기펌프는 공기의 본성과 진공의 존재를 둘러싼 의문을 풀기 위한 과정에서 사용되었다. 여러 가지 형태의 용기에서 공기를 빼내 그 속에 들어 있는 촛불이 꺼지거나 카나리아가 질식하는 모습은 보는 이들에게 극적인 효과를 준다. 그러나 이러한 실험장치의 등장이 자동적으로 진공의 존재를 둘러싼 해묵은 논쟁을 해소시키지는 못했다. 이러한 논쟁들은 그와 관련된 집단들의 정치경제적 및 사회문화적 이해관계와 긴밀히 결부되어 있기 때문에 한 두 가지 새로운 장치들의 등장으로 쉽게 해결되지는 못하지만 논쟁의 초점이나 양상이 바뀔 수 있다. 특히 문제를 인식하고 제기하는 새로운 방식과 결합하

24　　Magner, 같은 책, p.133

는 경우에는 큰 힘을 발휘할 수도 있다.

볼록렌즈가 확대된 상을 만들 수 있다는 사실은 아랍인들을 통해 12세기경에 처음 유럽인들에게 알려졌고, 로저 베이컨처럼 자연학에 관심이 많았던 중세 학자들은 확대경에 큰 관심을 나타내기도 했다. 최초의 현미경은 1590년경, 네덜란드의 안경제조사 자카리아스 얀센(Zacharias Janssen)에 의해 만들어진 것으로 알려져 있다. 그는 직경이 1인치, 길이가 18인치 가량되는 황동관의 양쪽 끝에 볼록렌즈와 오목렌즈를 조합해서 조잡한 형태의 복합현미경을 만들었다. 그렇지만 그가 실제로 이 장치를 이용해서 관찰했다는 기록은 남아있지 않다. 현미경이 실제로 생물의 관찰과 연구에 이용된 것은 1660과 1670년대 이후 이탈리아에서였다. 현미경을 이용해서 처음 생물학적 관찰을 한 사람은 이탈리아의 안토니 반 뢰벤후크(Antoni van Leeuwenhoek)였다. 그의 관찰은 체계적인 과학연구는 아니었지만, 타고난 호기심과 신중한 관찰력으로 식물의 포자에서 동물과 사람의 정자, 진드기 등의 미세구조를 밝혀냈다.

현미경의 발명은 17세기 생물학에 더 큰 공헌을 했다. 17세기 후반은 현미경 연구의 영웅적 시대였다. 망원경이 천문학에 대해서 했던 역할이 현미경이 생물학에 했던 바로 그것이었다. 갈릴레이의 목성의 위성 발견이 유럽인들의 하늘에 대한 상상력에 불을 질렀다면, 현미경은 우리 주위와 우리의 몸 속에서 전혀 예측하지 못했던 차원의 생물들이 존재한다는 사실을 통해 새로운 인식을 불러왔다.[25] 그

---

25   웨스트팔, 같은 책, p.129

렇지만 초기 현미경을 이용한 연구가 곧바로 현미경 검사나 새로운 생물학에 큰 발전을 가져온 것은 아니었다. 망원경이 항해용이나 천문 연구에 곧바로 사용된 것에 비해서 현미경은 200년 후 파스퇴르가 세균성 질병을 밝혀내기 위해 사용하기까지 그 실제적 가치를 인정받지 못했다.[26] (버날, 1995) 따라서 당시 현미경의 등장과 이용은 정밀한 해부를 가능하게 하고 하비의 혈액순환설을 확증하는 등 실질적 의미를 갖지만, 생물이 극히 미세한 구조를 가진 기계적 메커니즘으로 이루어졌고 관찰을 통해서 그러한 구조를 밝혀낼 수 있다는 인식적 측면에서 중요한 의미를 가졌다.

26　　J. D, 버날, 1995, 『과학의 역사 2』, 김상민 옮김, 도서출판 한울, p.128

- 권상옥, 2009, "의학적 시선에서 기술적 시선으로 : 미셸 푸코의 「임상의학의 탄생」을 중심으로", 『의철학연구』 Vol.7 pp.63~80, 한국의철학회
- 고프, 자크 르, 1992, 『서양중세문명』, 유희수 옮김, 문학과지성사
- 대시, 존, 『해상시계, 바닷길의 비밀을 풀다』, 장석봉 옮김, 사계절
- 머천트, 캐롤린, 2005, 『자연의 죽음; 여성과 생태학, 그리고 과학혁명』, 전규찬, 전우영, 이윤숙 옮김, 미토
- 버날, J. D, 1995, 『과학의 역사 2』, 김상민 옮김, 도서출판 한울
- 베이컨, 프랜시스, 2001, 『신기관』, 진석용 옮김, 한길사
- 쉐켈포드, 졸, 2006, 『현대의학의 선구자 하비』, 강윤재 옮김, 바다출판사.
- 예이츠, A. 프란시즈, "르네쌍스 과학에서의 헤르메티씨즘 전통", 김영식 편, 『역사속의 과학』, 창작과비평사
- 웨스트팔, S. 리차드, 1992, 『근대과학의 구조』, 정명식 외 옮김, 민음사
- 이범, 1993, "르네상스-근대초의 마술과 과학" 『한국과학사학회지』 15권 1호 pp. 97-115, 한국과학사학회
- 크로스비, W. 앨프리드, 2005, 『수량화혁명, 유럽의 패권을 가져온 세계관의 탄생』, 김병화 옮김, 심산
- 토오루 히로시게, 이토 준타로, 무라카미 요우이치로, 2003, 『사상사 속의 과학』, 남도현 옮김, 다우
- Allen, Garland, 1975, *Life Science in the Twentieth Century*, John Wiley & Sons
- Jacob, James, R. "Political Economy of Science in Seventeenth-Century England" in Margaret C. Jacob (edit) *The Politics of Western Science 1640-1990*, Humanities Press
- Latour, Bruno, "Give Me a Laboratory and I Will Raise the World," in Karen Knorr-Cetina and Michael Mulkay (eds.), *Science Observed* (London: SAGE, 1983), pp. 141-170, abridged and reprinted in Mario Biagioli (ed.), *The Science Studies Reader* (London: Routledge, 1999).
- Loeb, Jacques, 1912, *The Mechanistic Conception of Life Biological*, The University of

Chicago Press.

- Magner, Lois N. , 2002, *A History of the Life Sciences* (Third Edition), CRC Press.
- Pauly, Pholip J., 1987, *Controlling Life, Jacques Loeb and the Engineering Ideal in Biology*, Harvard University Press.
- Shapin, Steven, 1999, "The House of Experiment in Seventeenth-Century England" in Mario Biagioli (edit) *The Science Studies Reader*, Routledge.
- _____, 1994, *A Social History of Truth, Civility and Science in Seventeenth Century England*, The University of Chicago Press.
- Taylor, Rattary Gordon, 1963, *The Science of Life, A Picture History of Biology*, McGraw-Hill Book Company, Inc., New York
- Vickers, Brian, edit, 1984, *Occult and Scientific Mentalities in the Renaissance*, Cambridge University Press,

2장

"세계상의 기계화"와
기계로서의 생명

네덜란드의 과학사가 딕스테르휘이스(Eduard Jan Dijksterhuis)는 자연에 대한 과학사상이 수세기 동안 숱한 변화를 거쳐왔지만, 흔히 역학적 세계관 또는 기계적 세계관이라 불리는 관점의 출현만큼 심대하고 근본적인 영향은 없을 것이라고 말한다. 이러한 기계적 세계관이 물리과학의 융성으로 이끈 연구방법을 낳았고, 그 결실로 실험이 지식의 원천이 되었고, 수학적 정식화가 기술(記述)의 매개물, 그리고 수학적 연역이 새로운 현상을 탐구하는 지도적 원리가 되었다. 나아가 이 세계관은 기술발전과 산업화를 불러왔고, 그로 인해 근대사회의 탄생을 가능하게 했다. 궁극적으로 기계적 세계관은 인간이란 무엇인가, 우주 속에서 인간이 차지하는 위치는 어디인가에 대한 철학사상, 그리고 얼핏 생각하기에는 자연연구와 직접 연관되지 않은 것처럼 여겨지는 수많은 과학 분야들 속으로까지 관통해 들어갔다. 따라서 물리과학의 기계화에서 비롯된 세계관의 기계화는 단지 일부 학문 분야에 국한하지 않고 자연과 세계, 그리고 사회와 문화 전반에 대한 관점에 깊은 영향을 미쳤다는 것이다. 그는 이것을 "세계상의 기계화(mechanization of world-picture)"라고 불렀다.[27]

기계적 세계관보다 세계상(世界像)의 기계화라는 표현이 더 포괄적이고 적절한 까닭은 우리의 세계관이 무수한 가정과 비유에 의해 떠받쳐지며, 수학적 정식이나 물리법칙보다 강력한 연상효과를 발휘하기 때문이다. 실제로 17세기의 기계론 철학은 이처럼 우리를 둘러싼 세계에 대한 숱한 기계론적 가정과 유비를 생산하고, 그것을 확산시켰다. 흔히 과학혁명이 완성된 기점으로 꼽히는 뉴턴의 『프린키피아』는 기계적 세계관의 정점에 해당한다. 아리스토텔레스 이래 수천 년 동안 전혀 다른 체계로 설명되었던 천상계와 지상계는 뉴턴의 역학법칙이라는 단일한 법칙으로 설명되면서 기계적 요소 이외의 모든 설명요소들은 배제되었다. 과학혁명 이후 우리는 기계로서의 우주라는 관점을 마음속에 품고 밤하늘을 올려다보고 시계 속에 들어 있는 정교한 메커니즘처럼 돌아가는 항성과 행성들의 모습을 그리게 되었다.

27　　E. J. Dijksterhuis, 1986, *The Mechanization of the World Picture; Pythagoras to Newton*, Princeton University Press, p.3

시계장치 유비의 확장

베이컨과 데카르트, 가상디 등을 통해서 뉴턴에서 집대성된 기계론적, 역학적 세계관은 세계에 대한 기계론적 가정을 정립했고, 숱한 유비를 생산해서 그 가정을 뒷받침했다. 17세기의 세계상에서 가장 강력한 유비는 앞에서 언급한 "시계장치 우주"였다. 이 유비는 세계가 거대한 기계이며, 불활성의 물질로 이루어져 있고, 물리적 필연성으로 움직이며, 사고하는 실체와는 무관하다는 가정을 바탕으로 삼았다.

데카르트는 모든 생명체가 영혼을 가지고 있다는 전통 신학이론이 실제와 일치하지 않는다고 보았다. 신학이론에 따르면 식물은 성장과 형태를 관장하는 영혼을 가지고, 동물은 운동, 의도, 제한적인 기억과 상상, 지식획득이 가능한 좀더 발달한 민감한 영혼을 가지지만 불멸의 영혼은 갖지 못했다. 반면 인간은 육체와 분리될 수 없는 불멸의 영혼을 가지는 것으로 생각되었다. 그러나 데카르트는 생물의 모든 기능이 시계와 다를 바가 없다고 보았고, 식물이나 동물에게 영혼을 허락할 아무런 이유가 없다고 주장했다. 그는 동물이 고통을 느낄 감각력을 갖지 않기 때문에 고통을 느끼지 않는다고 말하기도 했다.[28]

'시계장치 우주'의 유비는 인간을 둘러싼 물질세계에 국한되지 않

---

28   앤드류 킴브렐, 1995, 『휴먼 보디숍, 생명의 엔지니어링과 마케팅』, 김동광 옮김, 김영사. p.333

고, 인체를 비롯한 생명으로 확장되었다. 즉, 기계장치로서의 동물, 기계로서의 인체에 대한 인식을 불러왔다. 이것은 단순한 유비를 넘어 기계적 자연철학의 기본 명제였다. 그 명제는 "세계는 기계여야 하고, 인체 역시 기계여야 한다"는 것이다. 이것은 생물과 생명현상이 기계여야만 인간의 뜻대로 인간의 의지가 개입할 수 있고, 그에 따라 조작이 가능할 수 있기 때문에 나타난 가정인 셈이다. 기계론의 유비, 은유의 궁극적인 기능은 인간에게 자연을 지배할 힘을 부여하기 위한 것이다. 기계론 철학은 이러한 권능부여(empowerment)를 위한 존재론적, 인식론적 틀을 정립하려는 시도라고 할 수 있다. 시계장치의 유비는 하비의 혈액순환론을 통해서 유비가 아닌 기계적 생명관으로 발전하게 되었다.

하비와 기계론적 생명관

생리학 연구에 새로운 방향을 제공하고, 인체의 작동에 대한 기존 관념을 바꾸어놓은 책은 1628년에 출간된 윌리엄 하비(William Harvey)의 『동물의 심장과 혈액의 운동에 관한 연구』였다. 당시까지 인체 및 혈관, 혈액, 심장 등에 대한 이해는 히포크라테스가 처음 주장한 4체액설에서 크게 벗어나지 못했다. 혈액(뜨겁고 습함), 황담즙(뜨겁고 건조), 점액(차갑고 습함), 흑담즙(차갑고 건조)의 사체액이 인체를 구성하고 있으며, 이 체액들 사이의 균형이 이루어져 건강을 유지한다는 주장은 매우 강한 영향력을 발휘하고 있었다. 질병치료에서도 이러한 4체액설이 기본이었고, 셰익스피어 시대의 열병치료법에는 정맥을 자르거나 살갗에 거머리를 붙여 피를 빨게 하는 방법이 있었다. 이것은 몸속에 흘러나온 과도한 체액을 밖으로 빼내는 사혈(瀉血) 치료법이었다.

인체의 구조에 대해서 17세기 초까지도 사람들은 고대 그리스의 관점에서 크게 벗어나지 못했다. 심장과 혈관이 서로 분리되어 있고, 각기 연관성이 없는 고유한 기능을 가지고 있다고 본 것이다. 당시 사람들은 정맥계가 영양을 공급하기 위해 간에서 몸 전체로 피를 나르고, 동맥계는 심장에서 생기(생명열, 또는 몸에 에너지를 공급하는 일종의 기운)를 받아 맑아진 피를 운반한다고 생각했다. 심장의 기능은 두 가지로 추측되었다. 오른편은 정맥에서 받은 피를 영양공급을 위해 폐로 보내고, 왼편은 심장을 양분하는 격막을 뚫고 온 피를 가열하는 역할을 한다는 것이다.

당시 의사들의 주된 관심사는 열이었다. 생명을 유지시키는 것은 열이기 때문에 몸에 적절한 열이 필요하고, 심장이 그런 역할을 한다고 본 것이다. 너무 많은 열은 몸을 무력화시키고 열이 지나치게 적으면 허약과 쇠약을 초래한다는 것이다. 따라서 열병 환자는 피를 흘리게 해서 열을 식혀주고, 허약한 환자는 심장을 덥히기 위해서 강심제를 처방했다. 데카르트도 심장을 피가 증발할 때까지 피를 가열하는 기관으로 생각했다.

심장혈관계를 하나의 통일된 시스템으로 생각하게 된 것은 하비 이후였다. 하비는 심장, 폐, 동맥계, 정맥계라는 네 가지 요소가 한가지 목적을 위해서 협력하며 그 목적은 피의 순환이라고 주장했다. 이 순환계에 대한 이해는 1660년에 말피기가 현미경으로 개구리의 폐에서 모세혈관 속을 흘러가는 피를 관찰하면서 완성되었다. 지구가 태양 주위를 공전하듯이, 혈액은 인체를 순환하는 것이다.

동물기계

17세기 말엽 영어의 용례에 기계(machine)에 대한 두 가지 서로 다르지만 상호의존적인 의미가 들어왔다. 하나는 기계란 단순하든 복잡하든 특정한 목적을 위해 힘을 적용하는 장치라는 의미이다. 다른 하나는 기계란 지속적인 규제나 개입 없이 의식적 무의식적 행동에 의해 정해진 작용을 기계적으로 수행하는 상호연결된 부분들의 조합을 지칭한다. 첫 번째 정의의 경우, 힘이라는 말의 의미가 모호하기 때문에 생물에게 적용할 수 있는 범위는 제약된다. 동물기계 (animal machine)라는 개념을 둘러싼 논의는 주로 두 번째 의미에 해당하는 것이었다.

17세기 과학혁명기의 주요 자연철학자들은 거의 예외없이 자신들의 기계론적 관념들을 동물을 비롯한 생물들에게 적용하거나 유추했다. 베이컨은 시계장치 우주의 유비를 처음으로 동물의 몸으로 확장시킨 사상가였다. 그는 『신기관』에서 "시계의 톱니바퀴 움직임이 마치 동물의 심장박동과 같다"라는 표현을 사용했다. 데카르트도 『방법론 서설』에서 모든 신체의 움직임과 신진대사를 기계와 같은 움직임으로 이해할 수 있다고 주장했다. 이러한 주장은 당시 교회의 이론이나 일반적인 상식과 충돌을 빚었다. 비판자들은 동물에 대한 데카르트의 주장이 인간에게까지 확장되는 사태를 우려했다. 예수

회의 보긴트 신부와 데카르트가 벌인 논쟁은 유명하다. 신부는 동물이 기계가 아닌 이유로 "개를 사랑하듯 시계를 사랑할 수 없다"고 주장하기도 했다.

따라서 당시 데카르트를 비롯한 기계론자들은 생체해부를 스스럼없이 자행했다. 하비도 동물의 네 다리에 못을 박아서 움직이지 못하게 한 다음 생체 해부를 했다.[29] 기계론자들은 동물이 고통으로 소리를 지르는 것이 스프링을 건드렸을 때 내는 소리와 근본적으로 다르지 않다고 주장했다. 해부의 유행은 생체에 대한 통제가능성에 대한 신념과 직결된다. 해부를 통해서 기계론적 인식은 더욱 강화되었다. 해부와 기계론은 서로를 강화시켜주는 역할을 했다. 생물에 대한 기계론적 인식이 강화되면서 동물의 신체 부분을 기계장치에 견주는 비유, 또는 유추가 발달하기 시작했다. 인체의 장기를 압축기, 펌프, 풀무, 지렛대, 도르래 등에 비유하는 사례가 늘어났다. 이러한 비유는 오늘날 훨씬 정교화된 형태로 반복되고 있다.

동물기계론이 인체기계론으로 발전하는 데에는 한걸음이면 충분했다. 18세기에 라 메트리(Julien Offroy de La Mettrie)는 인간 기계론의 극단적 입장을 지지했다. 그는 『기계로서의 인간(L'Homme Machine, 1748)』에서 인간 역시 영혼 없는 기계에 불과하다는 입장을 제기했다. 데카르트의 이원론을 벗어던지고 모든 것을 기계로 인식하는 일원론으로 과감하게 진입한 셈이다. 그는 데카르트와 달리 인간기계와 동물기계를 구분할 필요가 없다고 주장했다. 기계적인 법

---

29 쉐켈포드, 같은 책, p.160

칙들이 신체의 동작과 사고를 일으킨다고 생각한 것이다. 그는 자신의 저서에서 데카르트의 이분법이 실상은 "두 발로 걸어다니는 기계"로서의 인간에 대한 강력한 유추를 제공하면서, 다른 한편으로 신학자들과 재판관들을 속아넘기기 위한 술수로 비판하기도 했다.

라 메트리의 인간기계론에서 중심적인 개념은 자극감응성(刺戟感應性) 원리였다. 다시 말해서 인간의 움직임은 자극에 대한 일종의 복잡한 반응에 불과하다는 것이다. 그는 영혼이라는 말이 "부합하는 아무런 개념도 없는 공허한 단어"일 뿐이라고 말했고, 인간이 동물보다 훨씬 많은 스프링과 톱니바퀴를 가지고 있는지는 모르지만, 스프링과 톱니바퀴 말고는 더 이상 아무것도 가진 것이 없다고 생각했다. 그의 관점에서 "생기(生氣)"와 같은 개념은 들어설 자리가 없었다.

> 인간 기계에 들어 있는 스프링의 세부 작용에 대해 생각해보자. 이것의 작용이 모든 자연적이고, 자동적이며, 생명에 관련되는 육체적인 움직임을 일으키는 것이다. 우리가 갑자기 예상하지 못했던 절벽을 만나게 되면 우리의 신체가 겁에 질려 기계적으로 한발 크게 뒤로 물러서지 않는가? 주먹이 날아올 것 같으면 우리의 눈썹은 자동적으로 닫히지 않는가?… 허파는 끊임없이 송풍기처럼 자동적으로 움직이지 않는가?[30]

이후 인간의 신체를 하나의 기계로 보는 데에는 거의 이견이 없었

---

30   게이비 우드, 2004, 『살아있는 인형』, 김정수 옮김, 이제이 북스, pp.42-43

다. 하지만 마음 또는 정신적 과정을 기계적이라고 볼 수 있는지 여부에 대해서는 라 메트리 이후 논쟁이 계속되었다. 라 메트리는 인지과학의 시조로도 꼽힌다. 일반적으로 기계론적인 심리학 이론의 입장은 마음이 물질인 두뇌의 산물이며 두뇌란 수많은 세포들이 모여 이루어지며 이들 세포들은 기계적 법칙에 의해 상호작용하며 그 상호작용의 결과로 나타나는 것이 마음의 내용이라는 것이다. 즉 마음이란 두뇌의 작용을 반영하며 두뇌의 작용이 기계적인 한에서 마음의 작용도 기계적이며 따라서 마음은 하나의 기계로 간주할 수 있다는 것이다.

'오토마톤'의 유행

기계-인간이 기계-우주 속의 기계-국가 속에서 살아가는 기계적 세계관이 위세를 떨치던 18세기 중엽, 오토마톤(automaton)은 이 시대의 가장 강력하고 두드러진 지적 상징이었다. 1738년 4월 프랑스의 시사잡지《메르쿠르 드 프랑스(Mercure de France)》는 이렇게 보도했다. "롱그빌 호텔에서 약 두 달 동안 파리 전체가 경이로운 기계장치를 구경하느라 소란을 떨었다. 그것은 역사상 가장 흥미롭고 특이한 구경거리였을 것이다." 파리 사람들이 법석을 떤 것은 실제 사람 크기만한 기계로 된 인물상으로 높이가 1.4미터, 너비가 1미터 정도 되는 커다란 받침대가 인형을 떠받치고 있었다. 실제로 사람과 똑같이 입으로 바람을 불고 손가락을 움직여 플루트의 키를 짚으면서 14곡의 가락을 연주하는 "플루트 부는 오토마톤"이었다. 관객들은 인물상이 실제로 연주를 하는 것인지, 아니면 시늉만 하고 다른 곳에서 사람이 연주를 하는 것인지 확인하기 위해 오토마톤을 정밀하게 조사하기까지 했다. 관객들은 실제로 오토마톤의 세부적인 장치들이 작동하는 모습을 볼 수 있도록 허용되었다. 이 놀라운 장치를 만든 사람이 자크 드 보캉송(Jacques de Vaucanson)이었다. 관람료는 당시 화폐단위로 3리브르였는데, 이것은 파리의 평균적인 노동자의 1주일 급료에 해당하는 높은 금액이었다. 그럼에도 불구하고 수천 명의 파리 시민들이 신기한 구경을 하기 위해 몰려들었다.[31]

라 메트리의 동시대인인 보캉송은 왕립 식물원에서 해부학과 의학에 대한 수업을 들었고, 자신이 만든 자동인형으로 상당한 수입을 얻어 파리의 사교계를 드나들었으며 볼테르를 비롯한 계몽철학자들과도 교류했다. 볼테르와 라 메트르는 보캉송을 '새로운 프로메테우스'라고 부르기도 했다. 디드로와 달랑베르의 『백과전서』 첫째권에는 안드로이드라는 제목으로 여러 쪽에 걸쳐 플루트를 연주하는 자동인형에 대한 상세한 설명이 실려 있었다.[32]

보캉송이 계몽철학자와 과학아카데미로부터 높은 평가를 받았던 것은 그가 의도했던 것이 단순한 자동인형이 아니라 살아있는 인간의 움직임을 기계로 똑같이 모사하려 했기 때문이었다.

아홉 개의 송풍기가 인형의 가슴까지 이어지는 세 개의 파이프

31　　Kang Min-soo, 2011, *Sublime Dreams of Living Machines, The Automaton in the European Imagination*, Harvard University Press, pp.103-104

32　　우드, 같은 책, pp.50-51

로 연결되어 있다. 송풍기들은 세 개씩 짝을 지어 각기 다른 양의 공기를 배출할 수 있도록 서로 다른 추로 연결되어 있었고, 모든 파이프는 인체의 호흡기관 구실을 하는 하나의 파이프로 합쳐진 다음 목을 따라 계속 올라오다 구강을 이루게 되어 있다. 입은 가장 작은 부분이기는 하지만 가장 복잡한 장치들을 담고 있다. 플루트의 구멍을 향하게 되어 있는 입술은 악기에 불어넣는 공기의 양에 따라 벌리고 닫을 수 있으며, 앞이나 뒤로 움직일 수 있다. … 입안에는 움직일 수 있는 금속 혀가 있는데, 이것이 들어오는 공기를 조절하여 호흡을 멈추게 할 수 있다. 혀를 움직이고 바람을 조절하는 네 개의 레버가 있으며, 다른 장치들은 연주자의 손가락을 움직이게 되어 있다… 자동인형은 숨을 쉬었던 것이다.[33]

오토마톤의 역사를 연구한 게이비 우드는 보캉송의 플루트 연주자가 계몽주의 시대의 이상적인 장치로 받아들여진 이유가 인간이 소리를 내는 바로 그 수단을 똑같이 모방함으로써 플루트를 사람과 같은 방식으로 연주할 수 있었기 때문이라고 해석했다. 더구나 플루트를 부는 오토마톤은 사람과 달리 피로를 느끼지 않았다.

보캉송은 플루트 부는 인물상 외에도 피리와 북을 연주하는 인물상과 기계오리를 잇달아 제작했다. 오리 역시 그 정교함과 실제 오리와 똑같은 움직임으로 당대의 가장 뛰어난 오토마톤으로 꼽힐 정도였다. 금박을 입힌 구리로 된 오리는 단순히 걷거나 날개를 퍼덕이는

---

33   우드, 같은 책, p.53

정도가 아니라 진짜 오리처럼 유연한 목구멍으로 관람객이 주는 음식을 받아먹고, 꽥꽥거리고, 먹은 음식을 항문으로 배설하기까지 했다. 날개 하나만에도 400개 이상의 연결부위가 있었다. 보캉송은 친구에게 보낸 편지에서 자신의 오리의 해부학적 구조를 설명하면서 "나는 해부학자들이 이 날개구조에서 어떤 결함도 찾아내지 못할 것이라고 믿는다"라고 썼다.[34]

물론 실제로 먹이를 소화한 것은 아니었다. 런던 번화가에 있는 극장에서 열린 전시가 큰 성공을 거둔 후, 보캉송은 이 오리를 흥행 사업가에게 팔았다. 그후 오리는 여러 사람의 손을 거치며 유럽과 미국에서 순회 전시되었고, 여러 차례 수리하는 과정에서 일부 속임수가 드러나기도 했다. 먹이를 소화시키는 것은 가짜였고, 배설물처럼 보이는 염색한 빵부스러기를 따로 오리 안에 넣어두었다가 배설하게 한 것이었다.

후일 그는 루이 15세의 요청으로 피를 흘리는 자동인형을 만들기 위한 시도를 하기도 했다. 이 요청을 받기 전에도 보캉송은 의학 교육을 위한 움직이는 해부모형을 만들려는 시도를 했으며, 왕립과학 아카데미에서 혈액순환, 호흡, 소화, 그리고 근육과 힘줄 및 신경의 조합과 같은 생명 기능을 모방하는 자동인형에 대한 계획을 발표하기도 했다. 이러한 그의 시도는 당시 신학자들로부터 많은 우려는 낳기도 했다. 그는 단순한 자동인형이 아니라 인공생명을 만들려고 시도했던 셈이다.

---

34 우드, 같은 책, p.57

| 그림 3 | 보캉송의 3가지 오토마톤, "북치는 인물상", "오리", "플루트부는 인물상"

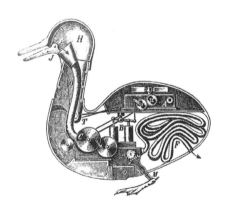

| 그림 4 | 보캉송의 기계 오리 구조를 상상해서 한 미국인 발명가가 그린 그림. 실제 설계도는 전해지지 않는다. 여기에서 오리의 내장이 실제 오리의 창자처럼 구불구불하게 그려졌다는 점이 흥미롭다.

보캉송은 오토마톤 이외에도 프랑스 정부의 의뢰를 받아 방직과 방적기계의 자동화를 연구하기도 했다. 1746년에 그는 자동베틀 연구로 프랑스 왕립과학아카데미(Académie Royale des Sciences) 회원이 되었다.

보캉송의 오리 이외에도 18세기 후반에서 19세기에 걸쳐 유럽에서는 자동인형에 대한 대대적인 유행이 불어닥쳤다. 영국의 수학자이자 발명가인 배비지(Charles Babbage)도 처음에 자동인형을 보았고, 이후 자카드의 직기를 보고 오늘날 컴퓨터의 선조 격인 해석기관에 대한 영감을 얻었다.

오토마톤 열풍은 동물을 기계로 보는 데 그치지 않고, 기계장치를 이용해서 동물을 만들 수 있다는 믿음을 단적으로 보여주었다. 간단한 기계장치들은 중세부터 등장하기 시작했지만, 세계를 바라보는 근본적인 상(像)으로 자리잡게 된 것은 17, 18세기 이후의 일이었다. 16세기까지 사용된 기계기술은 톱니바퀴, 체인, 도르레, 펌프 등 기본적인 요소로 이루어져 있다는 점에서는 중세와 큰 차이가 없었다. 그러나 기계기술은 자본주의적 무역과 제조업의 형태들이 산업자본주의 사회의 방향으로 발전해 나가면서 유럽사회의 무역과 산업, 그리고 생활 내부로 점차 깊이 통합되어 들어가게 되었다.[35] 결국 동물기계라는 관점은 "동물을 감각이 없는 물질로, 내재적인 목적이나 지성이 결여된 단순한 원자 덩어리로 격하시킴으로써, 거침없는 경제적 이용을 위해 그때까지 남아 있던 장애물을 제거시켰다."(워스터, 1994) 과학혁명으로 시작된 세계의 자원화가 동물과 인간의 자원화

35　　　머천트, 같은 책, p.342

로 비약하게 된 셈이다.

동물기계, 오토마톤으로서의 동물과 인간이라는 유비는 이후 산업 사회로 들어서면서 단순한 기계에 대한 비유에서 한걸음 더 나아가 증기기관이나 전기발전소를 모델로 한 "기관으로서의 인체" 유비로 발전했다. 열역학과 에너지 보존 법칙을 통해 우주와 인체를 모두 기관으로 보는 관점이 가능해졌다. 라 메트리 이후 1세기가 지났을 무렵, 물리학자 헬름홀츠(Hermann Helmholtz)는 동물의 신체는 열과 힘을 가지고 있다는 점에서 증기기관과 다를 바 없다고 말하기도 했다.

낭만주의 자연철학과 생명관

17세기 이후 기계론 철학이 지배적 지위를 차지했지만, 그에 대한 저항이나 다른 관점이 없었던 것은 아니었다. 그중 대표적으로, 독일을 중심으로 19세기에 형성된 낭만주의 자연철학은 기계론적 관점과는 다른 관점을 수립했다.

흔히 낭만주의를 영국이나 프랑스에 비해 통일국가 형성에 뒤졌던 후진국 독일에 국한된 계몽주의에 대한 반동(反動)으로 보거나 특정 문예사조에 국한된 현상으로 간주하는 경향이 있지만, 낭만주의는 18세기부터 독일 이외에도 유럽 여러 나라에서 나타났으며 자연과 세계에 대한 다른 관점을 제기하려는 포괄적이고 체계적인 '낭만주의 자연철학'으로 볼 수 있다. 또한 낭만주의 자연철학과 기계론 철학의 긴장은 일방적인 배제와 갈등이라기보다는 상호침투의 과정이었다고 할 수 있다.

낭만주의는 계몽주의적인 이성 자체를 부정하지도 않았다. 오히려 많은 낭만주의자들은 과학정신이 우주의 모든 어두운 구석에 침투할 수 있다고 믿었다는 면에서 이성적이었다고 할 수 있다. 그러나 그들은 미학적 판단이 실재의 깊은 구조에 이르는 또 다른, 보완적인 경로를 제공할 수 있다고 주장한다. 그것은 계몽주의 사상가들이 대체로 간과했던 경로였다. 이런 의미에서 보자면, 실제로 낭만주의 자연철학자들은 이성을 거부한 것이 아니라 '다른 이성', 계몽주의가 신봉하는 이성이 아닌 다른 종류의 이성을 추구했으며, 흔히 오해되듯이 과학을 거부하거나 반(反)과학적이었던 것이 아니라 다른 종류의 과학을 추구했다고 할 수 있다. 그것은 기계론 철학이 자연과 생명을 정복했다는 식의 승리론적 내러티브(triumphal narrative)를 거부하는 것이라고 할 수 있다.

예를 들어 북방의 마자(魔者)로 불리던 쾨니히스부르크 출신의 사상가 요한 게오르그 하만(Johann Georg Hamann)은 당시 이성편중의 계몽주의에 대해서 감정과 감각의 권위를 중시했고, 자신의 사상을 체계적으로 제시하기보다는 잠언 형태로 발표했다.[36] '스트룸 운트 드랑(Strum und Drang)' 시인들 사이에서 예언가로 존경받았던 하만에게 신화(神話)는 단순히 세계에 대한 거짓 진술이 아니고, 인간이 감히 말로 나타낼 수 없고 표현할 수 없는 자연의 신비를 표현하는 수단이었다. 따라서 신비주의는 우리가 설명하거나 이해할 수 없는 세계를 표현하는 수단이며, 그 외에 달리 표현할 길이 없다는 것

---

[36]   박찬기, 1976, 『독일문학사』, 일지사, p.131

이다. 이것은 '세계를 남김없이 설명할 수 있다'는 계몽주의와는 다른 접근방식이었다.

이러한 세계관은 낭만주의 자연철학의 독특한 생명관으로 이어졌다. 독일 낭만주의 자연철학의 바더(Franz von Baader)와 셸링(Friedrich Wilhelm Joseph von Schelling)은 유기체(有機體)론의 관점에서 자연철학을 전개했다. 그들은 유기체 활동을 생명의 근원적 에너지에 바탕을 둔 자발성과 능동성으로 해석하고 기계론을 생명력이 없는 철학으로 비판하면서 낭만주의 자연철학을 대안으로 제시했다.

독일 낭만주의 운동을 주도했던 사상가 요한 고트프리드 헤르더(Johann Gottfried Herder), 괴테, 셸링 등에 의해 제기된 유기적 자연 개념은 데카르트와 뉴턴에 의해 시작된 기계론적 이상(理想)에 반대했다. 과학사가인 로버트 리처즈(Robert J. Richards)는 자연철학의 전통에서 자연은 단순히 조물주의 피조물이 아니라 그 자체가 생산자가 된다고 말한다. 자기생산(self-production)과 발생의 관점에서 자연은 단순하고, 덜 조직화된 상태에서 더 발전한 상태로 나아간다. 따라서 자연은 시간화(時間化)되며, 성장하는 개체처럼 완전한 역사적 존재자의 형태를 띠게 된다는 것이다. 그에 비해서 자연의 기계론적 개념은 본질적인 시간성을 쉽게 뒷받침할 수 없었다. 지적 조물주가 만든 시계장치 메커니즘는 처음부터 끝까지 안정적이고, 일관되고, 완벽해야 했다. 따라서 이 메커니즘은 근본적으로 비(非)시간적이고 비역사적이다. 반면 자기-생산적이고 유기적인 자연은 역사를 가질 수 있다. 이처럼 시간이 자연에 들어온 것은 단지 진화론의 출현을 위한 필수조건에 그치지 않으며 18세기와 19세기 생물이론들을 구성한다. 낭만주의 사상은 19세기 생물학에 큰 영향을 미쳤고, 이후 생명에 대한 관점에서도 중요한 원천이 되었다. 리처즈는 19세기 생물학의 주된 흐름이 낭만주의 운동에 그 근원을 두고 있다고 주장한다.[37]

낭만주의 자연철학의 생명관은 생명을 기계로 환원시킬 수 없다는 주장으로 요약할 수 있다. 이 관점은 이후 특이성 개념으로 연결되며, 생(生)의 약동이나 생명 에너지 등의 베르그송의 개념과도 상통한다. 이후 이 개념은 열역학법칙이나 에너지보존법칙 등으로 환원될 수 없는 생명만의 독특하고 특이한 에너지 개념으로 전개된다. 또한 낭만주의 자연철학의 생명에 대한 이해는 생명을 고립시켜서 인식하지 않고, 세계와의 상호작용하고 소통하는 무엇으로 인식한다는 점에서 그 특징을 찾을 수 있다. 낭만주의 자연개념의 기본은 유기체적 통일성(organic unity)이다. 각 부분은 전체와 분리할 수 없고, 전체의 관념이 각 부분의 위치를 결정한다.[38] 낭만주의의 자연은 분석적 자연이 아닌 통합적인 자연이었다.[39]

37　　Robert J. Richards, 2002, *The Romantic Conception of Life; Science and Philosophy in the Age of Goethe*, The University of Chicago Press. p.11

38　　프레데릭 바이저, 2011, 『낭만주의의 명령, 세계를 낭만화하라, 초기 독일낭만주의 연구』, 김주휘 옮김, 그린비, p.249

39　　윤효녕 최문규, 고갑희, 1997, 『19세기 자연과학과 자연관』, 서울대학교 출판부, p.29

- 머천트, 캐롤린, 2005, 『자연의 죽음: 여성과 생태학, 그리고 과학혁명』, 미토
- 바이저, 프레데릭, 2011, 『낭만주의의 명령, 세계를 낭만화하라, 초기 독일낭만주의 연구』, 김주휘 옮김, 그린비
- 박찬기, 1976, 『독일문학사』, 일지사
- 쉐켈포드, 졸, 2006, 『현대의학의 선구자 하비』, 강윤재 옮김, 바다출판사
- 우드, 게이비, 2004, 『살아있는 인형, 인공생명의 창조, 그 욕망에 관한 이야기』, 김정주 옮김, 이제이북스
- 윤효녕, 최문규, 고갑희, 1997, 『19세기 자연과학과 자연관』, 서울대학교 출판부
- 워스터, 도널드, 1994, 『생태학, 그 열림과 닫힘의 역사』, 강헌, 문순홍 옮김, 아카넷
- 킴브렐, 앤드류, 1995, 『휴먼 보디숍, 생명의 엔지니어링과 마케팅』, 김동광 옮김, 김영사
- Dijksterhuis, E. J., 1986, *The Mechanization of the World Picture; Pythagoras to Newton*, Princeton University Press,
- Kang, Min-soo, 2011, *Sublime Dreams of Living Machines, The Automaton in the European Imagination*, Harvard University Press
- Richards, Robert J., 2002, *The Romantic Conception of Life; Science and Philosophy in the Age of Goethe*, The University of Chicago Press
- Taylor, Gordon Rattary, 1963, *The Science of Life, A, Picture History of Biology*, McGraw-Hill Book Company, Inc, New York

2부

생물학적 결정론의 궤적

프랑스의 자연주의 작가 에밀 졸라의 소설들은 유전된 육체적 특성이 정신적 품성과 도덕적 특성을 결정한다는 믿음을 기반으로 삼았다. 19세기 후반 사회사 연구의 주요 원천으로 꼽히는 루공 마카르 총서에 포함되는 『나나』, 『목로주점』 등 일련의 작품들은 19세기 후반 유럽에서 생물학자와 의사들이 제기했던 과학적 주장들, 즉 우생학과 생물학적 결정론을 그 기초로 삼았다. 루공 마카르가는 미국의 심리학자이자 우생학자인 고더드(Henry H. Goddard)가 1912년 자신의 주장을 뒷받침하기 위해서 날조했던 칼리칵가(家, Kallikaks)의 문학적 원형이었던 셈이다. 찰스 디킨스의 소설 『올리버 트위스트』에서도 이런 흔적을 찾을 수 있다. 디킨스는 출생의 비밀을 안고 빈민원에서 태어난 고아 소년이 소매치기 일당의 손에 길러지는 과정을 그리면서 빈민문제와 구빈법 등 많은 문제를 안고 있던 19세기 영국 사회를 통렬히 비판했다. 그러나 올리버의 출신이 밝혀지는 과정을 기술하면서 찰스 디킨스는 아이의 외모가 고아원의 다른 아이들과 두드러지게 차이나는 것으로 기술했다. 출신 성분이 외모에 나타나며, 아무리 겉모습이 남루해도 그 차이가 드러난다는 것이 19세기 영국 사회에서 통용되던 믿음이었다.

생물학적 결정론이 확산되는 과정에서 중요한 이론적 기반이 된 것은 다윈의 진화론과 뒤이은 사회진화론의 대두였다. 다윈의 진화론은 생명에 대한 인식에서 한 차례 중요한 전환을 가져왔다. 인간의 기원과 그 본성을 유물론적으로 설명하려는 19세기의 사회적 흐름에 지적, 경험적 기반을 제공한 사람이 바로 찰스 다윈이었다. 잘 알다시피 진화라는 개념 자체가 다윈에서 시작된 것은 결코 아니었다. 그러나 그는 생명의 진화과정에 대해 지금까지 제기된 것 중에서 가장 지적이고 일관된 설명을 제공했다. 돌연변이와 자연선택이라는 기계적 메커니즘을 토대로 한 그의 설명은 신이나 신성의 개입을 필요로 하지 않는 지극히 세속적인 내러티브(secular narrative)였다. 『종의 기원』은 19세기 서유럽 사회가 필요로 했던 바로 그 이야기를 들려주었다. 그러나 다윈은 매우 신중하고 정치적인 판단을 할 줄 아는 사람이었다. 그의 사촌 골턴이나 다윈의 불독이라 불릴 만큼 열렬한 지지자였던 헉슬리와 같은 대담한 소수파는 무신론을 받아들였지만, 다윈 자신은 다른 많은 사람들처럼 유물론적 견해를 가졌으면서도 그것을 명시적으로 나타내지 않았고, 교회에 계속 다녔다. 다윈의 급진적 세속성은 그의 지적 측면에 국한되었다. 그는 자신의 진화론을 인간에 적용시키는 데 매우 조심스러웠고, 진화론이 가지는 사회적 함의에 대해서도 마찬가지였다. 다윈은 자신이 맬서스의 『인구론』에 영향을 받아서 진화론을 수립했다는 것을 분명히 밝혔지만, 자신의 『종의 기원』이 사회사상에 어떤 영향을 줄 수 있는지에 대해서는 말을 아꼈다. 그러나 진화론은 훗날 사회진화론(Social Darwinism), 또는 사회 다윈주의라 불리게 될 일련의 지적 흐름으로 "번역"되었다. 이것은 19세기 사회가 다윈의 진화론을 받아들이고 해석하고 적용시킨 독특한 양식이었다. 이후 영국을 중심으로 형성된 사회진화론은 우생학과 함께 사회를 통제하기 위한 강력한 이론적 근거로 발전해나갔다.

다른 한편 19세기 후반 유럽에서는 저항할 수 없는 하나의 조류가 대단한 기세로 인문학을 비롯한 다른 학문들을 뒤흔들었다. 그것은 생물학적 특성을 통해서 인간에 대한 많은 부분을 설명할 수 있을 것이라는 일종의 갈망이었다. 두개학(頭蓋學), 또는 두개계측학(craniometry)이라 불리는 사회현상은 당대의 유명한 과학자들이 대거 가담한 학문적 흐름이기도 했다. 사람의 신체가 가지는 여러 가지 생물학적 특성을 통해서 지적 능력이나 성격, 심지어 범죄적 경향성까지 밝혀낼 수 있다는 생각이 가능해진 데에는 그것이 엄밀한 과학으로 수립되는 실증적 접근방식이 뒷받침되었기 때문이었다. 그것은 "숫자의 유혹(allure of numbers)"이라고 부를 수 있는 것이었다. 당시 이러한 흐름을 주도했던 생물학자와 의사들은 엄밀한 측정이 논박할 수 없는 정확함을 보증할 수 있다고 믿었으며, 이러한 정량화에 근거한 자신들의 주장이 단지 주관적인 사변에 머무는 것이 아니라 뉴턴 물리학과 등가(等價)인 진정한 과학으로 이행한다는 신념을 가졌다. 그들은 자신들을 수(數)의 종복이자 객관성의 사도로 간주하고 있었다. 두개계측학의 지도자들이 정치적 의식을 가진 이데올로그는 아니었다. 그렇지만 그들은 백인 남성들이 공유하는 안락한 편견, 즉 흑인, 여성 그리고 가난한 사람들은 자연의 가혹한 명령에 의해 종속적인 지위를 걸머지고 있다는 믿음을 '과학적으로' 확인해주었다.

생물학적 결정론은 우생학과 함께 현대생물학의 연구 프로그램에 깊이 각인되어 있으며, 20세기 중반 이후 생물학이 DNA를 기반으로 한 분자생물학으로 발전해나가는 과정에서 한층 세련된 모습으로 발전했다. 3부에서 살펴볼 생명에 대한 분자적 관점이 수립되어 나가는 과정에서 생물학적 결정론은 유전자 결정론으로 그 모습을 바꾸게 되며, 우생학도 나치의 그것과 같은 노골적인 모습이 아닌 보다 은밀한 형태의 우생학(backdoor eugenics)으로 변모했다. 실제로 생물학에 새로운 이론이나 개념이 등장할때마다 생물학적 결정론은 그 이론이나 개념을 양분으로 삼아 스스로를 세련화시켰다고 말하는 편이 좀더 정확할 것이다. 그리고 그 과정에서 인간이라는 종이 가지고 있는 여러 가지 문제점을 생물학으로 해결하고 한걸음 더 나아가 향상(enhance)시킬 수 있으며 그를 통해 사회를 더 나은 방향으로 통제하고 발전시킬 수 있다는 근본적인 믿음은 더욱 강해졌다.

3장

우생학의 뿌리

생물철학자 마이클 루즈는 그의 책 『미스터리 오브 미스터리, 진화는 사회적 구성물인가』에서 다윈의 진화론이 많은 반대에 직면했지만, 진화론 자체는 "거의 하룻밤 사이에 정통 교의(敎義)가 되었다"고 말했다. "황제의 새로운 옷처럼 다윈이 자신의 개념을 사회적으로 수용가능한 포장에 싸서 한번 입을 열자 대부분의 사람들이 앞다투어 '변형을 수반하는 대물림(descent with modification)'이라는 개념을 받아들인 것이다."[1] 이러한 현상은 그의 사상을 신봉하던 추종자들뿐 아니라 그를 알지 못했던 사람들도 마찬가지였다.

---

[1]   Michael Ruse, 2001, *Mystery of Mysteries; Is Evolution a Social Construction?* Harvard University Press. vii

생물학자들이 『종의 기원』이 나오기 오래전부터 종의 고정성 관념에 의문을 제기해온 것은 분명한 사실이다. 그러나 그들은 진화적 변화에 대한 설득력 있는 이론을 찾아내지 못했다. 다윈은 자서전에서 자신이 우연히 맬서스를 읽으면서 마침내 제대로 된 이론을 발견했다는 깨달음을 얻었다고 썼다. 맬서스는 인구가 식량공급을 앞지를 때까지 자연적으로 증가하며 이는 결코 멈출 수 없다는 교의를 제시했는데, 이는 사회의 약자가 곤경에 처하도록 내버려둬야 한다는 정치적 교의와 연관돼 있었다. 다윈은 이러한 교의를 '동물과 식물계 전체에 적용한' 것이었다. 맬서스는 사회의 약자가 곤경에 처하는 것을 정치적으로 옹호했다면, 다윈은 이를 탈정치화해 곤경에 처하는 것을 자연의 법칙으로 만들었다.[2]

다윈의 자연선택 이론이 한 세대에서 다음 세대로 형질을 전달하기 위해서 유전 메커니즘을 필요로 한다는 것은 분명하다. 이 목적을 위해서 1869년대에 다윈은 유전에 대한 일종의 가설로 "범생설(pangenesis, 汎生說)"을 제기했다. 이 이론에서 그는 신체의 모든 부분에서 발생하는 작은 제뮬(gemmule)이 혈류를 따라 체내를 순환하다가 성(性) 기관으로 모이며, 그곳에서 다음 세대를 시작할 준비를 하게 된다고 주장했다. 제뮬은 다윈이 유전형질을 전달한다고 생각한 가설적인 생명단위의 하나이다. 그는 결국 더 잘 적응한 형태의 전달을 책임지는 숨은 결정인자들이 혈류 속에 있는 '제뮬'에 실려 있다

---

2 힐러리 로즈, 스티븐 로즈, 2015, 『급진과학으로 본 유전자, 세포, 뇌』, 김명진, 김동광 옮김, 바다출판사, pp.81~82

고 추측하는 데 그쳤다. 그러나 다윈 자신을 포함해서 아무도 이러한 유전이론에 확신을 갖지 않았다. 그의 유전이론은 항상 임시방편적인 것이었고, 결코 진정한 의미에서 생물에 대해 이미 알려진 사실과 연관된 것이 아니었다.

다윈주의의 유산 – 경쟁적이고 적대적인 생명관

다윈이 맬서스의 영향을 받았다는 사실은 당시 맬서스와 다윈이 함께 살았던 시대적 맥락으로부터 분리할 수 없다. 다윈이 맬서스의 경쟁이론을 받아들인 것은 그 이론이 작동했던 문화, 즉 다윈과 맬서스가 '공유한 문화'까지 묶음으로 채택되었다는 뜻이다. 그것은 맬서스의 이론이 단순히 영감을 주는 데 그치지 않고, 맬서스로 대표되는 19세기 영국 사회사상이 그의 진화론에 깊이 배태되었다는 뜻이기 때문이다. 그것은 "만인의 만인에 대한 투쟁", "약육강식"으로 요약되는 적대적이고 경쟁적인 세계관이었다.

맬서스의 주장은 자연이 조화로운 곳이 아니며 수요와 공급의 불균형을 초래하는 부정적인 무엇으로 인식했다. 또한 자연의 조건은 사회의 조건을 규정한다는 가정이 깔려 있었다. 따라서 사회는 자연의 법칙이 투영되는 곳이 되었고, 인간과 사회를 움직이는 법칙 또한 다르지 않게 되었다. 즉, 자연과 사회에 대한 인식적 장벽이 무너진 셈이다. 다윈은 자신의 이론을 설명하면서 스펜서의 최적자 생존이라는 개념을 차용했고, 자연선택을 이러한 최적자 생존과 같은 의미로 사용하기 시작했다. 이는 생물학적 진화와 사회진보를 동일한 관넘으로 인식하는 계기가 되었다. 사회도 자연과 마찬가지로 우리의 바람이나 선호와 무관하게 진화의 법칙에 의해 움직인다는 생각이 확산된 것이다.[3]

자연선택이 작동하는 방식은 다음과 같다. 더 많은 생물들이 태어나지만 모두가 생존하고 생식에 성공하는 것은 아니다. 생물들은 유전가능한 차이를 가지며, 생존과 번식을 둘러싼 싸움에서 승리한 생물들은 그렇지 못한 생물들과 다르게 될 것이다. 그리고 그들의 성공은 (평균적으로) 그러한 차이의 작용일 것이다. 성공한 생물들은 자신들의 특성을 후손에게 전달하고, 성공하지 못한 생물들은 그렇지 못할 것이다. 이처럼 적응적인 특성을 가진 생물들의 키질, 즉 선택의 과정이 계속되는 것이다. 그리고 충분한 시간이 지나면 성숙한 진화로 이어지게 된다. 실제로 손과 눈은 적응적이지만, 특수한 신의 개입에 의해 그렇게 된 것은 아니다. 행성들에 대한 신의 설계에서와 마찬가지로 생물계에 대한 신의 설계에서도 신은 깨지지 않은 자연법칙이라는 과정을 통해 그 일을 수행한 것이다.

『종의 기원』 전체에 걸쳐 내재된 가정은 모든 개체가 다른 모든 개체에게 적대적이라는 것이다. 다윈은 생존할 수 있는 숫자보다 많은 개체들이 생산되면, 모든 경우에 반드시 생존을 위한 투쟁이 일어나게 되며, 그것은 한 개체와 같은 종에 속하는 다른 개체 사이에서든, 다른 종의 개체들 사이에서든, 또는 생존을 위한 물리적 조건과의 투쟁이든 마찬가지라고 말했다.

3　　김호연, 2009, 『우생학, 유전자 정치의 역사』, 아침이슬. p.47

진화생물학자이자 고생물학자인 스티븐 제이 굴드는 다윈이 이 세계가 서로 경쟁하는 종들로 가득 차 있다는 제한되고 통제되는 생태학의 개념을 견지했다고 말한다. 즉, 세계가 이미 균형을 이룬 꽉 찬 상태이기 때문에, 새로운 형태가 들어오려면 문자 그대로 이전의 거주자를 밀어내지 않으면 안 된다는 것이다. 다윈은 이러한 관점을 투쟁의 관점보다 그의 일반적인 관점에서 더 중심적인 은유로 표현했다. 그것은 쐐기의 비유였다. 다윈은 자연을 1만 개의 쐐기가 박혀 있어서 가용한 공간은 모두 채워져 있는 표면에 비유했다. 새로운 종이 (쐐기로 비유된) 이 군집 속에 들어가려면 작은 틈새를 비집고 들어가서 다른 쐐기를 밀어내야 한다. 이러한 관점에서, 성공은 직접적인 치열한 경쟁을 벌여 직접 자리를 탈취해야만 쟁취할 수 있다.[4] 먹잇감, 서식지, 짝짓기 대상 등 한정된 자원을 둘러싸고 살아남기 위해 끝없는 투쟁, 즉 생존경쟁을 벌이는 것이 생명의 기본적인 속성이며, 이러한 경쟁이 생명진화의 바탕이 된다는 생각이 널리 퍼져 있었다.

그렇지만 테니슨의 시 구절에 나왔던 "이빨과 발톱으로 피에 물든 자연(Nature, red in tooth and claw)"과 같은 피흘리는 싸움이 생물들이 벌이는 경쟁의 유일한 모습으로 인식된 책임은 다윈 자신보다는 다윈의 추종자들이 더 크다고 할 수 있다. 다윈의 불독이라 불렸던 토마스 헨리 헉슬리(Thomas Henry Huxley)는 자연선택을 "검투사의 투쟁"으로 묘사했다. 이것은 홉스의 "만인의 만인에 대한 투쟁"

---

4   스티븐 제이 굴드, 2014, 『힘내라 브론토사우르스』, 김동광 옮김, 현암사, pp.463~483

| 그림 1 | 생명과 진화에 대한 다른 관점을 제기한 크로포트킨

의 관점이 자연에 그대로 적용된 것이었다. 헉슬리와 같은 사상가들에게 자연의 상태는 오로지 유혈투쟁이 지배하는 곳으로 인식되었다. 이처럼 경쟁을 기반으로 한 생명관은 이미 19세기 후반에 수립되어 오늘날까지 이어지고 있는 지배적인(dominant) 생명관이다.

그러나 이러한 경쟁적이고 투쟁적인 생명관은 당시 서유럽의 사회사상의 영향에 의한 국소적인 관점이었으며, 러시아에서는 전혀 다른 생명에 대한 관점이 제기되었다. 우리나라에 흔히 무정부주의자로만 알려진 표트르 크로포트킨(Pyotr Alexseyevich Kropotkin)은 다윈의 동시대인으로 시베리아에서 오랫동안 장교로 근무하면서 다윈의 진화론과 다른 관점을 제기했다. 생물학자이자 뛰어난 지리학자, 지질학자였던 크로포트킨은 『종의 기원』 발간 직후 러시아의 광대한 내륙지역에서 지질학, 지리학, 그리고 동물학을 연구했다. 그는 다윈의 이론을 자신이 관찰하던 지역에 적용시키려고 애썼지만, 다윈이 이야기한 경쟁을 찾아보기 힘들었다. 그는 자신의 저서 『만물은 서로 돕는다』의 서문에서 이렇게 썼다.

젊은 시절, 시베리아 동부와 만주 북부를 여행하는 동안 동물들의 삶에서 관찰한 두 가지 측면이 내게 깊은 인상을 주었다. 하나는 생존을 위한 극도로 엄중한 투쟁으로, 대부분의 동물 종들은 혹독한 자연에 맞서 살아남기 위해 안간힘을 기울였다. 자연의 힘은 주기적으로 생명의 대량 절멸을 가져왔다. 그 결과, 내가 관찰했던 광대한 영역에서는 생명체가 극히 드물었다. 다른 하나는 많은 동물들이 풍부한 극소수의 지역에서도—찾으려고 무척 열심히 노력을 했지만—다윈주의자들이(다윈 자신이 항상 이렇게 주장한 것은 아니었지만) 생존경쟁의 지배적인 특징이자 진화의 주된 요인으로 간주했던, 같은 종에 속하는 동물들 사이에서 생존의 수단을 둘러싼 격렬한 투쟁을 찾아볼 수 없었다는 점이다.[5]

시베리아에서 그는 다윈이 경험했던 열대지방과는 정반대인 환경, 맬서스의 관점에 가장 부합되지 않는 환경에서 살았다. 그는 생물들이 드문 지역, 개체과잉이 아니라 개체과소가 주된 특징이었던 북아시아 지역, 이처럼 황폐한 곳에서 간신히 살아갈 터전을 찾은 몇 안 되는 생물 종마저 잦은 자연재해로 몰살하곤 하는 세계를 관찰했다. 그는 모든 생물을 똑같이 위협하고 검투사의 비유로는 극복할 수 없는 외부 환경의 엄혹함을 극복하는 데 상호협력(mutual aid)이 큰 이득이 된다는 사실을 계속 관찰했다.

제대로 주목되지 않았지만 다윈은 생물들이 벌이는 투쟁을 유혈투쟁으로만 보지 않았다. 그는 『종의 기원』에서 진화적 투쟁의 개념을 두 가지 은유로 설명했다.

---

5   크로포트킨, 『만물은 서로 돕는다』, 김영범 옮김, 르네상스, p.10

나는 한 생물이 다른 생물에 의존하는 것을 포함해서, 그리고 (이것이 더 중요한데) 개체의 생명뿐 아니라 후손을 남기는 데 성공하는 것까지 포함하는 크고 은유적인 의미로 이 말을 사용한다. 먹이가 부족할 때, 두 개과 동물은 누가 먹이를 얻고 살아남을 것인지를 놓고 실제 의미에서 싸울 수 있다. 그러나 사막 가장자리에 있는 식물은 가뭄에 맞서 살아남으려고 싸우고 있다고 할 수 있다…새가 겨우살이를 퍼뜨리면, 그 존재는 새에 의존한다. 그리고 은유적으로, 새들이 게걸스럽게 과실을 먹도록 유혹해서 씨앗을 퍼뜨리기 위해 과육을 가진 다른 식물들과 싸움을 한다고 말한다. 이처럼, 서로 넘나들 수 있는, 여러 가지 의미에서, 나는 편의상 생존경쟁이라는 일반적인 용어를 사용한다.[6]

다시 말해서 생물들 사이의 경쟁은 오늘날 우리가 알고 있는 부족한 자원을 둘러싼 생존경쟁과 함께 생물들이 혹독한 자연환경 속에서 살아남기 위해 벌이는 투쟁도 있다는 것이다. 그리고 후자의 경우, 싸움보다는 협상이나 협동이 생존으로 이어질 수 있다. 그런데 다윈의 추종자들에 의해 유혈투쟁이라는 경쟁의 측면이 지나치게 강조되어 오늘날까지도 경쟁의 유일한 모습인양 전해지게 되었고, 그 개념을 기반으로 사회진화론자들이 사회적, 도덕적 의미를 쌓아올렸다는 것이다.

6　굴드, 2014, 같은 책에서 재인용, p.466-467

진화론과 진보주의

흔히 다윈은 『종의 기원』이 발간되기 이전의 모든 진화론자들과 달리 진보라는 개념을 분명하게 부정한 것으로 여겨졌다. 자연선택이라는 메커니즘은 그 자체로 특정한 형태나 종(種)에 대한 선호를 갖지 않기 때문이다. 그러나 이런 결론을 내리기 위해서는 다윈을 그가 살았던 맥락 속에서 보아야 한다. 그가 단순하게 진화에서 진보라는 개념을 폐기했다고 보기는 힘들다. 우리는 개인으로서의 다윈이 항상 사회적 진보주의의 편에 섰다는 것을 알고 있다.

리처드 레빈스와 리처드 르원틴은 저서 『변증법적 생물학자』에서 "현대의 생물진화론에 대해 우리가 잊지 말아야 할 사실은 다윈의 진화론이 19세기 진화론의 기원이 아니라 정점(頂點)이라는 점"이라고 말한다. 『종의 기원』이 출판되었을 당시 진화론적 세계관은 이미 자연과학과 사회과학에 깊이 스며들어 있었다는 것이다. 진화우주론은 멀게는 18세기 칸트 철학과 라플라스의 성운설에 기초하며, 이후 허턴의 동일과정설과 1830년 라이엘의 『지질학 원리』를 통해 지질학의 지배적 관점으로 자리 잡았다. 진화열역학은 1824년 사디 카르노(Sadi Carnot)에 의해 시작되었고 윌리엄 톰슨의 작업에 힘입어 1851년에 완숙단계로 도약했다. 사회과학의 경우에는 스펜서의 영향력이 매우 컸다. 뿐만 아니라 테니슨과 디킨즈에 이르는 19세기 전반기 영문학에도 진화론의 이데올로기가 깊이 배어들어 있었다.[7]

---

7   Richard Levins and Richard Lewontin, 1985, *The Dialectical Biologist*, Harvard

지식 분야 중에서 생물학은 마지막으로 진화론적 세계관을 받아들인 셈이었다. 그것은 당시 서구사회, 특히 영국사회에서 널리 받아들여지고 있던 인간이라는 종의 독보적 우월성이라는 관념이 직접적으로 위협받을 가능성이 다분했기 때문이다. 그럼에도, 생물이 진화한다는 생각은 다윈의 주장이 출간되기 이전에도 상당히 퍼져 있었다.

『종의 기원』 초판에서 의도적으로 과거의 사이비 과학으로부터 자신을 분리시켰음에도 불구하고, 다윈은 생물학적 진보라는 주제로 자신을 한정시켰다. 그러나 판을 거듭하면서 그의 진보 개념은 계속 확장되었고, 높은 가치를 부여받았다. 그리고 그가 사람을 주제로 글을 썼을 때 이 점은 더욱 분명해졌다. 『종의 기원』에서는 진보에 대해 거의 언급이 없지만, 『인간의 유래』에서 다윈은 성, 인종, 그리고 계급에 대한 문화적 가치들을 모두 도입시키고 있다. 『인간의 유래』에서 다윈은 남성이 강하고 용감하고 영리하고, 여성이 상냥하고 유순하고 감수성이 예민하다고 말한다. 또한 백인이 지능이 뛰어나고 열심히 일하는 반면, 흑인은 어리석고 게으르다고 서술되었다. 다윈에게 가장 잘 적응한 인종은 당연히 영국인이었다.

성(性) 선택을 다룬 『종의 기원』의 장에서, 다윈은 남성이 여성보다 용감하고, 호전적이고, 정력적이며, 더 많은 창의적 천재성을 가진다고 말했다. 당대의 페미니스트들은 이러한 다윈의 주장에 대해 대체로 침묵을 지켰지만, 앙투아네트 브라운 블랙웰은 『인간의 유

University Press. pp.27-28

래』를 남성중심주의적이라고 비판했다.[8]

그렇지만 다윈이 진화와 진보를 동일시했다고 이야기하기에는 실제 상황이 그리 간단치 않다. 다윈은 마음속에서 진보라는 개념을 둘러싸고 오랫동안 갈등을 벌였다. 다윈은 자연선택이론의 가장 급진적인 특징은 보편적인 진보를 부정하고 국소적인 조정(local adjustment)이라는 개념을 채택한 것이라는 인식에 도달했다. 그는 진화의 메커니즘을 설명하는 기본이론, 즉 자연선택설이 진보에 대해 아무런 설명도 제공하지 않는다는 것을 알았다. 자연선택설은 시간의 흐름과 함께 생물들이 국소적 환경변화에 대해 적응적 대응을 하는 과정에서 어떻게 변화하는지, 즉 그의 표현대로 "변형을 수반하는 대물림"을 하는지 설명할 수 있을 뿐이다. 다윈은 1872년 12월 4일자 편지에서 미국인 고생물학자 알피우스 하이야트(Alpheus Hyatt)에게 다음과 같이 썼다. "오랜 숙고 끝에 저는 진보적인 발전을 향한 내적 경향이란 존재하지 않는다는 확신을 피할 수 없게 되었습니다."[9] 그러나 또 다른 측면도 있었다. 굴드는 자신의 저서 『생명, 그 경이로움에 대하여』에서 이렇게 말했다. "다윈은 제국주의적 팽창과 산업혁명에서 거둔 승리로 그 절정에 도달했던 빅토리아 시대 영국의 비판자이면서 동시에 그 수혜자였다. 진보는 다윈을 둘러싼 문화의 슬로건이었고, 다윈은 그처럼 중심적이고 매력적인 개념을 공

8　　Hilary Rose, 2000, "Colonizing the Social Sciences?" in Hilary Rose and Steven Rose edit, 2000, *Alas, Poor Darwin*, Harmony Books, pp.132

9　　이 글의 원문은 다음과 같다. "After long reflection, I cannot avoid the conviction that no innate tendency to progressive development exists."

공연히 버릴 수 없었다. 그 때문에 다윈은 국소적인 조정으로서의 변화라는 자신의 급진적인 관점에 대해 이전에 느끼던 안락함이 동요하는 와중에서 생물의 전체적인 역사 속의 한 주제로서 진보를 용인하는 견해를 표명했다."[10] 따라서 굴드의 지적처럼 다윈은 진보라는 큰 주제에 대해 일관된 입장을 견지하지 못하고 끊임없이 요동하고 갈등했다고 보는 편이 옳은 것 같다. 굴드의 말처럼 진보라는 개념은 깔끔한 결론을 내리기에는 너무 크고 혼란스럽고, 당대에 너무도 중심적인 개념이었기 때문이다. 그리고 다윈은 자신이 생각하는 자연선택 이론과 당대의 사회적 분위기 양쪽 모두에게 등을 돌리고 싶지 않았다.

진화가 진보와 동의어로 이해된 데에는 다윈의 진화론이 세상에 모습을 등장하기 훨씬 이전부터 이미 존재했던 진화론에 내재된 편향이 중요한 역할을 했다. 중요한 것은 다윈의 진화론을 사회진화론과 우생학적 접근방식으로 '번역'해내는 당대의 패러다임이었다.

하워드 케이(Howard L. Kaye)는 사회진화론을 주창한 스펜서가 1860년 이후 "자신의 이론에서 생존을 위해 환경조건에 따른 인간의 본성과 특성의 적응을 사회진화를 추동하는 힘으로 강조"하면서 제기한 "거친 선언"이 "인간사회에 적용된 피로 물든 이빨과 발톱을 연상시키는 다윈주의처럼 들리지만 사실은 진화과학의 옷을 입고 있으면서 자기계발을 추구하는 청교도 윤리였다"고 말한다.[11] 스펜서

---

10   스티븐 제이 굴드, 2004, 『생명, 그 경이로움에 대하여(Wonderful Life)』, 김동광 옮김, 경문사, p.392
11   하워드 L. 케이, 2008, 『현대생물학의 사회적 의미』, 생물학의 역사와 철학 연구모

가 주된 관심을 가진 것은 진화 이론이 아니라 자신의 도덕적 진화 이론이었다.

다윈주의와 우생학

우생학 연구자인 김호연은 다윈이 "『종의 기원』 5판에서부터 최적자생존이라는 개념을 자연선택과 동등하게 사용하기로 한 결정이 사회다윈주의가 탄생하는 결정적인 이론적 토양으로 작용했다"고 말했다.[12] 이를 계기로 생물학적 진화와 사회적 진보는 동일한 시각에서 바라볼 수 있는 계기가 작용했으며, 사회다윈주의자들은 이로부터 생존경쟁에 의한 최적자 생존이 자연의 법칙이므로 사회에서도 적용가능한 원리이고, 불리한 변이들은 제거되거나 복종당하고, 더 유리한 변이들은 유지되고 보존될 수밖에 없다는 논리로 귀결했다는 것이다. 따라서 다윈주의는 19세기 급격한 산업화로 빈곤과 계급 갈등 등 과거에 나타나지 않았던 여러 가지 사회문제가 제기되던 상황에서 불평등이나 계층화를 정당화시키고 부적자(不適者)들을 인위적으로 제거하려는 일련의 경향들을 뒷받침하는 과학 이론으로서 당시 지배계층과 식자층으로부터 적극적으로 수용될 수 있었다는 것이다.

영국 제국주의의 위세가 절정에 달했던 빅토리아 시기의 대다수

임 옮김, 뿌리와이파리, pp.56-56
12　　　김호연, 같은 책, p.80

젠틀먼 계층과 마찬가지로, 다윈은 인종적 위계에 대한 믿음을 공유했다. 그가 1830년대에 비글호를 타고 떠난 긴 여행에서 보았던 아직 덜 진화되고 타락한 티에라 델 푸에고의 야만인들에서부터 유럽의 고등 문명, 그 중에서도 특히 영국의 정원인 켄트 주에 있는 자택 다운하우스에 이르는 위계(位階)가 그것이었다. 그는 여기서 더 나아가 진화적으로 열등한 흑인들은 백인들보다 진화에서 뒤처져 필연적으로 패배하게 될 거라고 주장했다. 그는 인류의 단일 기원에 대한 관점을 가졌으면서도 고정된 인종적·성적 위계라는 대단히 19세기적인 관점에 묶여 있었다. 그 결과 그는 노예제를 격렬히 싫어했음에도 그가 가진 인종 개념은 차이를 본질적인 것으로 만들어버렸고 종 내부의 차이는 인종간의 위계로 슬그머니 바뀌고 말았다.[13]

다윈에게 진화는 종착점이 없는 지속적 과정이다. 자연선택은 존재의 대연쇄(Great Chain of Being), 즉 모든 살아 있는 생명체가 신이 정한 위계 속에 정렬된다는 오래된 신학적 견해를 거부하긴 했지만, 진화는 여전히 진보하는 것으로, 즉 하등 생명체가 고등 생명체에 자리를 내주는 것으로 이해되었다. 다윈은 이를 수많은 가지가 있는 '생명의 나무'로 제시했고, 그 나무에서 호모 사피엔스를 가장 높은 곳에 위치시켰다. 오늘날의 진화생물학자들은 현존하는 모든 종들이 동등하게 진화했다고 보는 덤불의 은유를 더 선호한다. 또한 자연선택은 목표나 종착점이 없다는 그의 주장에도 불구하고, 그는 여전히 19세기의 사회 진보론자로 남아 있었고 『종의 기원』의 결론부

---

13 힐러리 로즈, 스티븐 로즈, 2015, 같은 책, p.88

에서 종이 진화함에 따라 나타날 미래의 멋진 문명에 대한 추측을 남겼다. 다윈은 자연선택이 오직 개별 존재에 의해, 또 개별 존재의 이익을 위해 작동하기 때문에 모든 신체적, 정신적 자질들은 완벽을 향해 나아가는 경향을 가질 것이라고 말했다.

『종의 기원』은 이 이론이 인간에게 적용될 가능성을 넌지시 암시했다. 그러나 초판이 나온 후 10년이 지난 1869년에 다윈의 사촌인 선구적 생물통계학자 프랜시스 골턴이 『유전적 천재(Hereditary Genius)』를 발표했다. 이는 20세기를 괴롭히게 될 그의 우생학적 제안을 예견케 하는 책이었다. 다윈은 골턴의 아이디어를 환영했고, 그에 기반해 2년 후 자신의 가장 도발적인 저서인 『인간의 유래』를 내놓았다. 이 책에서 다윈은 유인원과 흡사한 인류의 기원을 마침내 인정했고 인간의 차이를 진화적 틀 내에 위치시켰다. 그는 자신의 논증을 풍부하게 만들기 위해 많은 시간을 들여 영장류의 행동을 연구했고, 특히 런던 동물원에 전시되고 있던 오랑우탄에 관심을 집중했다.

앞에서도 언급했듯이 많은 동시대 사람들과는 달리 다윈은 인간 종의 기원이 단일한 것이라는 관점을 받아들였다. 『인간의 유래』에서 인류를 서로 구분되는 수많은 인종들로 나누고, 인종에 따른 피부, 눈, 머리카락 색깔의 차이를 상세하게 기술한 것은 사실이다. 그러나 다윈은 인류에게 단일한 기원이 있으며, 다양한 인종과 이형(異形)들은 진화적 시간을 거치며 이러한 공통의 조상으로부터 분리돼 나왔다고 주장했다. 당대에 지배적이었던 이론은 각각의 인종은 별개의 기원을 갖고 있다는 복수(複數) 기원설이었다. 따라서 다윈의 다른 관점은 생물학 이론에서 주요한 논쟁거리였다. 이 논쟁에 참여한 모든 사람들에게 인종이라는 개념은 전혀 문제가 없는 것으로 받아들여졌다. 대다수의 걸출한 인간 집단유전학자들이 '인종'은 인간 생물학에서 아무런 의미나 유용성도 갖고 있지 않다고 주장한 것은 그로부터 한 세기가 지난 후였다.

우생학의 등장

대니얼 J. 케블스는 잘 알려진 그의 저서 『우생학의 이름으로(In the Name of Eugenics)』 1995년판 서문에서 우생학이라는 망령이 연구 프로그램으로서 인간유전학(human genetics)이 출현해서 발전해 나가는 매 단계마다 빠짐없이 출현하고 있다고 말했다. 그것은 인간 유전학 연구의 출발 자체가 우생학적 신념, 즉 인간이라는 종의 육체적, 정신적, 행동적 특성이 대물림되는 본성을 적절하게 관리하고 조작함으로써 향상될 수 있다는 믿음을 그 뿌리에서부터 가지고 있기 때문이다.

우생학(eugenics)의 선구자인 골턴은 아프리카를 여행하면서 흑인종의 열등함에 대해 확신을 가졌다. 이후 그는 백인종 내에서도 머리가 좋은 사람은 똑똑한 자손을 낳고, 머리가 나쁜 사람은 멍청한 자손을 낳는다는 이론을 수립했다. 그는 "현대사회에서 '부적자(unfit)'가 제거되지 못하면서 빠른 속도로 확산되어 빈곤층이 증가한다"는 주장을 폈고, 따라서 "부적자들의 생식을 억제하고 적자(適者)가 더 많은 아이를 낳도록 통제해서 사회를 개량하는 프로그램"으로 우생

학을 제창했다.[14]

우생학에서 사용되는 적응이라는 개념은 매우 모호하며, 흔히 당대의 지배적인 인종이나 계급, 성별의 특성을 기준으로 삼는다. 여성주의자이자 사회학자인 힐러리 로즈는 골턴뿐 아니라 다윈도 적응(fitness)이라는 개념을 모순적으로 사용했다고 지적한다. 일반적으로 동물이나 식물에 대해 사용할 때에는 생식의 성공을 뜻하지만, 사람에게 적용되는 경우에는 갑자기 더 이상 생식의 성공을 의미할 수 없게 된다. 그렇게 될 경우, 아이만 많이 낳아 대가족을 이룬 가난뱅이가 최적자가 되기 때문이다. 이 대목에서 적응은 갑자기 그 시대의 지배적인 사회적 가치들로 확장되고, 사회적 진보와 우월성이라는 개념들로 채워지게 되었다는 것이다. 허버트 스펜서나 칼 마르크스와 같은 당대의 중요한 사회이론가들이, 이유는 저마다 다르지만, 진화론에 끌린 까닭도 바로 그 때문이다.[15]

이처럼 우생학이 수립되고 과학자들 사이에서 받아들여지는 과정에서 다윈의 역할은 상당히 컸다. 다윈의 진화론은 우생학의 과학적 근거로 작용했고, 19세기 영국 사회가 필요로 했던 사회적 접근방식의 방향성을 제시해주는 역할을 했다. 당시 골턴을 비롯한 많은 영국 지식인들은 급속한 경제발전과 산업화에 따른 사회 문제로 빈곤층의 확산 문제를 해결해야 한다는 압박감을 받고 있었다. 물론 골턴과 다윈은 하층계급의 출산률 증가에 대응하는 방식에서 차이를 나타냈다.

---

14   Hilary Rose, 2000, 같은 글, pp.132-133
15   김호연, 같은 책, p.94

다윈이 하층계급 출산률 문제를 학문적으로 접근했고 생식에 대한 교육의 중요성을 강조한 반면, 골턴은 다윈에 비해 적극적으로 하층계급의 생식 억제를 제기했다. 두 사람은 접근방식과 현실적 실천이라는 점에서는 차이를 보였지만, 빅토리아 후기의 위기적 징후와 중산계급적 정서를 공유하고 있었다는 점에서는 공통점을 나타냈다.

이후 우생학은 나치에 의해 악용되어 유대인 대학살의 근거로 작용하면서 인기가 추락했지만, 그 이전부터 오랫동안 유럽에서 유행했다. 멘델주의는 1900년에 재발견되면서 우생학자들에게 큰 힘을 실어주었다. 멘델의 법칙이 매우 단순한 모델을 제공했기 때문이다. 우생학자들은 멘델이론이라는 과학을 토대로 범죄성, 정신박약, 도덕적 타락을 단일 유전 형질로 간주하고, 그러한 특질의 재생산을 막음으로써 이를 인구집단에서 제거할 수 있다고 본 것이었다. 우생학과 유전학은 마치 몸이 붙어 태어난 쌍둥이처럼 개별적인 역사와 서로 연결된 역사를 모두 갖고 있다고 볼 수 있다. 20세기 초에 멘델의 작업이 재발견되자 차이의 전달 메커니즘을 제시하는 유전자의 개념과 유전학 분야의 탄생은 이제 우생학을 위해 쓰일 수 있게 됐다.

은밀한 우생학

전통적으로 우생학과 그밖의 인체유전학을 나누는 경계선은 그 정책의도가 사회적, 공공적 목적을 위한 것인가 여부이다. 즉 미래세대에게 불필요하게 지울 수 있는 비용을 줄이거나 상쇄시켜줄 수 있는 정책은 기본적으로 우생학적 경향을 갖는다는 것이다. 따라서 전통적인 정의에 따르면 우생학은 첫째, 집단(population)의 질(質)에 대한 관심에서 비롯된 유전적 처방이지 개인에 대한 관심에서 비롯된 개인적 결정은 해당되지 않는다. 둘째, 국가나 사회의 정책에 따른 결과이지 개인의 선택에 의한 유전자 검사, 치료, 그리고 그 결과는 우생학이 아니라는 결론이 내려지게 된다. 셋째, 그 결정에 강압이 작용했는지 여부이다. 결국 강제적인 법률적 구속이 존재하는가 아닌가이다.

그러나 나치 이후 이른바 "은밀한 우생학(backdoor eugenics)"이 여전히 작동해서 개인들의 선택의 의도하지 않은 결과로 우생학이 새롭게 등장하게 될 가능성에 대한 우려가 높아지고 있다. 다시 말해서, 많은 사람들이 두려워하는 것은 히틀러와 같은 독재자가 나타나거나 특정 정부가 소수민족이나 특정 집단을 미래세대의 대열에서 배제시키려는 정책을 수립하는 식의 그다지 있음직하지 않은 사태가 아니라 사람들이 자신들이 원하는 아이들의 종류를 스스로 선택하는 과정에서 자신도 모르는 사이에, 그리고 아무도 명시적으로 우생학적 지침을 제시하지 않았는데도 불구하고 미래세대를 선별(選別)하게 되는 사태에 대한 것이다. 이 새로운 우생학은 일견 자발적인 결정에 따른 결과이며, 표면적으로는 어떤 외부적인 강제나 정책도 개입하지 않는 것처럼 보인다.

그러나 오늘날 과연 강압이 존재하지 않는지 여부에 대해서 여러 학자들이 문제를 제기하고 있다. 가령 정책적이거나 법률적 강압이 존재하지 않는다 하더라도 소극적 우생학(negative eugenics)[16]의 비용

편익(cost-benefit) 접근은 여전히 그 힘을 발휘하고 있으며, 그 결과가 우회적이고 간접적인 방식이기는 하지만 일반인들을 문화적, 사회경제적으로 강압하고 있다는 것이 철학자와 사회학자들의 분석 결과이다. 분자생물학과 인간유전체계획 등에 대해 비교적 긍정적인 과학철학자 키처(Philip Kitcher)의 경우에도 새로운 생물학이 제기하는 가장 깊은 철학적 문제로 "미래의 부모들이 지금까지 유례를 찾을 수 없는 정도의 규모로 인간 선별 사업에 가담하게 될 가능성"을 언급하고 있다.[17]

지난 세기에 유전학과 우생학의 역사는 서로 얽혀 있었다. 20세기 초의 소박한 유전자 결정론은 단일 유전자 안에서 도덕적 타락, 의지박약과 범죄성을 찾았지만, 1930년대 말에 약화되었고 1950년대 중반경에 주류 유전학에 의해 폐기되었다. 그러나 학문적 유전학자들이 이 쌍둥이를 외과적으로 깨끗이 분리시키려고 모색하면서, 강제 불임이라는 의학에 의해 주도되는 우생학적 실행이 계속되어왔다. 미국에서는 주로 아프리카계 미국인에 대해 시행되었지만, 유럽에서는 북유럽 국가들이 '어머니가 되기에 부적합한' 여성들을 불임시켰고, 영국과 네덜란드에서는 성 차별과 감금정책이 계속 시행되었다.

16　　우생학은 크게 적극적 우생학(positive eugenics)과 소극적 우생학으로 나뉜다. 적극적 우생학은 바람직한 특성을 부가시키는 것을 뜻하고 소극적 우생학은 바람직하지 않은 특성을 제거하거나 그런 유전자가 후손에게 전달되지 않도록 막는 것을 뜻한다.

17　　Kitcher Philip, 1998, "Who's Afraid of the Human Genome Project?" in David L. Hull and Michael Ruse (Edit.) *The Philosophy of Biology*, Oxford University Press

- 굴드, 스티븐 제이, 2004, 『생명, 그 경이로움에 대하여(Wonderful Life)』, 김동광 옮김, 경문사

- _____, 2014, 『힘내라 브론토사우르스』, 김동광 옮김, 현암사

- 김호연, 2009, 『우생학, 유전자 정치의 역사』, 아침이슬

- 로즈, 힐러리, 스티븐 로즈, 2015, 『급진과학으로 본 유전자, 세포, 뇌』, 김명진, 김동광 옮김, 바다출판사

- 케이, 하워드 L., 2008, 『현대생물학의 사회적 의미』, 생물학의 역사와 철학 연구모임 옮김. 뿌리와이파리

- 크로포트킨, P. A., 『만물은 서로 돕는다』, 김영범 옮김. 르네상스

- Kitcher, Philip, 1998, "Who's Afraid of the Human Genome Project?" in David L. Hull and Michael Ruse (Edit.) *The Philosophy of Biology*, Oxford University Press

- Levins, Richard and Richard Lewontin, 1985, *The Dialectical Biologist*, Harvard University Press

- Rose, Hilary, 2000, "Colonizing the Social Sciences?" in Hilary Rose and Steven Rose edit, 2000, *Alas, Poor Darwin*, Harmony Books

- Ruse, Michael, 2001, *Mystery of Mysteries; Is Evolution a Social Construction?* Harvard University Press

4장

골상학에서 IQ까지
−생물학적 결정론의 궤적

우리를 사람으로 만드는 것이 무엇인지, 즉 인간다움을 이해하고 규정하려는 시도는 인류 역사에서 끊이지 않았다. 데카르트가 세계를 정신의 실체와 연장(延長)의 실체로 구분하고, 인간에게만 정신적 특성을 부여한 이래 인간만이 가진 특징, 즉 인간의 차별성을 정신적 능력에서 찾으려는 경향은 점차 강화되었다. 따라서 인간의 머리, 특히 뇌에 대한 관심이 촉발된 것은 근대 이후의 일관된 흐름의 발로라고 할 수 있다.

　19세기에 들어서면서 이러한 흐름은 사람의 머리의 형태와 특징을 정신적 능력이나 특성과 결부시키려는 노력으로 나타났다. 그리고 이러한 노력이 인종과 성(性) 차별, 그리고 사회적 불평등의 정당화라는 당대의 사회적 요구를 충족시키기 위해 생물학적 근거를 끌어들이려는 시도와 결부되었다는 점을 주목할 필요가 있다. 19세기 전반에 걸쳐 유럽에서 사람의 능력 수준이 성이나 인종에 의해 좌우된다는 생물학적 결정론과 유전결정론(hereditary determinism)이 유행했다. 한편 당시 자유사상가들은 이러한 흐름에 반발해서 개인성이나 능력을 좌우하는 것은 환경과 교육이라고 주장하기도 했다. 19세기 말에 이르자 같은 인종 내에서도 개인적 차이가 선조에 의해 대물림될 수 있다는 새로운 논쟁의 흐름이 형성되었다.

신장(腎臟)이 오줌을 분비하듯 뇌가 사고를 분비한다는 식의 주장은 19세기 유물론이 인간에 대한 이해에 취했던 접근방식의 궁극적 목적을 잘 보여준다. 자(尺), 저울, 실험실의 유효범위 안으로 가져다 놓으려 했던 것은 단지 인간을 둘러싼 세계가 아니라 생명, 나아가 인간의 의식과 본성 그 자체로 확장되었다. 이러한 목표를 달성하기 위해서 인간 행동에 대한 이론을 수립할 필요가 있었다. 인간 행동은 더 이상 영혼이나 자유의지, 또는 인간 성격의 변덕으로부터 나타나는 무엇으로 인식되지 않았다. 그 대신 인간 행동은 분리가능한 단위들의 연쇄로 보아야 했고, 각각의 단위들은 구별되고 분석가능한 것으로 간주되었다. 이러한 학파들에게 뇌가 중요한 의미를 가지는 것은 뇌가 이처럼 구분되는 단위들을 총괄하고 통제하는 역할을 한다고 인식되었기 때문이다.

생체계측(biometry)이라 불리는 19세기 생물과학의 흐름은 인간의 기능을 낱낱이 쪼개서 여러 단위들로 나눌 수 있다는 국재론(局在論)에서 그 정점을 이루었다. 이 흐름의 학자들은 수학을 하는 능력, 음악이나 아이 양육을 사랑하는 성향까지도 별개로 분리가 가능하다고 보았다. 그리고 이러한 능력과 성향들은 상이한 뇌의 영역에 들어 있고, 그 정도는 개인의 머리나 두개골 모양을 보면 알 수 있다고 여겨졌다.[18]

골상학

1807년에 독일의 해부학자이자 생리학자인 프란츠 조지프 갈 (Franz Joseph Gall)은 이후 골상학(phrenology, 骨相學)이라 불리게 될 학설의 기반이 되는 책을 발간했다. 그는 이 책에서 인간의 행동적 특성과 심리적 경향을 뇌의 위치와 생리학으로 사상(寫像)시켰다. 또한 그는 두개골의 돌출부와 꺼진 부분의 모습이 그 사람이 가지고 있는 타고난 행동적 특성을 보여주는 지표라고 믿었다. 다음과 같은 그의 골상학 그림은 뇌의 해당 영역들을 특정한 재능이나 타고난 성격으로 인과적으로 연결짓고 있다. 그가 제기했던 뇌의 국재화 (localization) 개념은 어느 정도 타당한 점도 있었다. 가령 프랑스 외과의사 폴 브로카가 1861년 언어중추의 존재를 입증해서 갈의 개념이 옳다는 것이 부분적으로 입증되기도 했다. 그러나 뇌의 기능에 대한 갈의 접근방식은 치명적인 결함을 가지고 있었다. 예를 들어, 갈은 뇌의 각 영역에 숫자를 붙여서 소뇌 안에서 계층적으로 그 중요성의 순서를 매기려 했다. 특히 1번에 성(sex)을 할당해서 훗날 지그문

---

18   스티븐 로우즈, R.C 르원틴, 레온 J. 카민, 1993, 『우리 유전자 안에 없다』, 한울, pp.75-76

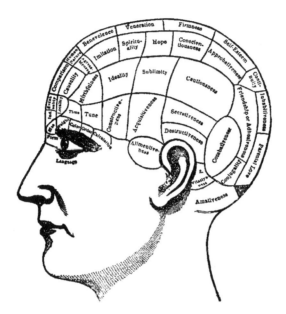

| 그림 2 | 프란츠 갈이 생각했던 골상학의 개념

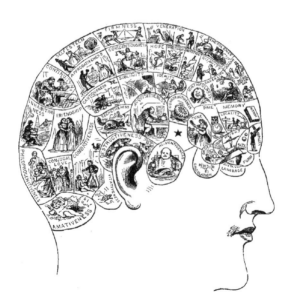

| 그림 3 | 뇌의 각 영역을 행동특성과 결부시킨 그림

트 프로이트가 성을 중심으로 리비도 개념을 만들어내는 데 영향을 주었을 것으로 생각된다.[19] 갈의 골상학은 이 장의 뒷부분에서 다루어질 롬브로소의 범죄인류학에도 큰 영향을 주었다. 빈에서 인기를 모았던 '두개골 진찰'에 대한 강의는 종교지도자들을 화나게 만들기도 했다. 결국 두개골 두께가 일정하지 않으므로 두개골 표면이 뇌의 형태를 반영할 수 없다는 사실이 밝혀지면서 골상학의 기본 전제 자체가 설득력을 잃었다.

프랜시스 골턴—정량화의 사도

골턴은 우생학이라는 말을 처음 창시한 인물로 유명하지만 그가 측정과 정량화를 자신의 주된 과학적 방법으로 채택했었다는 사실은 많이 알려져 있지 않다. 그만큼 숫자에 매혹된 19세기를 잘 표현한 사람은 없다. 상당한 재력가였던 골턴은 많은 에너지와 지능을 그가 선호했던 측정이라는 연구주제에 쏟아부을 수 있는 여유를 가졌던 인물이었다. 근대통계학의 선구자인 골턴은 충분한 노력과 재능이 있으면 무엇이라도 측정할 수 있으며 측정은 과학연구의 일차적인 기준이라고 믿었다. 심지어 그는 기도(祈禱)의 효과에 대한 통계적 연구를 제안하고 스스로 실행에 옮기기까지 했다.

골턴은 양친의 유전적 소질에 따라 결혼과 가족 크기를 규율해야

19　　　Suzanne Anker and Dorothy Nelkin, 2004, *The Molecular Gaze, Art in the Genetic Age*, Cold Spring Harbour Laboratory Press, p.11

한다고 주장했다. 정량화는 골턴에게 신과 같은 무엇이었고, 그는 자신이 측정할 수 있는 거의 모든 것이 유전한다는 강한 신념을 가지고 있었다. 정밀한 측정이라는 접근방식은 우생학에 대한 부정적인 인식을 제거하는 데 상당히 기여했다. 골턴은 다윈이 말한 것처럼 진화와 유전이 소규모적이고 연속적인 변이로 설명될 수 있다고 확신했고, 이것을 수학적인 방법으로 규명해서 자신의 주장이 과학적 근거가 있는 것임을 밝히려 했다. 이러한 노력의 결과가 생체계측학이라는 과학적 방법론을 창안하게 되었고, 이를 통해 자신의 우생학적 주장이 과학적 차원의 논의일 뿐 아니라 통계자료에 입각한 객관성을 담고 있다는 사실을 부각시켜서 자신의 이론을 정당화시킬 수 있었다. 통계학을 수립하는 데 중요한 역할을 한 그의 제자 칼 피어슨(Karl Pearson)은 골턴이 제시한 통계학적 방법을 이용해서 인간 특질을 분석하려고 시도했고, 이를 통해 인간 형질의 개선 전망을 밝히기도 했다.[20]

그는 민족의 상대적 가치를 측정하기 위해 항상 새롭고 독창적인 방법을 찾았고, 흑인 족장과 백인 여행자의 만남을 역사적으로 연구해서 흑인과 백인을 평가할 것을 제안했다.

백인 여행자는 문명국의 최신 지식을 가져다 준다. 그러나 이것이 흔히 우리가 상상하는 것처럼 중요한 이점은 아니다. 원주민의 족장은 사람을 지배하는 기술에 관해서 훌륭한 교육을 받고 있

---

20   김호연, 같은 책, p.108

다. 그는 끊임없이 개인적인 통치로 훈련되며, 매일같이 자신의 부하나 경쟁자에 대해 인격의 우월함을 나타냄으로써 항상 자신의 위치를 유지한다. 미개한 국가를 여행하는 사람들도 어느 정도는 사령관의 역할을 하며, 모든 거주지에서 원주민의 족장들과 맞서야 한다. 그 결과는 충분히 짐작할 수 있다―백인 여행자들이 그들에게 굴복하는 경우는 거의 없다. 백인 여행자가 자기보다 뛰어나다고 느끼는 흑인 족장을 만났다는 이야기는 거의 들어본 적이 없다.[21]

지능의 유전에 대한 골턴의 주요 저작인 『유전적 천재』는 지능의 척도로 인체측정(anthropometry)을 포함하고 있었지만, 두개와 신체 측정에 대한 그의 관심은 1884년의 만국 박람회에 실험실을 세웠을 때 절정에 달했다. 박람회에서 사람들은 단돈 3펜스로 마치 컨베이어 벨트를 돌듯 검사와 측정을 받고 마지막으로 자신의 검사결과를 통보받았다. 박람회 이후에도 그는 6년 동안 런던박물관에 실험실을 계속 유지했다. 그 실험실은 유명해졌고, 당대의 저명인사들의 주목을 끌기도 했다.

21　　스티븐 제이 굴드, 1981, 『인간에 대한 오해(The Mismeasure of Man)』, 김동광 옮김, 사회평론, pp.150-151에서 재인용

두개계측학의 대가 폴 브로카

폴 브로카(Paul Broca)는 1859년에 파리인류학회(Anthropological Society of Paris)를 창립했다. 당시 인류학은 인종학(人種學)의 다른 명칭이었다. 그는 이렇게 주장했다. "일반적으로 뇌는 노인보다 장년에 달한 어른이, 여성보다 남성이, 보통 능력을 가진 사람보다 걸출한 사람이, 열등한 인종보다 우수한 인종이 더 크다. 다른 조건이 같으면 지능의 발달과 뇌 용량 사이에는 현저한 상관관계가 존재한다." 5년 뒤, 백과사전의 인류학 항목에는 다음과 같은 서술이 들어 있었다. "턱이 튀어나온 얼굴, 거무스름한 피부, 곱슬머리, 그리고 지적, 사회적 열등성은 종종 서로 연관된다. 그에 비해 흰 피부, 곧은 머리털, 그리고 입언저리가 앞으로 돌출하지 않고 얼굴 옆모습이 거의 수직 형태의 얼굴은 인류의 가장 고등한 그룹의 일반적인 자질이다… 검은 피부, 곱슬머리, 턱이 돌출한 얼굴을 가진 그룹은 한번도 스스로 문명을 일군 적이 없었다." 이처럼 턱이 앞으로 튀어나온 정도를 나타낸 각도, 즉 안면각은 문명의 발전정도를 나타내는 척도로 여겨졌다.[22] (그림 5를 보라.)

결국 브로카의 결론은 당시 가장 성공적인 백인 남성들이 공유하던 가정을 그대로 표현한 것이었다. 그것은 자연이 베푼 행운으로 자신들이 정점(頂點)에 위치하고, 그 뒤로 여성, 흑인, 가난한 사람들이 순서대로 온다는 가정이었다. 브로카의 근본적인 편향은 인종이 정

22　　굴드, 같은 책, pp.160~162에서 재인용.

| 그림 4 | 브로카의 정밀한 두개골 측정

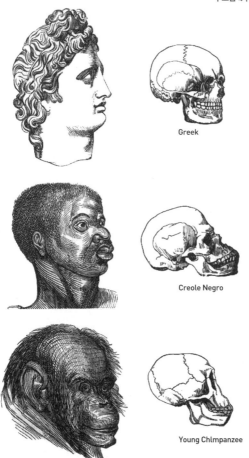

Greek

Creole Negro

Young Chlmpanzee

| 그림 5 | 문명화의 척도로 여겨졌던 안면각

신적 가치라는 선형적인 척도로 서열화할 수 있다는 가정이었다. 그리고 그는 인종들의 순서를 알고 있었다고 확신했기 때문에, 인체측정이란 올바른 서열화를 나타내는 특징을 찾는 것일 뿐이었다.

그러나 그가 내세운 사실들은 선택적으로 수집되었고, 미리 정해진 결론에 봉사하기 위해 무의식적으로 조작되었다. 이러한 경로에 의해, 그 결론은 과학의 은총뿐 아니라 숫자의 권위까지도 획득했다. 브로카와 그의 학파는 사실을 결론을 속박하는 증거가 아니라 예증으로 사용한 것이다. 그들은 결론에서 출발해서 사실을 주의깊게 관찰한 다음 한 바퀴를 돌아 같은 결론으로 되돌아온 셈이었다.

1879년에 브로카 학파 중에서 가장 격렬한 여성혐오주의자인 구스타브 르 봉(Gustave Le Bon)은 현대의 과학문헌들 중에서 여성에 대한 적의를 가장 현저하게 드러낸 논문을 발표했다. 르 봉은 비이성적인 선동자가 아니었고, 사회심리학의 창시자였고, 오늘날에도 널리 인용되고 존중받는 군중행동에 관한 저서인 『군중심리학(La Psychologie des Foules, 1895)』을 썼다. 그의 책은 파시즘의 창시자인 무솔리니에게도 강한 영향을 주었다. 그는 이렇게 말했다.

파리시민처럼 가장 지적으로 뛰어난 사람들 중에는 가장 발달한 남성의 뇌보다도 고릴라에 가까운 크기의 뇌를 가진 여성들이 많이 있다. 이 열등성은 너무도 자명하기 때문에 조금이라도 그 주장을 반박할 수 있는 사람은 아무도 없다. 단지 그 정도만이 논의할 여지가 있다. 여성의 지능을 연구해온 심리학자 뿐아니라 시인과 소설가들도 오늘날 여성이 인간 진화의 가장 뒤떨어진 형태를 대표하며, 교양있는 남성보다 아이들이나 미개인에게 가깝다는 사실을 인정한다. 그녀들은 변덕이 심하고 불안정하며, 사고와 논리를 결여하고, 추론할 수 있는 능력이 없다…몇몇 뛰어난 여성들이 있다는 것은 분명하고, 그들은 평균적인 남성들을 훨씬 능가한다. 그러나 이 여성들은, 예컨대 두개의 머리를 가진 고릴라처럼 기형적으로 탄생한 예외에 지나지 않는다. 따라서 우리는 그런 여성들을 완전히 무시할 수 있다.[23]

그렇지만 단순한 뇌 크기로 지능을 측정할 수 있다는 생각은 그야말로 넌센스에 불과하며, 여성의 몸 크기가 남성에 비해 적다는 사실을 감안하면 여성의 뇌가 작다는 것은 당연한 사실에 불과하다.

미국의 해부학자 E. A. 스피츠카(E. A. Spitzka)는 미국의 25대 맥킨리 대통령을 암살한 무정부주의자 레온 촐고츠의 뇌를 부검한 인물로 유명하다. 그의 부친인 에드워드 스피츠카도 유명한 신경학자이자 정신병 전문의로 20대 가필드 대통령의 암살범인 찰스 기토가 정신병자라고 증언한 인물로 잘 알려져 있다. 스피츠카는 1903년에 가우스를 비롯한 여러 저명인사들의 뇌 크기와 형태를 다룬 논문을 발표했다. 그는 뇌 크기와 형태가 그 사람의 정신적 능력을 가늠하는 척도라고 생각했다. 그는 자신의 주장을 입증하기 위해서 다음 그림처럼 "고릴라-부시맨-가우스"의 순서로 뇌 크기와 형태를 극적으로 대비시켰다.(그림 6) 뇌크기에 대한 강박 관념은 20세기까지 계속 이

---

23 굴드, 같은 책, p.192에서 재인용

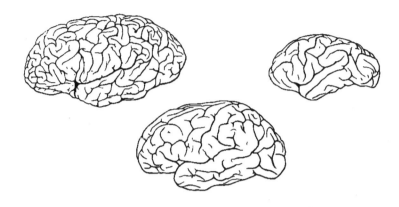

| 그림 6 | 왼쪽 위가 가우스의 뇌, 오른쪽이 고릴라, 그리고 그 아래가 부시맨의 뇌이다.

어졌다. 아인슈타인과 레닌의 뇌는 사후에도 연구대상이 되었지만, 보통 사람과의 차이는 밝혀지지 않았다.

또 하나의 생물학적 결정론-범죄인류학

생물학적 결정론은 19세기 후반 이탈리아의 의사 체사레 롬브로소(Cesare Lombroso)에 의해 범죄이론이라는 새로운 단계로 접어들게 되었다. 그의 이론은 19세기 초에 크게 유행했던 골상학과 두개계측학에 그 토대를 둔 것이었다. 그와 그의 추종자들은 범죄자들이 반사회적 행위를 저지를 수 있는 가능성을 육체적인 특성에 기초해서 예견할 수 있는 체계를 세우려고 시도했다. 그는 감옥에서 행한 일련의 조사를 통해서 살인자들은 "차갑고, 흐릿한 핏발이 선 눈과 똘똘 말리고 숱이 많은 머리, 강한 턱, 길죽한 눈, 얇은 입술"과 같은 특징이 있다고 결론지었다. 위조범들은 창백하고 붙임성있고, 눈이 작고 코가 길며, 일찍 대머리가 되며, 성범죄자들은 "반짝거리는 눈, 강한 턱, 두터운 입술, 돌출한 눈이 특징이라는 것이다.[24]

『범죄인의 탄생(L'uomo Delinquente, 1876)』은 당대의 지식인과 과학자들에게 큰 영향을 미쳤다. 이 책은 그후 판을 거듭해서 5판 (1896)에 이르기까지 무려 20년 동안 새로운 발견을 토대로 설명력을 높이고 설명범위를 늘리려 했다. 4판에서는 히스테리 환자와 간질환자 등 범죄가 아닌 질병적 특성까지 범죄와 연관지으려 시도했고, 5판에서는 격세유전과 범죄의 관계에 대한 보다 치밀한 논리를 발전시켜서 범죄유형에 따른 골상학적 특징들을 실증적으로 수립하려 했다. 그는 1판에서 범죄유형에 따른 범죄자들의 특징을 다음과 같이 서술했다.

통상적으로 절도범들은 표정이 풍부한 얼굴과 능숙한 손동작, 곁눈질을 잘하는 작은 눈, 두텁고 촘촘한 눈썹, 삐뚤어진 코, 듬성듬성한 턱수염과 머리숱, 움푹 들어간 이마 등으로 유명하다… 강간범들은 돌출된 귀, 반짝이는 눈…입술과 눈꺼풀이 부풀어 있다…상습 살인범들은 냉혹하고 흐리멍덩한 눈매를 가지고 있으며 눈은 때로 충혈되고 희미하기도 하다. 큰 매부리코에 턱은 강하고, 광대뼈는 넓은 편이고, 머리칼은 검고 숱이 많으며 곱슬곱슬하다…[25]

---

24   로우즈, 르원틴, 카민, 같은 책, p.77

1

2

3

4

| 그림 7 | 롬브로소가 타고난 범죄자로 묘사한 인물들. 4번은 이탈리아 군대에서 상관을 살해한 병사 미스데아. 3번은 여자라는 별명이 붙은 동성애자 방화범. 머리 모양과 옷도 여자처럼 그렸다. 천성적인 범죄자 이론을 입증하기 위해 코와 광대뼈 등이 과장되게 묘사되었다.

| 그림 8 | 강간범의 특징을 강조해서 그린 그림

그가 수립한 범죄인류학은 이른바 '엄밀한 과학(exact science)'을 지향했으며, 당시 범죄학에 일대 혁신을 가져왔다는 평가를 받았고 오늘날에도 일부 분야에서 높이 평가받는다.[26] 그 이유는 그가 폭넓은 현장 조사와 실증적 측정을 기반으로 자신의 주장을 제기했기 때문이다. 가령 범죄자의 두개골이 보여주는 비정상성에 대해서 그는 이렇게 말했다. "61% 정도가 두개골이 뭉쳐 있는 현상이 나타나고, 92%는 아래턱이 튀어나왔고, 63%는 두개골 안에 있는 비강이 과잉 발달해 있다. 27%는 두개골의 두께가 두꺼우며, 9%는 가운데이마의 봉합 부분이 열려 있고, 20%는 큰 턱을 가지고 있다. 25%는 이마가

25　체자레 롬브로조, 『범죄인의 탄생(l'uomo delinquente,)』, M. 깁슨, N. H 래프터 편역, 이경재 옮김, 법문사, pp.74-75

26　롬브로조의 *l'uomo delinquente*를 번역한 이경재는 그의 논문 「롬브로조의 범죄학 사상에 대한 재조명(2010, 경찰학논총 5권 1호)」에서 롬브로조의 "실증주의적 연구방법과 투철한 학문정신"을 높이 평가했다.

움푹 들어갔으며, 74%는 넓은 광대뼈를 가지며, 45%는 사랑니가 크게 튀어나와 있다. 또한 59%는 뇌 용적이 작으며, 그 가운데 10%는 매우 작은 두개골을 가지고 있다."[27]

귀선(歸先)유전과 범죄성

진화생물학자 스티븐 제이 굴드는 롬브로소의 이론이, 당시 일반적이었던, 범죄가 유전된다는 선언에 그치는 것이 아니라 인체측정학적인 데이터에 기초한 구체적인 진화론이었다고 주장한다. 롬브로소는 1870년에 범죄자와 정신이상자 사이의 해부학적 차이를 찾아내려고 시도했고, 그 과정에서 유명한 산적 비헬라(Vihella)의 두개골을 조사했다. 그 조사결과는 그에게 영감을 불어넣었다. 그 두개골에서 그가 오늘날 인간의 모습이 아니라 원숭이와 흡사한 과거의 모양을 상기시키는 일련의 귀선유전적(atavistic) 특징을 본 것이다.

이것은 단지 생각에 불과한 것이 아니라 영감의 번뜩임이다. 그 두개골을 보는 순간, 나는 불타는 하늘 아래 펼쳐진 광대한 평원처럼 돌연 모든 것이 밝게 빛나는 느낌을 받았다. 나는 순간적으로 범죄자의 본성이라는 문제를 깨달았던 것이다—그것은 원시인이나 열등한 동물의 잔인한 본능이 그 범죄자에게 재현된 귀선적인 현상인 것이다. 따라서 이 본성은 해부학적으로 설명된다.

---

27   롬브로조, 같은 책, p.71

| 그림 9 | 동물과의 유사성을 묘사한 그림

범죄자나 미개인, 그리고 원숭이에게 나타나는 이러한 특징은 큰 턱, 높은 광대뼈, 돌출한 미모릉(眉毛陵, 눈썹 위의 돌출부), 손금, 아주 큰 눈구멍, 손잡이 모양의 귀, 통증에 대한 무감각, 극도로 예민한 시력, 문신, 과도한 게으름, 떠들썩한 주연을 즐기는 성향, 자신을 위해서라면 나쁜 일이라도 서슴지 않는 무책임성, 그리고 희생자의 목숨을 끊을 뿐 아니라 사체를 잘라서 고기를 찢고 피를 마시려는 갈망 등이 그런 특성에 해당한다.[28]

그의 관점에서 범죄자는 우리들 속에 들어 있는 진화적인 귀선유전이었다. 선조의 과거를 품은 배아가 우리들의 유전형질 속에 들어 있는 셈이다. 그리고 그 과거는 불행한 개인들에게 다시 소생한다. 이러한 사람들은 천성적으로 원숭이나 미개인들과 흡사한 행동을 하게 된다는 것이다. 그렇지만 범죄자들에게는 원숭이와 흡사한 해부학적 특징이 있기 때문에 우리가 선천적 범죄자를 식별할 수 있다고 그는 주장했다. 롬브로소는 원숭이에서 그치지 않고 그보다 더 하등한 동물들의 특성을 범죄자와 연관지으려 시도했다. 가령 돌출한 송곳니와 편평한 구개를 여우나 설치류의 해부학적 구조와 결부시켰고, 심지어 범죄자의 안면 비대칭을 눈이 몸의 한쪽으로 몰린 넙치와 비슷하다고 하기도 했다.

---

28   굴드, 같은 책, p.219에서 재인용

"미국의 발명품", IQ

"놀랄 만큼 복잡하고 다면적인 인간의 능력을 나타낼 때 '지능'이라는 말을 사용한다. 이 축약된 말은 물화(物化)의 단계를 거쳐 단일한 실체라는 의심스러운 지위를 얻게 된다." - 스티븐 제이 굴드

어떤 면에서, 서구 근대과학이 지향했던 목표는 세계의 물질적 구성물을 수학으로 환산하여 사물의 실증적 근거를 마련하는 기획이었다고 볼 수 있다. 수학과 같은 형식과학이 천문학과 같은 경험과학의 진리근거라는 생각이 서구의 과학을 떠받치는 인식적 배경이었다. 다시 말해서, 이 세계에 존재하는 모든 존재자들은 수학으로 환원될 수 있고 또한 환원되어야 한다는 것이다. 이러한 인식적 배경은 뉴턴의 과학혁명이 잉태되는 결정적인 근거가 되었다. 특히 『프린키피아』는 '자연철학의 수학적 원리'라는 부제에서도 드러나듯이 신에 의한 세계 해석을 인간에 의한 해석으로 대체시킨다는 당시 유럽사회의 시대적 요구를 잘 반영하고 있다. 자연의 수학화와 계량화는 인간 이성의 강조와 그에 의한 세계 해석을 위한 중요한 과정이었던 것이다. 이러한 과학적 방법론, 즉 '계량화할 수 있는 모든 것을 계량화하라', 그리고 '계량화할 수 없는 것도 최대한 계량화하라'라는 명제는 근대 역학혁명으로서의 과학혁명의 뿌리가 되었다.

본질적이고 변하지 않는 지적 가치이며 모든 사람을 수치로 서열화(序列化)할 수 있다는 지능검사 역시 이러한 근대과학적 패러다임의 영향력하에서 구성 가능했다. 그들은 인간의 지능이라는 상당히

모호하고 추상적인 개념을 단일하고 측정 가능한 실체로 변환시킨 것이다.

과학자들과 기득권자들의 결탁 속에 인간 뇌의 종합적인 기능이 지능이라는 단순한 단어로 표현되고 막강한 지위를 얻어내는 데 성공하게 된다. 이러한 지능은 지능지수, 즉 IQ[29]라는 실체적 단위로 환산되는데, 테스트의 점수가 머릿속에 있는 단일하고 측정가능한 일반지능이라 불리는 것을 나타낸다고 가정하는 것이다. 특히 이렇게 계량화된 점수는 정상분포곡선으로 도식화되면서 진보에의 단선적 척도를 구현되게 된다. 즉 수치화된 지능점수로 수재와 영재, 일반인, 그리고 정신박약 등을 엄밀히 구별함으로써 인간을 서열화하고 점수화하는 것이다. 따라서 평균 100을 중심으로 하는 정상분포곡선 상에서 70~79는 한계적 정신상태, 70이하는 백치(白痴), 치우(癡愚), 노둔(魯鈍)으로 이어지는 지능장애로 구분된다.

이는 근대과학의 패러다임의 영향으로 말미암아 다음과 같은 두 가지 오류를 내포하고 있는데, 하나는 물화(物化)와 연계된 지나친 계량화이고, 다른 하나는 인간의 진보에 대한 무한한 신념에 따른 오류이다. 먼저 전자의 경우는 지능과 같은 계량 불가능한 자연적 대상을 수치화함으로써 제기되는 것으로서, 가령 IQ 70이하를 정신지체라고 판단할 때 과연 이러한 지수가 인간의 정신능력을 판단하는 절대적 기준이 될 수 있는가의 문제이다. 정상과 비정상에 대한 지능지

29　　IQ(Intellingence Quotient) = MA(Mental Age정신연령)/ CA(Chronological Age생활연령) × 100

수의 경계의 설정이 과연 절대적인 것인가에 대한 의문, 즉 정상범위 바로 아래에 위치한 층과 과연 질적인 차이가 얼마나 있는가의 질문이 제기될 수 있는 것이다.

두 번째는 진화를 단선적(單線的) 진보로 보는 관점이다. 그것은 멘델 법칙의 재발견과 유전성에 대한 기본적 해독, 그리고 다윈의 진화론과 관련하여 신체의 구조나 행동의 변이가 이들 유전자의 우성이나 열성의 형태로 표현된다는 믿음이다. 18세기 이래 과학의 비약적 발전에 따른 자신감의 발로로 정상과 비정상을 구분지으려는 이 분법은, 특히 사회 정치적 이데올로기와 결부하여 사회적 약자에 대한 차별적 기제로서 작동하게 된다.

비네가 창시한 지능검사

오늘날 IQ는 많은 사람들에게 지능의 척도로 자연스럽게 받아들여지지만, 지능지수가 사람의 지능을 나타내는 보편적인 실체로서의 척도로 받아들여지게 된 과정은 미국의 우생학적 경향과 밀접한 연관성을 가진다. 지능지수가 처음 탄생한 것은 프랑스였지만, 이 개념이 미국에 수입되어 체계화되는 과정에서 그 의도가 크게 왜곡되었다. 우생학이 처음 영국에서 창시되었지만, 정작 미국에서 꽃을 피운 것과 비슷한 맥락이라고 할 수 있다. 따라서 우리에게 친숙한 IQ는 굴드의 표현처럼 "미국의 발명품(invention)"이었던 셈이다.[30]

---

30   IQ와 관련된 주제에 대한 서술은 스티븐 J. 굴드의 저서 『인간에 대한 오해』에 기반한

처음에는 법학을 하다가 심리학을 연구하게 된 알프레드 비네(Alfred Binet)는 소르본느 대학의 심리학 실험실장이었던 1905년에 정부의 요청에 의해 동료 연구자인 테오도르 시몽(Théodore Simon)과 함께 인간의 지능을 측정하는 방법을 연구하게 되었다. 오늘날 우리에게 잘 알려진 지능검사의 기초를 닦은 것이 그의 연구였다.

비네가 프랑스의 당시 교육부에서 의뢰받은 연구는 매우 실제석인 목적을 위한 것이었다. 즉, 학급에서 다른 학생들에 비해 성적이 많이 뒤처지는 학생들을 찾아내서 도움을 주기 위해 정신적인 능력이 떨어지는 아이들을 식별해내는 방법을 찾는 것이었다. 두 사람은 종전의 검사법과 달리 실생활에서 학생들이 맞닥뜨릴 수 있는 여러 가지 과제들을 처리하는 방식을 통해서 어린 학생들의 능력을 검사하려고 시도했다. 따라서 여러 활동능력을 다양하게 검증하는 방법을 채택했으며, 이처럼 여러 가지 능력을 측정함으로써 "지시력, 이해력, 창조력, 비판력과 같은 기본적인 추론능력을" 평가할 수 있을 것으로 생각했다. 이 과정에서 두 사람은 '비네-시몽 검사법'을 개발했다. 이 테스트는 점차 난이도가 높아지는 30개의 문항으로 이루어졌고, 검사관들은 이 문항들을 통해 아이들의 수준을 가늠할 수 있도록 고안되었다.[31] 비네는 1911년 세상을 떠날 때까지 여러 차례

것임을 밝혀둔다. 굴드는 많은 저서를 낸 다작의 저자로 유명하지만 대부분《내추럴 히스토리》에 연재했던 글을 모은 것이다. 그러나 『인간에 대한 오해』에서 그는 IQ와 인간의 정신력 능력을 실체화해서 서열을 매기려는 일련의 우생학적 시도를 비판하는 데 한 권의 책을 모두 바쳤다.

31 Edwin Black, 2003, *War Against the Weak, Eugenics and America's Campaign to Create a Master Race, Dialog Press*, p.76

에 걸쳐 이 검사법을 수정했다. 이후 독일의 심리학자 W. 슈테른(W. Stern)에 의해 1912년에 지능지수 즉, IQ가 탄생하게 되었다.

그러나 비네는 시몽과 함께 개발한 이 검사법이 자칫 잘못 이용되지 않을까 우려해서 매우 신중한 자세로 일관했다. 그는 인간의 정신적 능력을 측정할 수 있지만, 지능이 선천적으로 주어지는 고정된 것이 아니라 이후 환경과 교육에 따라 바뀔 수 있다고 생각했다. 그는 처음부터 끝까지 일관되게 애초에 자신이 연구를 위임받은 취지에서 벗어나지 않은 셈이었다. 굴드는 비네가 이처럼 신중했던 이유를 다음과 같이 설명한다.

비네가 이처럼 신중한 자세를 취한 데에는 그만한 사회적 동기가 있었다. 그는 자신의 실용적인 고안물이 하나의 실체로 물화(物化)될 경우, 도움을 필요로 하는 아이들을 식별하기 위한 지침이 아니라 오히려 지울 수 없는 낙인으로 왜곡되어 악용될 가능성을 크게 두려워했다. 또한 그는 "지나치게 열광적인" 교사가 IQ를 편리한 변명거리로 이용할 수 있는 사태도 우려했다. "그들이 다음과 같이 생각할지도 모른다. '이것이야말로 우리의 속을 썩이는 아이들을 모조리 제거할 더없이 좋은 기회이다.' 또한 진정한 비판 정신이 결여된 채 교사들이 학교에 관심이 없고 다루기 힘든 아이들을 지명하는 수단이 될 수 있다". 그러나 비네는 "예언의 자기실현"이라 일컬어져 온 것을 훨씬 크게 우려했다. 그것은 고식적인 딱지 붙이기가 교사의 태도를 결정하고, 결국 아이들의 행동을 예언한 방향으로 향하게 만들 수 있기 때문이다.[32]

비네는 우생학자가 아니었다. 어떤 면에서 비네는 자신이 개발한 검사법이 이후 악용될 수 있다는 것을 예견했는지도 모른다. 따라서 생전에 그는 자신의 검사법과 척도가 지극히 실용적인 목적을 위해 만들어진 것일 뿐이며, 학습을 따라가기 어려운 지체아들에게만 적용해야 하며 정상적인 아이들에게 일반적으로 쓰여서는 안 된다고 누누이 강조했다. 그러나 그의 우려는 프랑스가 아닌 미국에서 현실이 되었다.

미국에서 변질된 IQ

학습에 뒤떨어지는 아이들을 찾아내서 도움을 주려는 의도에서 시작된 "조잡하고 경험적인" 지능검사가 사람의 지적 능력을 측정하는 "과학적이고 보편적인" 검사로 탈바꿈한 것은 미국에 도입된 후의 일이었다. 지능검사 도입을 주장하던 집단 중에서 IQ를 가장 먼저 미국에 도입했던 인물은 헨리 고더드(Henry H. Goddard)였다. 열렬한 우생학 신봉자였던 고더드는 지능을 사람들을 식별하는 도구로 이용하기 원했다. 당시 지능 장애에 대한 분류는 많은 논쟁을 일으켰는데, 대부분의 전문가들은 백치(idiot, 정신연령 3세 이하)와 치우(imbeciles, 정신연령 3~7세)를 구별하고 분류할 수 있다고 주장하였다. 왜냐하면 그들의 고통이 병리학적 진단을 보증할 정도로 심하기 때문이다. 그러나 '고도 지능장애자'라는 분류는 좀 더 모호하고

---

32 굴드, 같은 책, pp.260-261

위험한 영역이다. 이들은 훈련에 의해 사회활동을 할 수 있으며, 병리와 정상 사이에 걸쳐 있는 사람들이다. 이러한 사람들은 정신연령 8~12세에 속하며 영미에서는 보통 '정신박약'이라고 부른다. 고더드는 이러한 고도 지능장애자들을 희랍어로 바보를 의미하는 '노둔자(moron)'라는 명칭을 부여하여 이들을 식별해내고 사회에서 격리시켜야 한다고 주장하였다. 그는 국외 이민자나 국내 정신박약자들의 왕성한 번식에 의해 위협받고 있는 미국인의 혈통이 더 이상 열화되는 것을 막기 위해 지능의 경계를 인식하고, 격리하고, 번식을 억제하기 위한 식별을 원했고 그 목적으로 IQ를 도입하게 되었다. 이러한 고더드의 입장은 대부분 유전적 결정론에 속하는데, 고더드는 실제로 정신박약자라고 추정되는 인물들의 가계를 조사함으로써 노둔자에 대한 위협을 표면화하기도 하였다.

고더드는 뉴저지주의 송림 황무지에 정착한 빈민과 부랑자 집단을 발견했고, 그들의 선조를 추적해서 고결한 남성과 정신박약으로 추정되는 선술집 매춘부의 부정한 결합에까지 그 계통을 밝혀냈다. 후에 이 남성은 퀘이커 교도인 훌륭한 여성과 결혼해 선량한 시민으로 이루어진 또 다른 가계의 출발점이 되었다. 훌륭한 칼리칵가 출신은 사회의 지도적 인사가 되었지만, 잘못된 결혼을 한 나쁜 가계는 정신박약이 되거나 범죄자가 되었다는 것이다. 그 남성이 동시에 훌륭한 가계와 열등한 가계의 출발점이 되었기 때문에, 고더드는 아름다움(kallos)과 악(kakos)이라는 두 그리스어를 합성해 그에게 마틴 칼리칵(Martin Kallikak)이라는 가명을 붙여주었다. 고더드의 칼리칵가는 수십 년에 걸친 우생학 운동의 최초의 신화로서 그 역할을 다했다.[33]

| 그림 10 | 칼리칵가 사람들의 조작된 사진. 사악하고 우둔한 인상을 주기 위해 눈썹과 입이 조작되었다.

그가 1923년에 쓴 『칼리칵가(The Kallikak Family)』에서 하려고 했던 이야기는 잘못된 결혼을 막아서 노둔자의 확산과 미국의 인종적 열화(劣化)를 막아야 한다는 것이었다. 그는 자신의 주장을 입증하기 위해서 칼리칵가 사람들의 사진을 조작했다. 그림 10에서 잘 나타나듯이 사악한 인상을 주기 위해서 입술과 눈, 눈썹이 인위적으로 조작되었다. 당시 이 책은 엄청난 성공을 거두었고, 고더드는 단번에 사회정책 분야에 심리학을 적용시킨 최고의 전문가 반열에 올랐다.

33 　　　Daniel J. Kevles, 1995, *In the Name of Eugenics*, Harvard University Press, p.78

사회부적응자와 이민자 배제의 수단이 된 지능검사

　　IQ 시대가 열리는 데 지대한 역할을 또다른 학자로 로버트 M. 여키스(Robert M. Yerkes)가 있다. 우생학의 적극적 지지자였던 여키스는 하버드 대학의 심리학자이면서 영장류학자로 동물의 지능과 사회적 행동에 대한 연구로 잘 알려져 있다. 다른 한편 그는 자신의 분야를 확장하기 위해 노력하는 달변의 선전가였다. 심리학은 그때만 해도 아직 과학으로 인정받지 못하고 있었다. 일부 대학에서는 심리학의 존재를 아예 인정하지 않았고, 또 다른 대학들은 인문학에 포함시켜 심리학자를 철학과로 발령하기도 했다. 이러한 이유로 심리학자들은 심리학을 물리학과 마찬가지로 엄밀한 과학으로 확립하고 싶어 하였다. 엄밀함은 당시에 숫자와 정량화를 다루는 과학과 동일하다는 것을 뜻했다. 이러한 움직임은 프로이트가 정신분석학을 통해서 인간 정신을 객관적이고 분석가능한 것으로 보려 한 것과 동일한 맥락이라고 할 수 있다. 이러한 요구에 의하여 풍부하고 객관적인 수치를 얻을 수 있는 지능 테스트가 심리학의 주요 연구 주제로 사용되기에 이른다. 그는 IQ를 통해서 심리학을 과학의 영역으로 끌어올리려 하였다. 인간의 정신이라는 영역이 IQ를 통해 엄밀하게 정량화될 수 있다면 심리학이 과학의 영역으로 인정되어 재정적 및 제도적 지원을 받을 수 있다고 생각한 것이다. 그러나 당시 지능테스트는 거의 훈련받지 않은 비전문가들에 의해 광범위하게 실시되어 어처구니없는 결과를 낳을 때가 많았고, 척도에 따라 현저하게 달라져서 균일한 데이터 풀을 형성할 수 없었다.

그 무렵 발발한 1차 세계대전은 여키스에게 이러한 문제를 해결할 수 있는 절호의 기회를 주었다. 당시 미국심리학회(American Psychological Association) 회장을 맡고 있던 그는 심리학회를 내세워 지능테스트가 전쟁을 승리로 이끌 수 있다고 정부를 설득해서 175만 명의 신병에게 지능테스트를 실시하여 75만 명의 균일한 데이터를 얻을 수 있었다. 미국이 세계대전에 참전하면서 군부에서도 우수한 병력의 확충이나 효율적인 병력 관리에 대한 요구가 있다.

여키스는 영어를 구사할 수 있는 사람을 위한 시험(알파 테스트)과 그렇지 못한 사람들, 즉 문맹자를 위한 시험(베타 테스트)을 구분했고, 검사관들에게 지능검사를 시행하는 절차까지 세심하게 마련했다. 문맹자를 위한 베타 테스트는 주로 그림으로 된 문제였는데, 형태를 비교하거나 그림에서 빠진 부분을 채워넣는 요구를 포함하고 있었다. 그러나 까막눈에 시험이라고는 한 번도 본 적이 없던 사람들이 이런 시험을 치렀을 때 얼마나 불안하고 당황스러웠을지 상상하기는 어렵지 않다. 당시 한 시험관은 이렇게 시험장의 모습을 묘사했다. "대부분의 피시험자들은 그런 종류의 시험을 한 번도 치러본 적이 없었습니다. 그들은 문항을 채워넣으려 안간힘을 썼지만…연필이라곤 한 번도 손에 쥐어본 적이 없던 사람들이었습니다."[34]

그런데 더 중요한 점은 옆의 그림에 나오는 문제처럼, 베타 테스트에서 요구하는 문제들이 타고난 지능, 즉 순수한 정신적 능력을 테스트하는 것이라기보다는 미국이나 유럽 문화에 친숙하지 못하면

---

34 Kevles, 같은 책, p.81에서 재인용

Test 6

| 그림 11 | 이 베타테스트 문제는 지능이 아니라 미국과 서유럽적인 문화에 대한 친숙도를 측정하는 척도이다.

풀기 어려운 문제들이 많았다는 점이다.

각 문항의 채점 규칙

문항 4 – 오른손에 어떤 각도든 숟가락을 쥐고 있으면 정답으로 간주하고, 숟가락이 왼손에 쥐어졌거나 바닥에 놓여 있으면 틀린 답이다.

문항 5 – 굴뚝은 반드시 올바른 위치에 그려져야 한다. 연기는 불필요하다.

문항 6 – 첫 번째 귀와 같은 방향으로 붙은 귀는 정답이 아니다.

문항 8 – 적당한 우표 위치면 단순한 사각형이든 비스듬한 형태이든 모두 정답으로 간주한다.

문항 10 – 빠진 부분은 리벳이다. '손잡이'의 선은 생략되어도 무방하다.

문항 13 – 빠진 부분은 발이다.

문항 15 – 볼링공은 반드시 남자의 손에 그려져야 한다. 여성의 손이나 레인에 그린 공은 틀린 답이다.

문항 16 – 네트를 나타내는 선이 그려지면 모두 정답.

문항 18 – 확성기를 나타내는 모든 그림이 정답. 어느 쪽을 향하고 있어도 무방하다.

문항 19 – 손과 분첩이 적당한 위치에 그려져야 한다.

문항 20 – 빠진 부분은 다이아몬드. 칼에 칼자루를 그려넣지 않아도 틀린 답으로 간주하지 않는다.[35]

문항과 채점규칙에서 잘 나타나듯이, 연필을 난생처음 잡아본 시골 출신 신병이나 이민자들이 15번 문항에서 볼링공의 위치를 그려넣기란 사실상 불가능했다. 이 테스트는 지능검사가 아니라 '미국적

---

35   그림 11과 채점규칙은 굴드의 같은 책, pp.348-349에서 재인용한 것이다.

THE AMERICANESE WALL, AS CONGRESSMAN
BURNETT WOULD BUILD IT.
UNCLE SAM: You're welcome in — if you can climb it!

| 그림 12 | 외국 이민자들에게 악명 높았던 앨리스섬의 높은 입국심사 장벽

인 것'에 익숙하지 않은 사람들을 배제하기 위한 것이었다.

IQ의 대중화

미국에 IQ가 도입되는 시기는 대략 1910년대였다. 당시는 세계 1
차대전이 일어나기 직전으로, 어느 때보다 미국에서 애국주의가 요
구되는 시대였다. 남북전쟁과 서부개척시대를 지나서 국가 내적 분

쟁을 어느 정도 정리한 미국은 국가발전을 위하여 자국민들에게 자신들이 '미국인'이라는 인식을 심어줄 필요가 있었고, 그러한 이유로 인하여 애국주의가 탄생하게 되었다. 게다가 세계 1차대전을 맞이하여 더욱 국민들에게 호전적인 애국주의를 요구하게 된 것이다.

애국주의, 즉 미국인들에게 자신이 '미국인' 이라는 것을 인식시켜 주기 위해서는 무엇이 필요할 것일까? 가장 먼저, 미국인과 타국인을 구별하는 척도가 있어야 할 것이고, 더 나아가서 미국인이 타국인보다 우월하다는 자부심을 심어줄 필요가 있을 것이다. 미국인이 타국인보다 우수하다는 인식이 성립될 때에만 자기 자신을 미국인이라고 받아들일 동기가 부여되기 때문이다.

이러한 이유에다가 당시 크게 번창하던 인종주의적 성격이 애국주의에 첨가되면서, IQ는 원래의 의도였던, 특정한 학생들의 학습부진을 밝혀내기 위한 수단으로써 사용된 것이 아니라, 모든 인간들을 서열화시키기 위하여 사용되었고, 이를 위해서 IQ 검사는 모든 인간들을 측정하기 위해서 대중화 되었다. 이후 미국에서는 이처럼 왜곡된 IQ가 널리 채택되게 되었으며, 급기야 IQ검사로 인해 판명된 노둔자들을 격리 수용하고, 생식과 번식을 억제하자는 의견이 제안되었고, 몇몇 지역에서는 실행에 옮겨지기도 하였다. 또한 IQ 검사를 토대로 이민을 제한하는 이민제한법이 통과되면서, IQ가 선천적이고 유전적인 지능을 나타낸다는 확신을 보여주었고, 극단적인 인종주의가 제도로서 실현되는 도구로 IQ가 이용되었다.

오늘날 IQ검사는 방법상 많은 변화가 있었고 선천적인 지능을 측정하기 위한 의도로써 행해지지는 않지만, 아직까지도 인간을 서열화하고 수량화하는 도구로서 대중적으로 널리 사용되고 있다.

끝없이 되살아나는 생물학적 결정론

진보적인 사회변화가 불가능하다는 이념을 뒷받침할 필요가 있을 때면 계급, 인종, 성(性) 등에서 나타나는 기존의 사회적 위계체계가 생물학적 사실의 불가피한 결과라는 주장은 언제든 여러 가지 가면을 쓰고 등장했다. 68혁명으로 대표되는 1960년대의 사회운동에 대한 반발로 미국에서 생물학적 결정론이라는 망령이 다시 등장했다.

1965년에 윌리엄 쇼클리는 '유전학과 인간의 미래' 세미나에서 인간의 '유전적 열화(genetic deterioration)'라는 오래된 주장을 다시 제기했다. 그는 흑인들의 높은 출산률을 낮추기 위한 대안으로 단종과 산아제한을 제시했고, 100 이하의 IQ를 가진 사람들의 자발적 단종을 제안했다. 또한 1969년에 스탠포드 대학의 교육학 교수 아서 젠센(Arthur Jensen)은 백인과 흑인의 IQ 차이에 유전적 근거가 있으며 그 차이는 바뀔 수 없는 것이라고 주장했다. 2년 후, 하버드 대학의 심리학자 리처드 헌스타인(Richard Herrnstein)은 사회경제적 지위와 대물림된 지능 사이에 직접적인 함수관계가 있으며, 실업자가 될 경향이 나쁜 치아를 가질 경향성과 마찬가지로 대물림된다고 주장했다.

1970년대 초반에는 남성 염색체 Y가 하나 더 있는 남성들이 범죄 성향이 높다는 이른바 XYY 남성과 범죄 성향에 대한 논쟁이 벌어졌다. 사실 이러한 주장들이 제기되기 시작한 것은 1960년대 중반부터였는데, 염색체를 관찰하는 새로운 기법들이 발전하면서 남성 유전자가 공격적 행동과 연관된다는 가설들이 제기되었다. 1965년《네이처》에 퍼트리셔 제이콥스(Partricia Jacobs)와 동료들이 "공격적 행동, 정신이상, 그리고 XYY 남성들"이라는 논문을 발표했다. 그들은 스코틀랜드의 수감자들을 대상으로 한 연구를 통해 과잉 Y 염색체가 비정상적인 공격 행동을 일으킬 수 있다고 주장했다. 미국에서는 1968년부터《뉴욕타임스》를 비롯한 언론들이 선천적 유전자 이상과 범죄 행동에 대해 선정적인 기사를 내보내서 대중들의 관심을 끌었다. 8명의 학생들을 죽인 살인자 리처드 스펙이 XYY 염색체 소유자라는 그럴듯한 기사가《뉴욕타임스》에 보도되었지만 나중에 사실이 아님이 밝혀졌다.

이후 남성 염색체의 과잉이 폭력성과 무관하다는 사실이 밝혀졌지만, 폭력성과 같은 인간 행동을 유전적 원천에서 찾으려는 생물학적 결정론은 이후에도 여러 가지 변형판으로 계속 고개를 내밀었다.[36]

---

36   존 벡위드, 2009, 『과학과 사회운동 사이에서』, 이영희, 김동광, 김명진 옮김. 그린비. pp.165-170

• 굴드, 스티븐 제이, 1981, 『인간에 대한 오해(The Mismeasure of Man)』, 김동광 옮김, 사회평론

• 로우즈, 스티븐, R. C. 르원틴, 레온 J. 카민, 1993, 『우리 유전자 안에 없다』, 한울

• 롬브로조, 체자레, 『범죄인의 탄생(l'uomo Delinquente)』, M. 깁슨, N. H 래프터 편역, 이경재 옮김, 법문사

• 벡위드, 존, 2009, 『과학과 사회운동 사이에서』, 이영희, 김동광, 김명진 옮김, 그린비

• Anker, Suzanne and Dorothy Nelkin, 2004, *The Molecular Gaze, Art in the Genetic Age*, Cold Spring Harbour Laboratory Press

• Black, Edwin, 2003, *War Against the Weak, Eugenics and America's Campaign to Create a Master Race*, Dialog Press

• Kevles, Daniel J., 1995, *In the Name of Eugenics*, Harvard University Press

3부

생명의 분자적 패러다임

생명에 대한 이해의 역사는 근대과학의 전개과정과 그 궤를 같이 해왔다. 2부에서 살펴보았듯이 인종, 젠더, 사회적 계급의 차이를 뇌 크기나 두개골의 형태, 외모로 환원시켜서 실체화하려는 경향은 19세기 말에 크게 발전했고, 20세기 초 미국에서 인간의 정신적 능력까지 IQ로 정량화해서 서열화하려는 시도로 이어지기도 했다. 이러한 시도는 한편으로는 당대의 사회적 요구, 즉 인종 차별과 성 차별을 정당화시켜주는 역할을 충실히 수행했고, 거세와 강제 낙태 등을 통해 인종적 열화(劣化)를 막고 사회를 개량하려는 우생학의 열망을 뒷받침해주었다. 이러한 일련의 경향은 두 차례의 세계대전과 냉전기를 거치면서 한층 강력한 생명통제의 열망으로 발전해나갔다.

역사적으로 항상 그러했듯이 전쟁은 단기간에 과학기술의 발전을 가능케 했고, 당시의 첨단과학을 총동원해서 특정한 목적을 달성하는 데 적용시켰다. 전쟁은 수많은 인명을 살상하고 환경에 심대한 피해를 초래하지만, 다른 한편으로는 과학을 연구하는 방식이나 생명과 자연을 보는 관점에도 큰 영향을 미친다. 특히 양차 세계대전은 과학기술이 전쟁에 전면적으로 결합한 과학화 전쟁으로서 과학기술의 군사화를 일상화시켜 이후 군사적 목적을 염두에 둔 과학기술 연구를 정상적(normal)으로 만들었으며, 전시의 긴급성을 이유로 여러 분야의 과학자들을 징발해서 단기간에 문제 해결을 시도하는 초(超)학제적 연구관행을 정착시켰다. 여기에는 나치의 박해를 피해 독일, 오스트리아, 헝가리 등 여러 나라를 탈출한 망명 과학자들, 특히 물리학자들이 연구환경이 상대적으로 좋은 미국으로 모이게 된 이유도 있었다.

〈이미테이션 게임〉이라는 영화로도 만들어졌듯이 독일군의 암호체계 에니그마를 풀기 위해 수학자 앨런 튜링을 비롯해서 언어학자등 여러 분야의 학자들이 공동으로 수행한 작업, 원자폭탄 제조계획이었던 맨해튼 프로젝트 등이 정부가 주도적으로 여러 분야의 과학자들을 동원해서 비상계획의 양상으로 진행시킨 거대 과학이었다면, 7장에서 다룰 사이버네틱스와 '정보로서의 생명' 개념의 등장은전쟁 이후 냉전시기에 과학자들 사이에서 내화(內化)된 초학제적 연구 관행의 산물이었다고 볼 수 있다. 이러한 연구관행은 4부의 인간유전체계획과 같은 탈냉전시대의 거대 과학으로까지 이어졌다.

3부는 이 책의 중심 주제인 생명에 대한 분자적 패러다임의 수립과정을 다룬다. 이 과정을 지배한 것은 생명에 대한 환원주의적, 물리주의적 접근방식이라고 할 수 있는데, 20세기 이후 유전자에 대한유비가 등장하기 시작한 것은 여러 가지 생물학적 형질의 전달을 담당하는 물리적 실체에 대한 요구가 한층 정교화, 세련화되어가는 과정에서 나타난 피할 수 없는 귀결이었다고 볼 수 있다. 환원주의(還元主義)를 한마디로 정의하기는 힘들지만, 근대과학의 전개과정에서 환원주의는 인간, 보다 정확하게는 근대적 인간이 자신의 관점에서 세계를 이해하고 전유하는 매우 독특한 사고양식이라고 할 수 있다. 환원주의는 세계를 구성하는 다양하고 복잡한 요소들을 자신이중요하게 여기는 특정한 실체를 중심으로 재배열시키는 과정이라고할 수 있다. 즉, 자신의 의지와 관점을 기반으로 하는 새로운 질서 부여(re-ordering)의 과정인 셈이다.

DNA 이중나선 구조가 발견된 것은 1953년이었지만, 많은 학자들은 생명현상을 특정한 분자로 환원시켜서 이해하려는 시도가 이미 1930년대부터 시작되었다고 본다. 분자생물학(molecular biology)의 출현은 E. 브라운이 '기업 자선단체(corporate philanthropy)'라고 불렀던 미국의 독특한 사회적 실행 양태에 크게 빚지고 있다. 미국의 혁신주의 시대(Progressive Era)에 급속한 산업화 과정에서 발생한 여러 가지 문제점을 해결하려 했던 록펠러를 비롯한 거대기업들은 과학을 통해 인간을 개량하고 사회를 통제하기 위한 '인간 과학(science of man)' 기획의 일환으로 분자생물학을 탄생시켰다.

슈뢰딩거의 『생명이란 무엇인가』와 같은 책은 1940년대부터 생명현상의 근원에 있는 분자에 대한 숱한 은유와 유비를 낳았다. DNA가 실체로 확인되기 오래전부터 DNA는 이미 예견되어온 셈이다. 과학사회학자 이블린 폭스 켈러는 유전자가 실제로 확인되기 훨씬 이전부터 유전자 이론이 이른바 '원인 인자(causal agent)'라는 개념으로 존재해왔다고 말한다. 가령 토마스 헌트 모건은 생명현상의 중요한 요소인 발생 과정을 인과적 과정으로 보았고, 발생에 원인이 되는 인자가 유전자라는 생각을 했다.[1] 이러한 원인 인자의 실체를 밝히려는 노력에서 당시 지배적인 과학 분야였던 물리학자, 특히 양자 물리학자들은 중요한 역할을 수행했다. 슈뢰딩거, 델브뤼크 등 많은 물리학자들은 당시 생명의 역설(paradox of life)이라 불렸던 생물의 자기복제를 물리 화학적 메커니즘으로 설명할 수 있다고 확신했다. 왓슨, 그리고 물리학자 출신이었던 크릭이 양철과 철사를 가지고

---

1   Evelyn Fox Keller, 2000, *The Century of the Gene*, Harvard University Press, p.46

DNA가 스스로 지탱하면서 자신을 복제할 수 있는 물리적 구조가 어떤 것인지 알아내기 애썼던 것은 이미 많은 사람들에 의해 예견되었던 원인 인자를 물리적 실체로 밝혀내는 작업이었다.

2차 세계대전과 뒤이은 냉전은 생명에 대한 이해가 한 차례 큰 굴곡을 거친 시기였다. 이 시기에 출현한 사이버네틱스(cybernetics)와 정보학은 생물과 기계 모두를 일종의 정보현상으로 이해할 수 있는 기틀을 마련했다. 오늘날 우리에게 익숙한 '정보로서의 생명' 개념이 이 시기에 탄생했다. 사이버네틱스 개념이 대공 레이더와 같은 영역에서 인간과 기계의 빠른 피드백에 대한 요구에서 비롯되었듯이, 전쟁을 치르던 군부는 빠른 속도로 발전하는 기계에 부합할 수 있도록, 인간 능력을 높이기 위해 커뮤니케이션과 정보에 대한 새로운 이해를 촉구했다. 이후 냉전시기에도 인간과 기계의 통합은 중요한 문제였고, 노버트 위너를 비롯한 학자들은 커뮤니케이션이라는 관점에서 생명과 공학 시스템이 다르지 않다는 주장을 제기했다. 이제 생명은 정보체계로 간주되고, 공학적 시스템과 마찬가지로 제어가능한 대상으로 인식되었다.

1970년대 중반에 발간된 에드워드 윌슨의 『사회생물학』은 DNA 이중나선 구조의 발견 이래 비약적으로 발전했던 생물과학의 성취를 기반으로 인간의 행동은 물론 사회 현상까지 생물학이 설명할 수 있다는 대담한 주장을 제기했다. 이후 언론매체들은 열광적으로 사회생물학의 주장을 소개했고, 자신들이 원하는 방식으로 번역했다. 사회생물학처럼 논쟁적인 주제를 다루는 과학자들은 대중매체의 열광주의를 적극적으로 활용해서 자신들의 주장을 확산시켰다. 4부에서 다룰 인간유전체계획도 언론의 열광주의를 부추겼다. 이후 '민중을 위한 과학'의 '사회생물학연구그룹(Sociobiology Study Group)'과 윌슨으로 대표되는 사회생물학 진영 사이에서 격렬한 논쟁이 벌어졌다.

5장

분자생물학의 탄생과
'Science of Man'의 기획

혁신주의 시대는 미국에서 산업자본주의가 형성되던 시기였고, 19세기부터 진행된 급속한 산업화로 나타난 많은 문제점을 해결하기 위해 기업자본은 자신들에게 유리한 형태의 정치구조와 경제적 질서를 만들어내려고 시도했다. 대략 1900년에서 1920년에 해당되는 이 시기의 변화하는 질서 속에서 교육, 노동, 계급, 인종, 성, 가족, 집단, 대중여론, 종교, 법률 등 미국 사회의 거의 모든 영역에서 다양한 문제들이 제기되었다. 미국인들은 이 시기가 이른바 미국적인 특성이 벼려진 시기, 즉 미국의 정체성이 수립된 소중한 시기라고 여기기도 한다. 유럽과 달리 역사적 전통이 길지 않은 미국은 한편으로는 엠파이어 스테이트 빌딩 건축과 같은 거대주의(giantism)를 통해 자신들의 저력을 과시하려 했고, 다른 한편으로는 유럽을 능가하는 강대국으로 부상하기 위해 산업화와 근대화를 가로막는 문제점을 조속히 해결하려는 강력한 사회통제에 대한 열망을 내재하고 있었다.

미국의 사회학자 에드워드 로스(Edward Ross)가 1901년에 낸 『사회 통제(Social Control)』라는 책은 이러한 사회적 분위기를 잘 보여주었다. 로스는 자신의 저서에서 사회갈등과 자본주의로 인한 사회적 불평등을 피할 수 없는 사실로 인정했고, 이러한 갈등이나 문제점을 해결하기 위한 수단으로서 사회화(socialization)와 사회적 통제의 필요성을 제기했다. 특히 여러 나라에서 몰려드는 이민자와 인종 문제로 큰 갈등을 빚고 있었기 때문에 새로운 과학에 대한 요구와 그를 기반으로 한 사회통제라는 정향성은 당시 미국의 독특한 문제 해결 방식으로 그 토대를 닦고 있었다. 1969년에 재발간된 『사회 통제』의 서문에서 줄리어스 와인버그 등의 학자들은 이 책의 주된 색조(色調)를 "개입주의와 자유방임에 대한 반대(interventionist and anti-laissez faire)"라고 지적했다. 로스의 책은 미국 사회학자들에게 큰 영향을 주었으며, 루즈벨트를 비롯한 혁신주의 시대의 개혁주의자들에게 사회개량의 지침으로 작용했다.[2]

이러한 경향은 과거의 낡은 사회적 관계를 해체해서 자원 획득을 용이하게 만들고, 다루기 힘든 노동력을 산업생산에 맞는 형태로 길들이고, 시장과 운송체계를 구축하는 과정이기도 했다. 그밖에도 그들은 낡은 사회제도들을 바꾸려 했다. 교육, 종교, 의료, 그리고 문화

---

2   Julius Weinberg, Gisela J. Hinkle, and Roscoe C. Hinkle, 1969, "Introduction" in Edward Alsworth Ross, *Social Control, A Survey of the Foundation of Order*, The Press of Case Western Reserve University. pp.viii-ix

등의 사회제도들은 낡은 체제를 한데 결합시켜주는 접착제와도 같은 역할을 했기 때문이다. 요약하자면, 새로운 기업계급은 경제, 정치, 그리고 문화적 제도들을 그들의 도시화되고, 산업화된 기업사회에 복무하도록 재편하고 바꾸어내야 한다는 요구에 직면하고 있었다.

이 시기에 이러한 움직임을 선도한 것은 당시 새롭게 부상하던 거대 기업들이었다. 특히 석유재벌 존 D. 록펠러의 '스탠더드 오일'과 철강재벌 앤드루 카네기의 'US 스틸'이 쌍두마차였다. 산업화는 기업가들에게는 급격한 부의 축적을 가져다 주었지만, 그 과정에서 소외된 많은 계층들에게는 깊은 불만과 분노를 안겨주었다. 지금까지 이러한 변화를 한 번도 겪어보지 못했던 많은 기업자본가들은 산업화 과정에서 나타난 문제점을 해결하기 위해서 자선단체, 대학, 그리고 의료에 눈을 돌렸다. 이 시기의 사회변화는 대부분 겉으로 드러나지는 않았지만, 자본주의의 시장을 지배하던 기업들에 의해 주도되었다. 20세기 들어서 일부 자선단체들은 자신들의 재단을 당시 지배적이던 경제적 제도를 모델로 삼아서 진정한 의미의 기업 자선단체(corporate philanthropy)[3]로 만들었다. 브라운은 그의 책에서 오늘날 의학이 자신들의 좁다란 경제적·사회적 이해관심을 위해서 복무하게 된 데에는 역사적 뿌리가 있다고 주장한다. 그가 말한 역사적 맥락이 바로 록펠러재단과 같은 기업 자본가들(corporate capitalists)의 개입이다.

---

3   브라운은 'corporate philanthropy'의 의미를 기업가 계급의 구성원들에 의해 제어된 자선 단체들이 가지고 있던 기업 자본주의의 자선적 성격을 뜻한다고 말했다. Brown, 1923 p.14

이러한 '기업 자선단체'의 특성은 미국의 산업화 과정이 낳은 독특한 산물로 당시 막강한 재력을 가지고 있던 록펠러를 비롯한 기업들이 자선 단체를 사회 제도를 변형시키는 통로로 그 역할을 부여했다는 점이다. 기업 자선단체, 과학, 그리고 대학의 결합은 생물학과 의학을 사회변화의 중요한 요소로 삼았다.[4]

록펠러재단과 분자생물학 – "science of man"의 기획

미국에서는 1920년대부터 인간공학(human engineering)이라는 기술중심 담론(technocratic discourse)이 득세해왔다. 20세기 초 포드주의와 함께 등장한 프레드릭 테일러(Fredrick Taylor)의 테일러주의, 즉 과학적 노동관리도 같은 맥락으로 볼 수 있다. 노동자들이 특정한 과업을 수행하는 시간과 동작을 연구해서 효율을 극대화시키려 했던 테일러주의는 근대과학이 통제(control)라는 자신의 이념을 자연에서 인간에까지 확장시킨 일련의 과정으로 볼 수 있다. 근대라는 시대 자체가 통제의 자기 확장의 역사로 볼 수 있으며, 그 대상은 인간의 노동, 사회 나아가 생명과 인간 자체에 대해서까지 확장되어갔다. 과학적 노동관리가 작업장에서 그 효과를 인정받게 되면서, 보다 넓은 사회적 관계에도 적용가능할 것이라는 인식이 확산되었다.

과학사학자 릴리 E. 케이(Lily E. Kay)는 1930년대에서 1950년대

4　　E. Richard Brown, 2011(reproduction of a book published before 1923, *Rockefeller Medicine Men; Medicine and Capitalism in America*, University of California Press

사이의 시기가 분자생물학이라 불리는 '새로운 생물학'이 탄생한 시기라고 말했다. 이 새로운 생물학이 우리에게 이른바 생물에 대한 분자적 관점(molecular vision of life)이라는 지배적인 관점을 제공했다. 앞에서도 이야기했듯이 분자생물학의 탄생에 결정적인 기여를 한 것은 록펠러재단이었다. 록펠러재단은 분자생물학의 형성과정에서 산파와 같은 역할을 했다. 우선 록펠러재단은 엄청난 재력을 바탕으로 이 분야에 막대한 자본을 투입했다. 그 규모는 2500만 달러에 달했고, 연방 전체 과학기술 연구비의 2퍼센트에 달할 정도였다. 이처럼 어마어마한 투자는 실제로 분자생물학 분야의 연구를 활성화시키는 데 지대한 영향을 미쳐서 1953년 이후 12년 동안 이 분야의 노벨상 수상자 18명 중에서 1명을 제외한 전원이 록펠러재단에서 지원을 받은 사람이었을 정도였다.

그러나 록펠러재단의 영향은 단지 연구비에 그치지 않았다. 지원을 받는 대학의 내부 구조에 깊이 관여했고, 케이는 이러한 개입이 "투자한 달러 이상의 영향력을 발휘했다"고 평가했다.[5] 대학의 교수나 행정기구들은 연구진을 임명하고, 프로젝트를 계획하는 데 일일이 록펠러재단에 자문을 구할 정도였다. 특히 분자생물학이 탄생하는 데 결정적인 역할을 했던 또 하나의 기관이었던 캘리포니아 공과대학(California Institute of Technology)은 록펠러재단의 자금으로 재단의 뜻이 실현되는 중요한 통로 구실을 했다. 칼테크는 이 재단의

5   Lily E. Kay, 1993, *The Molecular Vision of Life, Caltech, the Rockefeller Foundation. and the Rise of the New Biology*, Oxford University Press, pp.6-7

계획을 실행에 옮길 수 있도록 해주었고, 분자생물학의 연구와 훈련이 이루어진 핵심적인 곳이었다.

그렇다면 록펠러재단은 왜 많은 돈을 분자생물학이라는 분야를 새롭게 여는 데 투자했을까? 이 재단이 실행에 옮기려 했던 기획은 무엇이었는가? 케이는 그 기획을 '인간 과학'이라고 주장했다. 이것은 록펠러재단이 오랫동안 지속해오던 어젠더였으며, "과학과 문화 사업"의 요체이기도 했다. 록펠러재단은 자연과학, 의학, 사회과학을 기반으로 인간을 새롭게 이해하고, 나아가 사회를 개량한다는 사회 통제의 동기를 가지고 있었다. 특히 20세기 이후 자연과학의 획기적 발전은 지금까지의 인간 사회에 대한 전통적인 접근, 즉 철학이나 사회학, 심리학 등을 통한 이해를 넘어서는 '새로운 이해'의 가능성을 열어주는 것처럼 보였다. 이처럼 생물학 분야에서 나타난 새로운 과학적 진전을 기반으로 새로운 "인간과학"에 대한 기대가 분자생물학을 탄생시켰다.

분자생물학이라는 말을 1938년에 처음 만든 사람은 수학자이자 록펠러재단의 자연과학 분과장이었던 워렌 위버(Warren Weaver)였다. 초기에는 이 말이 오늘날과 달리 DNA를 중심으로 한 분자유전학(molecular genetics)에 국한되지 않았고, 생명의 궁극적인 극미한 실체를 추구하려는 일련의 연구영역을 지칭했었다. 당시 많은 생화학자와 생물학자들은 굳이 분자생물학이라는 새로운 영역이 필요한가에 대해 의문을 제기하기도 했다.

대공황에 대한 복수(複數)의 대응들

생물사학자 미셸 모랑쥬는 록펠러재단의 활동이 기존의 대중교육과 공중 보건에서 분자생물학으로 돌아서게 된 중요한 계기로 1929년 대공황을 꼽았다. 그 이전까지 록펠러재단이 과학이나 의학에 투자한 금액은 크지 않았지만, 대공황 이후 새로운 정책의 필요성을 심각하게 느끼기 시작했다는 것이다.[6] 록펠러재단 책임자들은 경제위기의 원인을 지난 수년간 무한한 것으로 간주했던 "생산력에 비해 진보되지 않은 인간의 인식 사이의 괴리"에서 찾았다. 당시 워렌 위버는 이렇게 말했다. "현재 상황에서 우리는 교훈을 얻어야 한다…무생물적 힘에 대한 우리의 이해와 통제가 생명의 힘에 대한 이해와 통제를 넘어섰다. 이제 과학 중에서도 생물학과 심리학, 그리고 생물학과 심리학의 토대가 되는…수학, 물리학 그리고 화학의 특별한 발전이 요구되고 있다."[7]

대공황의 발발은 산업자본주의가 한창 번영을 구가하던 시기에 많은 사람들에게 큰 충격을 주었다. 일찍이 마르크스는 자본주의가 고도화되면서 스스로의 내적 위기로 인해 붕괴할 것이며, 그후 공산주의 사회로의 이행이 이루어질 것이라는 주장을 폈다. 따라서 당시

---

6 미셸 모랑쥬, 2002, 『실험과 사유의 역사, 분자생물학』, 강광일, 이정희, 이병훈 옮김, 몸과마음, p.122

7 Robert E. Kohler, 1976, The management of science: The experience of Warren Weaver and the Rockefeller Foundation programme in molecular biology, *Minerva*, Vol 14, Issue 3 pp.279-306. p.290

세계를 뒤흔든 미국발 대공황은 자본주의 진영에서는 생산력과 무한한 진보의 꿈을 무산시킬 수도 있다는 위기의식을 불러일으켰고, 소련을 비롯한 공산권은 자본주의 붕괴의 신호탄으로 적극적으로 해석했다.

사회주의권이 몰락하고 세계가 거의 자본주의의 단일체제로 편입된 이래 대공황이 현대세계에 미친 영향은 여러 가지 이유로 일화적(逸話的) 현상쯤으로 상대적으로 가볍게 다루어진 경향이 있다. 그러나 『철도여행의 역사』라는 책으로 잘 알려진 볼프강 쉬벨부시는 "1930년대의 정신을 결정한 역사적 계기가 1945년이라는 미래에 있을 나치즘의 패배가 아니라 1929년의 대공황이었다"라고 말했다.[8] 쉬벨부시는 대공황이 미국을 비롯한 여러 나라들이 자유주의와 방임주의와 결별하고 사회통제라는 방향성을 확고하게 다진 중요한 계기가 되었다고 주장했다. 루스벨트는 무솔리니의 강력한 지지자였고, 뉴딜 정책은 본질적으로 파시즘적 대규모 사회동원체제였다. 쉬벨부시는 뉴딜정책이 나치의 아우토반 건설계획, 무솔리니의 대규모 개간정책인 아그로 폰티노 계획과 판박이처럼 흡사했기 때문에 뉴딜은 하나가 아닌 여럿이었다고 지적한다.

파시즘은 당시 한계에 봉착한 시장경제가 문제를 해결해나가는 하나의 방식이었으며, 자유주의와 보이지 않는 손에 의한 시장경제의 자동성의 신화를 걷어내고 적극적인 개입과 통제를 노골화한 역

8　　볼프강 쉬벨부시, 『뉴딜, 세편의 드라마 – 루스벨트의 뉴딜, 무솔리니의 파시즘, 히틀러의 나치즘』, 차문석 옮김, 지식의 풍경, p.36

| 그림 1 | 록펠러재단이 "인간 과학"을 기획하게 된 계기인 1929년 대공황

사적 대응양식이었다. 나치즘이 유대인 대량학살로 대표되듯 폭압적이고 폭력적인 형태를 띤 것은 파시즘이라는 대응양식의 특수한 사례였지 일반적인 것이 아니었다. 이러한 대응양식의 "미국적 등가물이 바로 혁신주의"였다.[9] 그리고 같은 흐름 속에 록펠러재단의 '인간 과학' 기획도 포함되었다.

위버를 비롯한 록펠러재단의 과학분과 주요 인물들은 인간에 대한 보다 과학적 이해를 통해서만 대공황과 같은 위험에서 벗어날 수 있다고 생각했다. 당시 많은 과학자들 사이에 공통된 견해는 지난 수

---

9   쉬벨부시, 같은 책, p.75

십 년 동안 물리학과 화학이 주류를 이루었지만, 인류의 미래는 향후 50년 동안 새로운 생물학과 심리학에서 이루어질 발전에 달려 있다는 것이었다. 생산력의 발달과 과잉 생산된 상품, 그리고 비등하는 사회적 갈등과 같은 문제로 도전받고 있던 과학자들이 해결해야 할 물음은 다음과 같은 것들이었다. 인류는 자신의 힘에 대한 지적 통제를 획득할 수 있을까? 우리는 미래에 우월한 인간을 만들어낼 수 있을 만큼 견고하고 포괄적인 유전학을 발전시킬 수 있을까? 성(性)에 대한 심리학과 심리생물학(psychobiology of sex)에 대한 충분한 지식을 획득해서 우리의 삶에서 매우 중요하면서도 위험한 측면을 이성의 통제 아래 둘 수 있겠는가? 심리학을 현재의 혼란과 비효율적 상황에서 벗어나게 만들어서 누구나 일상적으로 이용할 수 있는 도구로 만들 수 있을까? 인간은 과연 자신의 생명과정에 대한 충분한 지식을 획득해서, 인간행동을 합리적으로 만들 수 있겠는가? 요컨대 새로운 인간 과학(new science of man)을 창출할 수 있겠는가?[10]

분자생물학의 우생학적 기원

앞에서 살펴보았듯이 미국은 20세기 초 혁신주의 시대에 여러 가지 사회문제를 겪었고, 그 중 하나가 인종과 계급의 문제였다. 대규모 이민으로 인한 이른바 인종의 열화(劣化)와 범죄 증가, 그리고 도시 슬럼화로 사회적 하층계급들이 사회문제가 되면서 인종개량과

10　　Kohler, 같은 글, p.291

사회 개량의 이데올로기가 광범위하게 확산되었다. 따라서 한편으로는 경제적 생산성을 높이면서 다른 한편으로는 사회적 안정을 유지하기 위한 사회적 프로그램은 과학에 대한 투자로 연결되었다. 결국 그것은 산업자본주의라는 사회적 틀에 부합할 수 있는 인간을 만들기 위한 기획이었다.

이러한 통제로서의 과학화의 하나의 축이 바로 우생학이었다. 유럽과 미국 사회에서는 이미 19세기부터 우생학의 움직임이 활발하게 나타나고 있었다. 즉, 선택적 생식을 통해서 사회에 대한 통제를 이루려는 갈망이 유럽과 미국 사회 깊숙이 내재해 있었던 셈이었다. 1920년대까지도 우생학은 진정한 과학(sound science)으로 인정받았다. 과학자들은 멘델의 유전법칙을 인간의 생식에 적용해서 불과 몇 세대 만에 개조를 이룰 수 있다고 믿었으며, 당시까지도 우생학은 객관적이고 중립적인 과학적 추구로 간주되었다. 이처럼 멘델의 유전법칙이 재발견된 지 얼마 안 되어서 곧바로 사회현상과 인간에 적용하려는 움직임이 나타났다는 것은 주목할 만한 현상이었다. 그것은 진화론이 곧바로 사회진화론으로 번역되던 당시의 사회적 맥락에 비견된다.

그러나 1930년대부터 우생학을 사회에 적용시키려는 시도를 둘러싼 정치적인 논쟁이 벌어지기 시작했다. 2부에서 살펴보았듯이 이른바 부적자(不適者)에 대한 불임시술, 인종에 대한 고정관념에 근거한 이민 제한 등이 대표적인 쟁점이었다. 허먼 조지프 뮐러(Hermann Joseph Muller), 존 홀데인(John B.S Haldane), 그리고 줄리언 헉슬리(Julian Huxley)와 같은 사회주의 계열의 유전학자들에게 미국의 유전학자들은 인종주의와 자본주의의 야만주의적 전형으로 비쳐졌다.

우생학이 쇠퇴하게 된 또 하나의 요인은 사회과학의 흐름 변화에서 찾을 수 있었다. 기존의 인종에 대한 관심에서 문화로 인간관계에 대한 설명의 축이 변화되기 시작했다. 결국 1930년대에 우생학은 사이비 과학(pseudoscience)으로 낙인이 찍히게 되었다.

케이는 낡은 우생학(old eugenics)이 사회적 저항에 직면하면서 그 방향을 유전학, 그리고 나아가 새로운 생물학에 대한 투자로 전환시킨 결과가 바로 분자생물학이라고 주장했다. 즉, 우생학적 목표가 분자생물학 프로그램의 개념과 설계에 중요한 역할을 했다는 것이다. 분자생물학은 우생학이 사이비로 간주되자 변신을 꾀하면서 유전학이라는 새로운 학문으로 다시 태어난 셈이다. 새로운 기술이나 과학이 개발되었을 때 그것을 곧바로 인간, 또는 사회에 적응시키려는 경향성은 근대과학의 출발부터 이미 내재되어 있었다고 볼 수 있다. 이러한 강박과 정향성(定向性)은 근대과학, 또는 근대성의 인식론적 편향으로 볼 수 있을 것이다. 유전학이라는 새로운 생물학이 등장하자 곧바로 사회 현상을 설명하고 사회를 개량하는 도구로 채택된 것이다. 이것은 기술과 인간, 기술과 사회 사이의 균형있는 관계가 아니라 기술, 또는 과학이론이 사회나 인간에 대해 우선권을 가지는 근대적 과학기술 중심주의의 경향성이라고 할 수 있다. 과학철학자 이언 해킹(Ian Hacking)은 과학의 핵심인 이론과 실험을 각기 '표상하기'와 '개입하기'로 설명했다. 이론은 세계가 어떠한가 말하고자 하며, 실험과 그 결과로 탄생한 기술은 세계를 변화시킨다.(해킹, 2005) 우리가 세상을 보는 방식은 기술에 의해서 표상되고 개입되기 때문에 기술, 또는 실험장치를 통해 세계와 접촉하는 데 익숙해지고 길들여지게 된다. 분자생물학 역시 새로운 시대에 인간과 생명이 유전학이라는 새로운 생물학에 의해 개입되고 표상되는 하나의 방식이자 실행 양식이라고 할 수 있다. 그리고 그 속에 내재된 우생학은 우리가 우리 자신과 생명 전체와 맺는 관계를 구조적으로 재정립했다.

분자생물학의 생명관

분자생물학에 대한 엄청난 투자는 넓은 의미에서 '인간 과학'이라는 사회적 틀 속에서 이루어졌다고 볼 수 있다. 즉, 인간행동을 지배하는 궁극적인 메커니즘을 엄격하게 설명하고 제어하기 위해서 물리과학이라는 토대 위에서 이루어진 움직임이며, 이러한 사회적 실행으로서의 분자생물학은 유전이라는 주제에 강조점을 두었다.

그렇다면 분자생물학의 대두는 생명에 대한 이해에 어떤 영향을 주었고, 이후 생물학의 전개 과정을 어떻게 노정(路程)했을까? 케이는 분자생물학이라고 뭉뚱그릴 수 있는 새로운 생물학의 접근방식이 가지는 특성과 그러한 특성이 이후 생물학 연구에 미친 영향을 다음과 같이 정리했다.

첫째, 모든 생물체에 공통된 생명현상이라는 통일성을 강조했다. 이러한 흐름은 토머스 모건이 대표했다. 새로운 생물학은 주로 모든 생명체에 공통된 호흡이나 생식과 같은 주제에 특별히 관심을 집중했다. 다음 장에서 설명하겠지만, 물리학자들이 생물의 특성으로서 생식이나 복제와 같은 주제에 높은 관심을 가진 것도 이러한 맥락으로 이해할 수 있다. 따라서 생물이 가지는 다양성이나 복잡성보다 모든 생물이 공통적으로 가지는 특성에 더 집중해서 생명의 본질을 이해하려는 경향을 낳았다. 그로 인해 생명현상의 근저에 궁극적인 법칙성이 내재할 것이라는 믿음이 형성되었고, 분자와 같은 좀 더 근본적인 단위로 내려가면 복잡성과 다양성을 걷어내고 생명의 본질을 알아낼 수 있으리라는 이른바 분자적 생명관이 형성되었다.

둘째, 이러한 경향성을 기반으로 좀 더 낮은 수준(level)에서 생명의 근본적인 현상을 연구하는 것이 편리하다는 관념이 생물학에 형성되었다. 따라서 새로운 생물학은 점점 더 단순한 생물을 연구 대상으로 삼았다. 여기에는 생물의 세대(世代)가 짧을수록 실험실에서 관찰과 연구가 수월하다는 통제된 실험(controlled experiment)의 논리도 함께 작용했다. 따라서 박테리아, 바이러스 등이 생명현상을 알아내는 탐침(probe), 개념모형으로 사용되기에 이르렀다. 생물철학자 자크 모노(Jacques Monod)는 "박테리아에게 사실이면 코끼리에게도 사실이다"라는 유명한 말을 남기기도 했다.

셋째, 이러한 흐름은 생물학의 담론을 생명이라는 개념하에 있는 보다 폭넓은 현상들로부터 "괄호치기(bracketing out)"하는 경향을 낳았다. 그로 인해서 생명현상이 가지는 창발적(emergent) 특성에 대한 관심은 상대적으로 멀어졌다. 가령, 고등생물체 내에서 일어나는 상호작용적 과정, 즉 기관, 계들 사이에서 나타나는 상호작용으로서의 생명 기능, 그리고 생물체와 다른 생물체 사이에서 나타나는 상호작용(공생), 나아가 생물체와 주위환경 사이에서 일어나는 상호작용 등에 대한 관심을 멀어지게 만드는 결과를 가져왔다.

넷째, 생명이 근본적으로 물리화학적 메커니즘이라는 관점에서 접근함으로써 새로운 생물학은 주된 관심을 거대 분자에 쏟았다. 이러한 흐름은 DNA가 발견되기 이전에도 지속되었고, 1950년대 이전에는 '거대단백질 분자(giant protein molecules)'가 생명현상과 유전의 본질로 간주되었다. 단백질은 사람과 같은 고등한 생물학적 특성도 담을 수 있을 만큼 복잡한 거대분자였기 때문에 이러한 거대분자의 작동방식을 통해 생명체의 작동방식을 이해할 수 있다는 신념이 단백질 패러다임(protein paradigm)으로 굳어졌다. 이후 그 대상이 단백질에서 DNA로 바뀌는 '패러다임 전환'이 일어났을 뿐, 특정 거대 분자가 마스터 분자(master molecule)로 생명현상을 총괄한다는 믿음은 변함이 없었다. 이러한 경향은 생명현상을 거대 분자로 설명하려는 환원주의를 강화시키는 결과를 낳았다.

다섯째, 분자생물학은 생물탐구의 영역을 10^{-6}에서 10^{-7}센티미터 사이로 집중했다. 이 영역을 기초로 생물을 연구하기 위해서 생물학은 복잡하고 정교한 장치에 의존하게 된다. 과거에는 현미경, 페트리 접시, 가압처리기가 고작이었지만, 새로운 생물학에서는 전자현미경, 초원심분리기, 전기영동기, 분광기, x선 회절기 등이 기본적인 장비로 사용되었다.

실험장치는 단순한 도구에 그치지 않으며 자연을 표상하는 과정에 깊이 개입하고, 실험자와 실험대상 나아가 자연을 중재하는 역할을 한다. 따라서 실험장치가 점차 복잡해지면서 실험자는 실험장치에 대한 의존도를 높이고, 점차 실험장치를 통해서만 자연이나 생명현상을 인식하게 된다. 따라서 실험장치와 기기의 복잡화는 생명에 대한 인식 자체에 큰 영향을 미치게 되었다.

여섯째, 실험장치의 고도화와 복잡화는 비용증가와 함께 연구의 사회적 구조변화로 이어진다. 고가의 실험장비에 대한 의존도가 높아지면서 생물학 실험실 자체가 거대화되고, 이 거대화된 실험실을 관리할 관리자를 필요하게 된다. 또한 다루어지는 연구문제의 간학문적 특성, 복잡하고 값비싼 기기의 필요성 등으로 인해서 연구문제가 주로 그것을 다룰 수 있는 기기에 의해 규정되고, 협동작업(team project)의 형태를 띠게 되었다. 그리고 기기에 대한 의존도가 높아지면서 생물학을 물리과학이나 공학과 긴밀하게 연결시켜야 할 필요성을 낳게 된다. 그로써 생물학 연구의 기술적 전문성이 높아지게 되었다.[11]

분자생물학은 궁극적으로 생명의 본질을 분자적 수준으로 물화(物化)시키고 연구와 실험의 실행을 재편성해서 '생물학 연구의 인식론적 기초' 자체를 변화시켰다. 이제 생명은 복잡한 기술과 표상 시스템을 통해서 이해되고 다루어지게 되었으며, 그 과정에서 이전 시대와는 비교할 수 없이 많은 편향들(bias)이 개입하게 되었다.

과학사회학자 헤르베르트 고트바이스는 1930년대에 분자생물학의 정치(politics)가 처음 시작되었다고 말한다. 그는 오늘날 유전자를 둘러싼 국가정치는 1930년대 당시 새롭게 형성되고 있던 정책 서사(policy narrative)와 근대화의 담론들과 무관치 않다고 생각했다. 1930년대에 처음 시작된 분자생물학은 과학자, 대학, 의료계

---

11   Kay, 같은 책, pp.4-6을 기반으로 재구성한 것임

의 지도자, 그리고 특히 록펠러재단과 같은 자선단체(philanthropic organization) 사이 이루어진 복잡한 동맹의 결과물로 등장했다.[12]

12　　Herbert Gottweis, 1998, *Governing Molecules, the Discourse Politics of Genetic Engineering in Europe and the United States*, the MIT Press p.39

- 모랑쥬, 미셸, 2002,『실험과 사유의 역사, 분자생물학』, 깅굉일, 이정희, 이병훈 옮김, 몸과마음

- 쉬벨부시, 볼프강, 2009,『뉴딜, 세편의 드라마 - 루스벨트의 뉴딜, 무솔리니의 파시즘, 히틀러의 나치즘』, 차문석 옮김, 지식의풍경

- 해킹, 이언, 2005,『표상하기와 개입하기, 자연철학의 입문적 주제들』, 이상원 옮김, 한울아카데미

- Brown E. Richard, 2011(reproduction of a book published before 1923, *Rockefeller Medicine Men; Medicine and Capitalism in America*, University of California Press

- Gottweis, Herbert, 1998, *Governing Molecules, the Discourse Politics of Genetic Engineering in Europe and the United States*, the MIT Press

- Kay, Lily E., 1993, *The Molecular Vision of Life, Caltech, the Rockefeller Foundation. and the Rise of the New Biology*, Oxford University Press,

- Kohler, Robert E., 1976, *The management of science: The experience of Warren Weaver and the Rockefeller Foundation programme in molecular biology*, Minerva, Vol 14, Issue 3

- Ross, Edward Alsworth, 1969, Social Control, *A Survey of the Foundation of Order*, The Press of Case Western Reserve University

6장

DNA 이중나선 구조의 발견
– "실체"로서의 지위를 얻은 DNA

분자생물학자에서 역사가로 경력을 바꾼 군터 스텐트는 분자생물학 창시자들이 물리학에서 생물학으로 이전한 심리적 저변에 유전자에 대한 연구를 통해서 "물리학의 다른 법칙들"을 발견할 수 있을지도 모른다는 낭만적인 생각이 있었다고 말했다.[13] 분자생물학의 창시자로 꼽히는 막스 델브뤼크(Max Delbrück), "빛과 생명(Light and Life)"이라는 강연으로 물리학자들에게 생물학 연구의 중요성을 일깨웠던 닐스 보어(Niels Bohr), 그리고 『생명이란 무엇인가(What is Life?)』라는 저서로 생명에 대한 물리주의적 접근방식을 제시했던 에르빈 슈

13　　Robert Olby, 1974, *The Path to the Double Helix, the Discovery of DNA*, Dover Publication, p.225에서 재인용

뢰딩거(Erwin Schrödinger)는 모두 물리학자들이었다. 이들 중에는 당대에 큰 설명력을 발휘했던 양자역학의 대가들이 포함되었고, 특히 보어와 슈뢰딩거는 양자역학의 세계관을 물리학 이외의 다른 영역으로 확산시키는 데 큰 역할을 했다.

이들 물리학자들은 생명현상을 물리 화학적 과정으로 설명할 수 있으며, 생물학적 특성과 형질을 결정하는 유전암호가 실체로 존재하며, 그 실체를 밝혀낼 수 있을 것이라는 신념을 형성시키는 데 중요하게 기여했다. 흔히 많은 사람들은 과학이 비유나 은유와 거리가 멀다는 고정관념을 갖지만, 과학 이론과 개념이 형성되고 수립되는 과정에도 무수한 비유(analogy)와 은유(metaphor)가 중요한 역할을 수행해왔다.

생명에 대한 분자적 관점의 수립

릴리 E. 케이의 표현을 빌자면 DNA 이중나선 구조가 밝혀지고 생명현상의 본질에 유전암호가 있다는 생각은 "생명에 대한 분자적 관점"이 수립된 과정이라고 할 수 있다. 이론상 '생명이란 무엇인가'라는 물음에 접근하는 경로는 무수히 많다. 분자생물학과 유전학이라는 '새로운 생물학'이 수립되기 이전까지 생물학은 생물 개체, 군집, 종, 그리고 생물권 등 여러 가지 수준(level)에서 이 물음에 접근해왔다. 그러나 20세기 이후 주로 분자적 관점에서 생명을 설명하는 경향 또는 경로(path)가 수립되었다. 거기에는 정치, 경제, 사회, 문화 등 수많은 요소가 개입되었고, 여러 집단들의 다양한 이해관계가 작용했다. 분자적 생명관이 수립되는 과정은 과학기술사회학의 사회 구성주의가 이야기하는 사회적 구성(social construction)의 과정으로 볼 수 있다.

왓슨과 크릭의 DNA 이중나선 구조 발견은 갑작스럽게 이루어 진 것으로 보기보다는 생명에 대한 물리적 접근방식이라는 토대 위 에서 생명현상을 물리적 실체로 이해하려는 일련의 경향이 진전되 면서 무수한 유비와 은유, 그리고 수사(修辭)를 낳고, 숱한 유비들이 물리적 실체로 확인되고 인정받게 된 과정으로 보는 편이 타당할 것이다.

이런 맥락에서 생명에 대한 분자적 관점은 토마스 쿤의 패러다임 개념을 적용해서 "생명에 대한 분자적 패러다임"으로 볼 수 있다. 토 마스 쿤은『과학혁명의 구조』에서 일단 패러다임이 수립되면 연구자 들은 일정한 시기 동안 그 패러다임에서 벗어날 수 없다는 점을 잘 지 적해주었다. 쿤에 따르면 패러다임은 학문 분야의 기본 틀이면서 동 시에 표준 사례(exemplar)로서 기능한다. 가령 어떤 과학자 공동체가 연구를 하려면 그 공동체에 속하는 과학자들이 공유하는 기본적인 전제들이 있어야 한다. 이것이 기본 틀이다. 기본 틀이 없다면 과학자 들은 저마다 다른 방식으로 연구를 수행하고, 결국 아무도 서로의 연 구를 이해하거나 옳고 그름을 판정할 수 없게 될 것이다. 쿤은 과학이 라는 실행을 창조적이고 혁신적인 것으로 보기보다는 패러다임의 강 제성에 얽매여 그 패러다임을 벗어나지 못하는 독단적(dogmatic) 활 동으로 보았다. 많은 과학자들은 이런 관점에 비판적이었지만, 쿤은 과학자 공동체(scientific community), 즉 과학자 사회를 기반으로 과학지식이 생산되는 과정을 '있는 그대로' 분석해냈다고 볼 수 있다.

생명에 대한 분자적 패러다임의 수립과정에는 많은 요소들이 관여했다. 아직 DNA가 실체로 확인되기 이전인 분자생물학의 수립과정부터 물리학자들은 분자적 패러다임의 기초를 닦았다. 그들은 분자생물학 초기에 "물리학자들의 대이동"이라고 불릴 만큼 물리학에서 생물학으로 방향을 전환한 많은 숫자의 물리학자들이다. 그들은 양자역학의 접근방식을 기반으로 생물학의 새로운 흐름을 주도했고, 생명활동과 유전의 실체가 확인되기까지 숱한 추론과 유비를 통해 그 과정을 예비했다.

물리학자들의 역할과 동기

생물학이 전통적인 생물학에서 새로운 생물학, 즉 DNA를 중심으로 하는 분자생물학으로 전이하는 과정에서 물리학자들의 역할은 자못 중요한 것이었다. 이들은 단지 물리학이나 화학을 전공한 후 생물학 분야로 이전했다는 의미가 아니라 실제로 물리학에 오랫동안 종사해서 많은 업적을 쌓은 후에 생명연구로 방향을 전환한 경우를 뜻한다.

델브뤼크는 이론물리학자로서 생물학으로 이전한 최초의 인물로 평가받는다. 그는 록펠러재단의 지원으로 미국으로 건너와서 1937년에 칼테크에 자리를 잡았고, 박테리오파지 연구에 몰두했으며, 이른바 파지그룹의 핵심 인물이었다. 레오 실라드는 맥스웰의 악마를 물리학적으로 해석했으며, 이후 정보이론으로 발전시켜서 박테리아

대사 과정을 연구했다. 러시아 태생의 물리학자 G. 가모브는 유전암호의 구조에 대한 이론적 업적을 세웠다. 그는 이중나선 구조 논문을 보자마자 DNA 염기배열을 아미노산 배열과 연계시키는 암호를 제안한 것으로 유명하다.[14]

양적인 측면에서도 이러한 전이는 두드러졌다. 멀린스(N. Mullins)는 파지그룹에 대해서 행한 연구에서 1945년 이전에는 6명 중에서 3명이 화학이나 물리학의 학위를 받았고, 1946년에서 1953년까지는 19명의 연구자 중에서 10명이 화학과 물리학이었다는 것을 밝혀냈다. 이 숫자는 1953년 이후에는 크게 줄어들었다. 즉, 더 이상 동기가 주어지지 않았다고 볼 수 있다.

그렇다면 그 동기는 무엇이었을까? 우선 보어나 슈뢰딩거와 같은 대가들의 경우에는 자신들이 수립하는 데 결정적인 역할을 한 양자역학의 원리들(상보성 원리, 양자도약)을 다른 분야로 확장시켜서 설명하고자 하는 갈망을 들 수 있다. 둘째로는 이미 정상과학(normal science)의 단계로 들어가 있던 물리학에서 과학자들은 더 이상 학문적 매력을 발견하기 힘들다. 쿤의 관점을 빌자면, 정상과학 시기는 이미 퍼즐 풀기(puzzle solving)의 단계로 들어갔기 때문에 야심찬 젊은 물리학자들에게 선배들이 만들어놓은 정교한 모델을 확인하거나 더욱 정교화시키는 데 삶을 바치는 일이 그다지 만족스럽지 않게 되었다는 것이다.

14　H. E. 젓슨, 1984, 『창조의 제8일, 생물학 혁명의 주역들』, 하두봉 옮김, ㈜범양사 출판부, p.61.

셋째, 좀 더 큰 맥락에서 볼 때 2차 세계대전 이후 거대과학화의 영향으로 과학의 연구 프로그램(research programme)이 바뀌었다고 할 수 있다. 개별 연구자들이 자신의 관심에 의해 주제를 택하고 연구하는 것이 아니라 거대한 프로젝트나 입자가속기와 같은 팀의 일원으로 전락하게 되었다는 뜻이다. 물리학 발달 초기의 아마추어리즘이 사라지면서 많은 물리학자들이 개별적인 관심을 좇아서 생물학 분야로 이전하게 되었다. 넷째, 생명에 대한 물리학적 접근방식이 일반화되면서 초원심분리기, 전기영동기, 전자현미경을 비롯한 실험기기들이 새롭게 등장했고, 물리학자들이 연구에 접근하는 데 익숙한 환경을 만들어주었다고 볼 수 있다. 케이는 "생명현상에 대한 연구는 점차…물리과학에서 온 도구들을 체계적으로 이용하게 되었다. 이러한 경향은 생물학적 인식의 성격…그리고 (특히 생물학 분야에 물리학자들이 점차 관여하게 되면서) 연구의 체계를 바꾸었다"고 말했다.[15]

역사학자 도널드 플레밍(Donald Fleming)은 1930년대에 유럽에서 일어난 지식인들의 대규모 이주(diaspora)의 가장 괄목할 만한 부산물로 망명 물리학자들이 1953년 왓슨과 크릭이 만든 DNA 모형이 상징하는 생물학의 혁명에 미친 영향을 꼽았다. 그는 왓슨과 크릭에게 중요한 영향을 준 망명 과학자들로 오스트리아인 에르빈 슈뢰딩거, 헝가리의 유대인 레오 실라드(Leo Szilard), 독일인 막스 델브뤼크, 그리고 이탈리아인 살바도르 루리아(Salvador Luria)를 꼽았다. 그들

---

15   모랑쥬, 같은 책, p.143에서 재인용

은 모두 나치의 박해를 피해 미국행을 결정한 사람들이었다. 그중 세 사람은 유명한 물리학자들이었고, 나머지 한 사람인 살바도르 루리아는 생물학자였지만 물리학에 아주 친숙했고, 다른 세 명의 과학적 탐구를 잘 이해하고 있었다. 망명 과학자는 아니었지만, 전쟁 말기에 생물학으로 이전한 젊은 물리학자들 중에는 프랜시스 크릭과 모리스 윌킨스도 포함되어 있었다. 플레밍은 이들이 지적 이주(intellectual migration)를 감행한 공통된 이유 중 하나로 물리학이 더 이상 과거처럼 흥미로운 분야로 느껴지지 않게 된 점을 꼽았다. 사이클로트론과 같은 거대한 기구들, 엄청난 자금과 수많은 투입 인력, 전쟁 기간의 비상계획들 등이 물리학을 집어삼켰다. 실라르와 윌킨스는 가장 큰 비상계획이었던 맨해튼 프로젝트, 즉 원자폭탄 제조계획에 참여했던 인물들이었다. 실라르는 이렇게 말했다. "물리학의 가장 흥미로운 부분들은 사라지고 위원회를 꾸리고, 거창한 계획을 수립하고, 기계를 제작하고, 그 기계를 위한 돈을 마련하러 돌아다니고 어떤 실험을 먼저 할 것인지 결정하는 위원회를 또 만들어야 하는 상황으로 바뀌었다." 실라르는 "그런 일들은 내가 즐기는 종류의 물리학이 아니다"라고 말했다. 세 명이나 다섯 명은 함께 연구를 할 수 있지만 그 이상은 아니라는 것이다. 그는 자신이 생물학에 끌린 이유를 "더 이상 물리학에서 그 누구도 자신의 이론을 테스트할 수 없게 되었기 때문"이라고 설명했다. 플레밍은 생물학으로 이주한 물리학자들의 공통점이 자작(do-it-yourself) 물리학의 몰락을 애도하면서, 혼자 또는 소규모 팀으로 과학을 하고 싶은 바람 때문이었다고 추론했다. 거대 과학

화된 물리학에 대한 실망이 주된 요인이었다는 것이다.[16]

　이러한 원인들이 복합적으로 작용하면서, 생물학이라는 분야 자체가 매력적으로 비치게 되었다. 물리학자들에게 생물학은 아직도 수많은 미스터리가 감추어져 있는 과학적 인식의 새로운 프론티어로 비쳐졌던 셈이다. 많은 물리학자들 중에서 보어는 물리학자들에게 가장 먼저 영향을 미친 인물로 평가된다.

닐스 보어와 "상보성"

　1932년 코펜하겐에서 빛 치료학회 개막 연사로 보어가 한 강연이 《네이처》에 실렸다.[17] "빛과 생명"이라는 제목의 이 강연은 이후 물리학적 관점으로, 좀더 구체적으로는 양자역학적 관점에서, 생명현상을 접근하는 전환점을 제공한 것으로 알려진다. 실제로 보어는 생명체에 대한 상보적 접근방식을 주장했지만, 이것은 물리적 환원주의를 주장한 것은 아니었다. 오히려 생명을 환원되지 않는 현상으로 다루었다.

　'보어는 생명현상은 설명되지 않는 하나의 기본적 사실로서 "나머지 모든 것을 설명하기 위해 인정할 수밖에 없는 어떤 것"과 같이 생물학에서의 작용 양자와 동일한 것으로 받아들일 것을 요구했다'. 보

16　Donald Fleming, 1969, Emigre Physicists and the Biological Revolution, in Donald Fleming and Bernard Ailyn edit, *The Intellectual Migration, Europe and America, 1930-1960*, Harvard University Press. pp152-189

17　*Nature*, 1933, vol.131, pp.421-425. pp.457-459

어는 "어떤 경우에도 물리학은 생명체의 기능을 설명할 수 없으며, 생명계를 이해하기 위해서는 다른 원리들이 발견되어야 한다"고 주장했다. 그렇지만 보어는 새로운 과학의 가능성을 제안했으며, 그것이 양자역학의 가능성을 부인한 것은 아니었다. 결국 동기가 무엇이었든 간에 그의 강연은 양자역학의 거두인 보어가 생물학에 대해 발언했다는 사실 자체로 물리학자들의 시각을 생물학적 대상으로 향하게 하는 데 기여했다.[18]

실제로 에른스트 페터 피셔와 캐롤 립슨은 막스 델브뤼크의 자서전에서 닐스 보어의 코펜하겐 강연이 델브뤼크의 삶을 바꾸어 놓았다고 했다. 두 전기 작가에 따르면 델브뤼크가 보어의 강연에서 깊은 감명을 받은 것은 생명현상과 원자 물리학 사이의 상보성(complementarity)에 대한 예측이었다. 보어는 자신의 이론을 제기할 때 신중을 기하기로 잘 알려져 있어서 나중에 혹시라도 틀린 것으로 밝혀질 이야기를 절대 하지 않았다. 그러나 1932년 강연에서 보어는 생명의 과정이 물리학과 화학에 대해 상보적이라고 단호하게 결론을 내렸다. 그의 예사롭지 않은 태도에 자극을 받은 델브뤼크는 상보성 이론을 진지하게 받아들였고 남은 생을 그 연구에 바쳤다.[19]

그렇다면 보어가 이야기한 상보성 개념은 무엇인가? 실제로 보어가 이야기한 상보성 개념이 무엇을 뜻하는지는 전문가들 사이에서도 확실치 않다. 보어는 자신의 주장을 지지하는 사람이나 반대자나

---

18   모랑쥬, 같은 책, pp.111-113
19   에른스트 페터 피셔, 캐롤 립슨, 2001, 『과학의 파우스트, 노벨상을 수상한 분자생물학의 창시자 막스 델브뤼크의 삶과 업적』, 백영미 옮김, 사이언스북스, pp.98-99

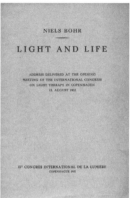

| 그림 2 | 닐스 보어의 『빛과 생명』 강연문

모두 이 개념을 제대로 이해하지 못한다고 불만을 표시하기도 했다. 자신이 양자역학의 기틀을 다진 발견을 했음에도 보어와의 논쟁에서 양자역학적 함의를 인정하려 하지 않았던 아인슈타인도 상보성 개념이 확실한 정의가 어렵다는 이유로 받아들이지 않았다.

보어는 상보성 개념을 서로 모순되는, 또는 모순되는 것처럼 보이는, 측면들을 하나로 통합시키는 의미로 사용한 것은 분명하다. 가령 빛이나 전자가 파동과 입자의 성질을 모두 가진다는 것은 잘 알려진 사실이다. 그는 전자나 원자에 입자라는 이름을 붙이는 것은 옳지 않다고 믿었고, '파동이자 입자'라는 상보적인 설명이 원자라는 현상에 대한 총체적 기술이 될 수 있다고 주장했다. 양자역학을 수립하는 데 중요한 기여를 한 베르너 하이젠베르크(Werner Heigenberg)는 원자 이하 규모의 세계에서 전자와 같은 소립자의 정확한 위치와 운동량을 동시에 확정지을 수 없다는 불확정성의 원리를 제기했다. 양자효과로 인해서 어느 한쪽을 측정하면 다른 쪽은 동요할 수밖에 없기 때문이다.

결국 보어가 이야기했던 상보성 이론의 기본은 서로 상반되는 두 가지 요소가 공존한다는 점이고, 보어는 이 개념을 생명현상에 적용시키려 한 것으로 생각된다. 그는 생명현상이 물리학으로 설명될 만큼 간단하지 않다고 여겼고, 생물학이 물리학으로 환원되지 않는 개념들을 포함하고 있을 것이라고 생각했다. 델브뤼크가 이해한 보어의 강연 내용은 다음과 같은 것이었다.

> 물리학에서는 하나의 양자가 하나의 전자 주위를 도는 가장 간단한 예에서조차 고전물리학을 가지고 죽는 날까지 해본다고 해서 수소 하나 만들 수 없다. 그렇게 하려면 상보적인 접근방법을 사용해야 한다. 가장 단순한 세포를 볼 때에도 사람들은 그것이 유기화학적 요소로 이루어져 있거나, 그렇지 않으면 물리학의 법칙을 따르고 있다는 것을 알고 있다. 사람들은 그 속에 몇 개의 화합물이 들었든 간에 그것을 분석할 수 있지만, 전적으로 새롭고 상보적인 관점을 도입하지 않는다면 그 속에서 살아 있는 박테리아 하나도 꺼내지 못할 것이다.[20]

그러나 보다 중요한 것은 원자에 대한 설명에서 거둔 성공을 기초로 복잡성의 사다리를 계속 오를 수 있을 것이라는 생각이 보어와 하이젠베르크를 비롯한 물리학자들의 믿음이었다는 점이다. 처음에

---

20   피셔, 립슨, 같은 책, p.101

닐스 보어가 있던 코펜하겐 대학의 젊은 물리학자들은 곧 화학이 물리학의 한 부분이 될 것이고, 물리학을 완성시키는 것은 시간문제라고 생각했다. 그런 다음 화학과 생물학을 설명할 수 있을 것이라고 믿었다. 보어는 원자에서 핵으로 물질의 중심을 향해 더욱 깊숙이 들어감으로써 또 다른 혁명적인 이론을 세우게 될 것이라고 생각했다. 이렇듯 자신있는 태도는 20세기 초 "물리학 혁명"으로까지 불린 30여 년 동안 물리학이 거둔 놀라운 설명력을 기반으로 한 것이었으며, 이러한 자신감이 물리세계와 생물세계를 아우르는 통일적 설명이 가능할 것이고, 이러한 일반론이 생명이라는 보편적인 현상(universal phenomenon of life)을 설명할 수 있다는 믿음으로 연결되었다.

슈뢰딩거, "생명이란 무엇인가"

슈뢰딩거는 파동방정식을 수립한 인물로 유명하며, 그의 물리학은 주로 통계물리학의 관점이었다. 가령 양자역학 이전의 원자상(像)은 태양계 모형과 흡사하게 중심에 있는 원자핵 주위를 전자들이 질서정연하게 도는 모습으로 생각되었지만, 슈뢰딩거는 원자 주위를 도는 전자의 궤도는 통계물리학적 관점으로밖에 설명할 수 없다고 보았다.

그가 쓴 『생명이란 무엇인가』는 아직 유전자의 작동방식이 밝혀지기 훨씬 전인 1940년대 초반에 발간되었지만 당시 물리학자들 사이에서 '역설(paradox)'로 불리던 생명복제현상의 핵심 기작에 대한 풍부한 유비를 제공했고, 생명현상에 대한 이해를 물리학으로 접근할 수 있다는 강한 신념을 불어넣어주었다. 훗날 DNA 이중나선 구조를 발견했던 제임스 왓슨은 이 책이 자신에게 큰 영향을 주었다고 말했다.

이 책은 1943년에 슈뢰딩거가 아일랜드 더블린 고등학술연구소에서 했던 일련의 강연에서 비롯되었다. 당시 슈뢰딩거는 오스트리아가 나치 독일에 합병된 후 그라즈 대학의 이론물리학과 학과장에서 면직된 후였다. 그는 1956년에 오스트리아로 돌아가기 전까지 더블린에서 이론물리학 연구를 계속하면서 철학과 생물학의 여러 영역을 두루 탐구했다.『생명이란 무엇인가』에서 그는 생물학의 두 가지 주제에 초점을 맞추었다. 유전의 본성과 생명계의 열역학이 그것이었다. 생명계의 열역학에 대해 자극을 준 것은 볼츠만이었고, 유전에 대한 그의 견해에 영향을 준 것은 델브뤼크이었다.

자신을 소박한 물리학자라고 묘사한 슈뢰딩거는 살아 있는 계(living system)가 물리계와 똑같은 방식으로 생각될 수 있는지를 분명히 표현했다. 그는 유전과 열역학에 대한 자신의 견해를 중심으로 두 가지 논제를 다루었다. 흔히 "질서로부터 질서" 논제라고 불리는 주제는 어떻게 유기체가 정보를 한 세대에서 다음 세대로 전달하는지를 논했다. 또한 델브뤼크가 부딪혔던 문제, 즉 분자 1000개 정도 크기로 추정된 유전자가 열역학적 붕괴(thermal disruption)를 견뎌내고 유전정보를 다음 세대에 전달할 수 있는가라는 문제를 해결하기 위해서 유전자가 정보를 그 구조 속에 "암호 문자"로 저장하는 일종의 비주기적 결정일 것이라는 추론을 제기했다. 이 추론은 이후 DNA 구조 연구로 참으로 밝혀졌다.

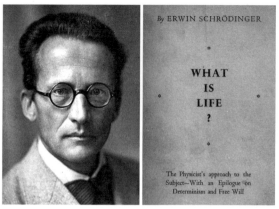

| 그림 3 | 에르빈 슈뢰딩거의 『생명이란 무엇인가』

두 번째는 "무질서로부터의 질서" 논제이다. 이것은 열역학 제2법칙에도 불구하고 있음 직하지 않은 유기체의 질서 잡힌 구조가 어떻게 계속 유지될 수 있는가의 문제를 다루는 것이었다. 슈뢰딩거는 유기체가 환경 속에서 무질서를 창조함으로써 자신의 내부에서 질서를 유지한다고 보았다.[21]

슈뢰딩거는 자신의 연구문제를 이렇게 정식화했다. "살아 있는 유기체(생명체)라는 공간적 울타리 안에서 일어나는 시공간상의 사건들을 물리학과 화학으로 설명할 수 있을까?" 이 물음에 대해서 슈뢰딩거는 이렇게 스스로 답한다. "현재의 물리학이나 화학이 그러한 생물학적 사건들을 분명히 설명할 수 없다고 해서 앞으로 이들 과학이 그 문제들을 해명할 것이라는 사실을 결코 의심할 수 없다."[22]

---

21   마이클 머피, 루크 오닐 엮음, 2003, 『생명이란 무엇인가? 그후 50년』, 이상헌, 이한음 옮김, 지호, pp.22-23
22   에르빈 슈뢰딩거, 1992, 『생명이란 무엇인가』, 서인석, 황상익 옮김, 한울, p.26

『생명이란 무엇인가』의 부제가 '살아 있는 세포의 물리적 측면(the physical aspect of the living cell)'이듯이 슈뢰딩거는 물리학의 관점에서 생명현상을 이해하려고 시도했다. 역사학자 모랑쥬는 이 책이 가지는 매력을 "명료성과 단순성"이라고 압축했다. 다른 식으로 표현하자면 그의 특성은 "명료화와 단순화"이고, 생명현상을 당시의 과학적 접근방식을 토대로 특정한 방향성으로 단순하고 분명하게 '번역'했다는 것을 뜻한다. 즉, 그 속에 들어 있던 의미들을 좀 더 확실하게 이끌어낸 것이다.

"통일과학운동"으로 본 슈뢰딩거

슈뢰딩거의 강연 "생명이란 무엇인가" 50주년을 기념하는 학술회의가 원래 그의 강연이 이루어졌던 같은 장소인 더블린 트리니티 칼리지에서 1993년에 열렸다. 이 회의에서 발표된 글들은 거의 그대로 『생명이란 무엇인가? 그후 50년』이라는 제목의 책으로 묶여 나왔다. 이 책에는 제레드 다이아몬드, 로저 펜로즈, 스튜어트 카우프만 등 쟁쟁한 과학자들이 각자의 영역에서 이 책의 중요성과 그것이 미친 영향을 기렸다. 그런데 가장 흥미를 끄는 것은 첫머리에 실린 진화생물학자 스티븐 제이 굴드의 "한 모더니스트의 선언문"이라는 글이다.

굴드는 항상 현상을 꿰뚫어보는 날카로운 시각을 제공하고 모든 주제에서 기존의 관념을 뒤엎는 유쾌한 사상적 전복을 시도하는 과학자이다. 그의 동료인 르원틴과 레빈스는 이렇게 말했다. "그의 과학의 특징을 한마디로 표현한다면 그것은 래디컬리즘(radicalism)일

것이다. 옥스퍼드 사전에 의하면 'radical'은 'radix(뿌리, 근원)'를 의미한다. '래디컬하다'는 것은 만물을 그 근원에서 고려하고, 자신의 행동이나 사상을 처음의 원리에서 재구성하는 것을 뜻한다."[23]

굴드는 50주년 기념 학술회의에서 슈뢰딩거에 대한 칭송을 되뇌이는 대신 '왜 그의 주장이 그처럼 큰 영향력을 발휘했는가'라는 물음을 제기하고, 그 원인을 당시의 사회적 조건과 통일과학운동(Unity of Science Movement)에서 찾으려 했다. 그는 자신의 주장이 기념행사에 재를 뿌리는 결과를 낳지 않기를 바란다고 하면서도 늘상 그렇듯이 또박또박 할 말을 모두 했다. 굴드는 "내가 지적하고 싶은 것은 생물학에 대한 슈뢰딩거의 접근법에서 거의 자명한 보편성을 요구하는 그의 핵심 주장이 논리적으로 지나치게 확장되어 있을 뿐 아니라 그가 살던 시대의 산물로 사회적으로 조건화되어 있었다는 점이다"라고 말했다. 그리고 굴드는 이러한 보편성에 대한 요구 때문에 정작 당시 진화생물학자를 포함한 여러 분야의 생물학자들은 그의 주장에 별로 영향을 받거나 감명을 받지 않았다고 말했다.[24]

굴드가 이야기하는 "사회적 조건화"란 1920년대부터 빈 학파라 불렸던 일단의 철학자와 물리학자들이 주창했던 논리실증주의였다. 이 운동을 주도했던 사람은 오토 노이라트(Otto Neurath)와 루돌

---

23   Richard C. Lewontin and Richard Levins, "Stephen Jay Gould – What does it mean to be radical?" in Warren D. Allmon, Patricia H. Kelly, Robert M. Ross(edit), 2009, *Stephen Jay Gould, Reflections on His View of Life*, Oxford University Press. pp.199-206

24   스티븐 제이 굴드, "한 모더니스트의 선언문", 마이클 머피, 루크 오닐 엮음, 2003, 『생명이란 무엇인가? 그후 50년』, pp.27-55

프 카르납 등이었는데, 특히 노이라트는 전쟁과 냉전으로 숱한 난관을 겪으면서도 "통일과학운동"을 주창했다. 이 움직임은 모든 과학이 동일한 언어와 법칙, 방법을 공유한다는 것이었고, 물리과학이나 생물과학 사이에 차이가 없고, 나아가 사회과학과 자연과학의 통일성까지 주장했다. 노이라트의 통일과학운동은 후일 알려진 것처럼 단순한 실증주의가 아니라 강력한 사회운동의 정신에 기반한 것이었지만[25], 근원적으로 물리학을 중심으로 한 환원주의를 기반으로 하고 있었다. 다시 말해서, 물리학은 모든 과학을 뛰어넘는 과학 중의 과학이었고, 슈뢰딩거 역시 이러한 사회적 조건 속에서 자신의 책을 물리법칙을 토대로 한 과학통일을 추구하는 방향으로 잡지 않을 수 없었다는 것이다. 실제로 슈뢰딩거는 서문에서 이 점을 분명히 하고 있다. "우리는 세상 모든 사물을 담아내는 통괄적이며 보편적인 지식에 대한 강력한 열망을 선조들로부터 물려받았다. 최고 학부에 주어진 이름, 즉 'University'가 그러한 사실을 상기시킨다. 고대로부터 오랜 세월에 걸쳐 'universal'이라는 말은 우리에게 완전한 신뢰를 줄 때에만 쓰여졌다…우리는 지금에 와서야 세계를 전체로서 온전하고 제대로 이해하는 데 필요로 되는 믿을 만한 재료들을

25　노이라트를 비롯한 비엔나 클럽의 철학자들은 대부분 사회주의자였다. 그들의 공통 목표는 형이상학을 제거하고 철학을 개혁해서 과학을 통일시키는 것(unifying science)이었다. 이러한 목표는 당시 사회주의가 지향했던 방향, 즉 사회 및 경제 질서의 변혁, 교육개혁, 국제화 및 인류의 통일과 맞닿아 있었다. 이러한 논리실증주의의 흐름은 노이라트의 갑작스런 죽음과 냉전으로 인해 혁신성을 잃고, 이후 카르납류의 실증주의로 바뀌었다. 좀 더 자세한 내용은 다음을 참조하라. George A. Reisch, 2005, *How the Cold War Transformed Philosophy of Science; To the Icy Slopes of Logic*, Cambridge University Press

얻기 시작했다⋯ "[26]

결국 굴드는 『생명이란 무엇인가』를 당시 통일과학운동이라는 목표를 표현한 사회적 문헌으로, 그리고 환원적 통일이라는 철학적 토대가 예술, 문학, 건축과 같은 분야들에 두루 영향을 미치면서 나타난 "모더니즘"이라는 문화적 경향으로 읽을 것을 제안하고 있는 것이다. 굴드는 슈뢰딩거의 책을 좋아하지만, 그 책 전반에 스며 있는 모더니즘 철학의 일반적 문제는 오류라고 지적하고 있다.

유전자에 대한 과감한 추론

슈뢰딩거는 유전자에 대해 처음으로 대담한 추론을 내놓았고 이후 유전자에 대한 유비가 발전해나가는 데 중요한 토대를 제공했다. 모랑쥬는 슈뢰딩거의 견해가 유전학자들도 감히 주장하기 어려운 독창적이고 파격적인 것이었는데 그러한 견해가 전적으로 받아들여졌다는 사실이 오히려 특이하게 여겨진다고 말했다. 슈뢰딩거는 "수정된 난자의 핵은 개체의 미래 발생과 성체의 기능에 관한 모든 것을 함축하는 모델을 암호화된 체계로 포함하고 있다"는 주장을 내놓았다. 그가 제안한 유전자 개념은 다음과 같은 것이었다.

생명체의 핵심에 있는 질서의 단순한 근거가 아니라 생명체의 조화로운 기능을 주도하는 오케스트라의 신비로운 지휘자도 아

---

26   슈뢰딩거, 같은 책, p.16

니다. 슈뢰딩거에 있어서 유전자들은 아주 정교한 방식으로 생명체의 기능과 미래를 결정하는 악보들이었다. 염색체 내에 존재하는 정보를 분석하는 것은 바로 생명체를 이해하는 것이었다. 슈뢰딩거는 이 개념을 유전학자들에 의해 선도된 흐름, 즉 유전자가 생명체의 영혼이며 심장이라는 결론으로까지 밀고나갔다. 따라서 그는 유전자가 세포의 단백질을 구성하는 모든 아미노산의 성질과 위치를 결정하는 방식을 밝혀내게 될 분자생물학의 결과들을 예견했던 것이다.[27]

슈뢰딩거는 이 책에서 처음으로 유전자의 역할을 지칭하는 데 암호(code)라는 용어를 사용했다. 모랑쥬가 말했듯이 오늘날의 분자생물학자도 이 책에서 전혀 낯설음을 느끼지 않을 것이다. 9장에서 살펴보겠지만, 생명에 대한 물리주의적 접근은 2차 세계대전과 이후 냉전시기를 통해 급속히 전개된 클로드 섀넌의 정보이론과 노버트 위너의 사이버네틱스 이론에 의해 영향을 받으면서 생물과 무생물 모두 정보가 그 핵심이라는 인식이 발전하게 된다. 슈뢰딩거는 1940년에 이미 막연한 생명질서나 오케스트라의 지휘자와 같은 비유를 버리고 암호와 악보라는 개념으로 옮아가고 있었던 셈이다. 이것은 유전의 논리가 계산의 논리로 응용되는 흥미로운 수사적(修辭的) 과정이다.

슈뢰딩거는 유전적 특성을 간직하는 가설적인 물질인 유전자에

---

27   모랑쥬, 같은 책, pp.116-117

대해 두 가지 점을 강조했다. 첫째, 그 물질의 크기, 즉 최대 크기이며, 둘째는 유전양식의 영속성으로부터 추론되는 유전자의 영원성 또는 내구성이었다. 당시 슈뢰딩거는 유전자를 "큰 단백질 분자"로 인식했다. 이것은 당시 유전 메커니즘을 담당하는 물질을 단백질로 생각하던 통념을 반영하는 것이었다. 당시 단백질은 매우 복잡했기 때문에 생명체와 같은 복잡한 유기체의 특성에 관여하는 데 적합하다고 여겨졌다. 그때까지도 핵산은 세포의 구조를 유지시키는 역할, 즉 지지대로 생각되었다. 그는 영속성을 설명하기 위해서 유전자를 결정, 즉 고체로 가정했다.

그는 유전자의 영속성을 설명해주는 것이 이 견고함이라고 말했다. 슈뢰딩거는 "수정란의 핵처럼 작은 물에 어떻게 유기체 발생에 대한 비밀이 담겨 있는 정교한 암호가 들어 있을까"라는 물음을 제기하고, 원자들의 배열이 복잡한 "결정론적" 시스템을 구체화시킬 수 있을 만큼 충분히 크다는 것을 모스 부호의 예를 들어 설명한다.

점과 선이라는 두 가지 다른 기호 4개 이하를 한 묶음으로 해서 질서정연한 조합을 만들면 30개의 다른 신호가 생긴다. 점과 선 이외에 제3의 기호를 도입하면 10개 이하의 한 묶음으로 해서 88,572개의 다른 '문자'를 얻을 수 있다…유전자의 분자적 형상과 더불어, 미세 암호는 매우 복잡하고 특수한 발생계획에 정확하게 대응하고 있으며 또 그러한 계획이 작동하도록 하는 수단을 포함하고 있어야 한다는 것은 이제 더 이상 인지불가능하지 않다는 사실이다.[28]

여기에서 모스 부호의 점과 선을 아데닌, 구아닌, 시토신, 티민의 4가지 염기로 바꾸기만 하면, 우리에게 너무도 익숙한 설명이 된다.

양자역학의 "유비"

슈뢰딩거가 제기한 유전자의 비유는 자신의 연구 분야인 양자역학에 많은 것을 빚지고 있었다. 그는 생물학적 현상을 양자역학으로 설명할 수 있는 중요한 근거로 1900년대 초에 더프리스가 발견한 돌연변이를 들었다. "돌연변이는 그 특성상 불연속성을 가진다는 점에서 에너지 준위 사이에 중간 단계가 없다는 양자물리학의 이론을 연상하게 한다". 그는 이것이 단순한 비유 이상의 의미를 가진다고 주장했다. 즉, 돌연변이가 유전자 분자에 양자도약이 일어나서 생긴다는 것이다. 그리고 "물리학과 생물학 사이의 [이처럼 명백한] 연관성을 발견하는데 한 세대가 걸렸다"고 한탄했다.[29]

그는 스스로 "왜 나는 이토록 강력하게 양자역학적 관점을 고집할까?"라고 자문하고, 양자역학이 그 근본원리로 자연계에서 실제로 발견되는 모든 종류의 원자 집합체를 설명하는 최초의 이론이기 때문이라고 답한다. 그는 '결과적으로 유전물질에 대한 분자적 설명에서 다른 대안을 있을 수 없다고 마음놓고 단언해도 좋다'라고 말한다. 즉, '물리학적 측면에서 유전의 영속성을 설명할 수 있는 다른 가

---

28   슈뢰딩거, 같은 책, pp.125-128
29   슈뢰딩거, 같은 책, p.77

능성은 전혀 없다'는 것이다.

슈뢰딩거는 이 책을 쓰게 된 동기를 이렇게 밝혔다. 유전물질의 일반적 형상에 대한 델브뤼크 모델로부터 "생명을 가진 물질은 지금까지 확립된 물리법칙에서 벗어나지 않으면서 동시에 여태껏 알려지지 않은 '다른 물리법칙들'도 포함할 것 같다는 견해가 도출된다." 그는 유기체가 그 현상의 일부분이(열역학적인 것이 아니라) 순수하게 기계적인 원리에 따르는 거대 시스템으로 규정했다. 슈뢰딩거는 "생명은 물리법칙들에 근거해 있는가?"라는 제목의 마지막 장에서 물리학자가 생명이라는 현상, 즉 "존재하는 질서가 그 질서 자체를 유지하며, 또 질서정연한 사건들을 만들어내는 힘을 보여주는 현상"을 물리적으로 이해할 수 있다는 강한 확신을 내비쳤다.

그는 이렇게 말했다. "우리가 여기에서 물리학의 확률기전과 전혀 다른 기전(메커니즘)에 이끌려서 규칙적이고 합법칙으로 전개되는 사건들을 직면하고 있다는 사실을 인식하기 위해 우리에게 필요한 것은 시적 상상력이 아니라 명백하고 착실한 과학적 사고이다." 또한 그는 유전자를 "작지만 고도로 조직화된 원자 집합"이라고 표현했다. 이것은 그가 유전자에 대해 접근하는 방식을 잘 보여준다. 그는 질서를 만드는 메커니즘에 두 가지가 있다고 보았다. 하나는 무질서로부터 질서를 만드는 통계적 메커니즘으로 전통적인 물리학적 접근에 해당하고, 다른 하나는 질서에서 질서를 만드는 새로운 메커니즘으로 생물학에서 나타나는 새로운 접근이라는 것이었다.

그러나 그는 이 새로운 법칙들이 초물리적이거나 비물리적이지 않다고 규정한다. "아니다. 나는 그것을 초물리적이거나 비물리적인 것이라고 생각하지 않는다. 왜냐하면 우리가 말한 새로운 원리는 순수하게 물리적인 것이기 때문이다. 그것은 바로 양자론의 원리 이외에 아무것도 아니다."[30]

그는 "결정론과 자유의지에 대해서"라는 제목의 에필로그에서 "마음의 활동, 자의식 역시 엄격하게 결정론적이지는 않지만 어쨌든 통계학적으로 결정론적이다"라고 주장한다.[31] 올비는 슈뢰딩거가 『생명이란 무엇인가』라는 책을 쓰게 된 이유가 질서에 근거하는 살아 있는 세포에서 결정론적 물리법칙들을 발견할 수 있을 것이라고 희망했기 때문이라고 보았다. 결정-고체의 유비가 등장하는 대목이 바로 이 지점이라는 것이다.[32]

결국 많은 생물학자, 화학자, 그리고 물리학자들이 이들로부터 자극을 받아서 연구에 동참하게 되었다. 그들이 스스로에게 부과한 의무는 가장 단순한 형태에서 보편적인 생명현상을 분석하는 것, 그리고 그를 통해서 개별 분자들이 매우 괄목할 만한 신뢰성으로 스스로를 복제할 수 있는 역설적인 메커니즘을 발견하고자 하는 것이었다. 복제과정은 너무도 확실해서 거기에 마치 '다른' 물리법칙, 즉 지금까지 물리학에서 알려지지 않았던 다른 종류의 물리법칙이 관여하는 것처럼 보일 지경이었다. 그러나 슈뢰딩거는 복제를 비롯한 생명현상이 물리 법칙이라는 큰 테두리를 벗어나지 않는다고 보았고, 이 신념은 이후 DNA 이중나선으로 향하는 길의 토대가 되었다.

---

30   슈뢰딩거, 같은 책, p.163
31   슈뢰딩거, 같은 책, p.175
32   Olby, 같은 책, pp.241-243

후보로 부상한 DNA

1913년에 록펠러연구소의 오스왈드 에이버리(Oswald Theodore Avery)가 폐렴 쌍구균 연구를 하는 과정에서 DNA를 분리했다. 영국의 세균학자 프레드릭 그리피스(Frederic Griffith)는 악성이고 피막이 있는 S형 폐렴균과 무독성에 피막이 없는 R형 폐렴균의 두 가지 종류를 발견했다. 그는 1928년에 무해하지만 살아 있는 R형과 열처리를 통해 죽은 S형을 혼합해서 생쥐에게 투여하는 실험을 했다. 혼합물에는 살아 있는 악성 폐렴균이 없었기 때문에 쥐가 살아남을 것으로 생각되었지만 예상과 달리 몇 마리가 죽었고 놀랍게도 죽은 쥐의 혈액에서 악성 S형 폐렴균이 발견되었다. R형 폐렴균이 S형 폐렴균에 들어 있는 어떤 물질에 의해 S형으로 바뀌는 현상이 일어난 것이다. 아쉽게도 그리피스는 자신의 실험이 DNA 발견으로 이어지는 중요한 계기가 되었다는 사실을 알지 못하고 1941년에 세상을 떠났다. 그것이 오늘날 형질전환(transformation)이라고 불리는 현상이었다.

오늘날 우리는 이러한 형질전환의 원인이 디옥시리보핵산(核酸, Deoxyribonucleic acid), 즉 DNA라는 사실을 잘 알고 있다. 그러나 당시에는 DNA가 후보물질로 거론되지 않았다. 에이버리는 1932년에 그리피스의 실험을 반복했고, R형 폐렴균이 S형 폐렴균에서 추출한 물질로 형질이 전환된다는 사실을 밝혀냈다. 그는 이 형질전환의 본체를 분리해서 그 성질을 규명하면 생물학의 가장 난해한 유전의 분자적 본체를 규명할 수 있을 것이라고 생각했다.[33]

이후 핵산이 세포의 유전정보인 유전체의 일부를 이루는 분자일 것이라는 추측이 나오기까지 상당히 오랜 시간이 걸렸다. 1944년에 야 에이버리와 그 후임자들이 형질전환물질이 핵산 중 하나인 DNA 와 동일하다는 논문을 발표했다. 그러나 이들의 조심스런 발표는 학자들로부터 외면당했다. 그것은 DNA가 아데닌(A), 시토신(C), 구아닌(G), 그리고 티민(T)이 단조롭게 반복되는 단순한 구조라는 점에서 유전자가 가지고 있을 것으로 예상되었던 많은 정보를 포함하지 못하리라고 생각되었기 때문이다. 따라서 유전정보를 충분히 담을 수 있는 단백질이 후보물질로 간주되었다.

물리적 실체로서의 이중나선 구조 발견

1953년 제임스 왓슨과 프랜시스 크릭의 DNA 이중나선 구조 발견은 너무 잘 알려져 있다. 왓슨과 크릭이 자신들이 만든 모형 앞에서 웃고 있는 사진은 생물학 교과서와 대중서에서 빠짐없이 등장한다. 이 발견을 거론하지 않고는 생물학의 역사를 이야기할 수 없을 정도이다.

그런데 흥미로운 것은 두 사람의 발견이 발표되자마자 너무도 빨리 과학계에 의해 받아들여졌다는 점이다. 과학사는 받아들여지기까지 숱한 우여곡절을 겪은 과학이론들의 사례들을 무수히 담고 있

---

33   울프 라거비스트, 2000, 『DNA 연구의 선구자들』, 한국유전학회 옮김, 전파과학사. pp.139-141

| 그림 4 | 과학사에서 너무도 유명한 한 장면이 된 왓슨과 크릭의 DNA 이중나선 구조 사진

다. 오늘날 우리가 자명한 것으로 받아들이는 원자론도 수십 년에 걸친 논쟁을 거쳤고, 빛이 입자와 파동의 성질을 모두 가진다는 이중성 개념은 그 논쟁과정이 현대물리학의 역사를 이룰 정도이다. 앞에서 소개했던 DNA가 유전물질이라는 에이버리의 발견이 인정되기까지도 상당히 많은 시간이 필요했다.

 그렇다면 이중나선 구조가 그처럼 빨리 전폭적으로 받아들여진 이유는 무엇일까? 크릭은 자서전에서 DNA 이중나선 구조 자체에 내재하는 아름다움을 꼽았다. 그는 "왓슨과 크릭이 DNA 구조를 유명하게 만든 것이 아니라 그 구조가 왓슨과 크릭을 유명하게 만들었다"고 말했다.[34]

크릭이 했던 DNA 구조 자체에 내재하는 아름다움이라는 말은 여러 가지 측면에서 중요한 의미를 가진다. 그것은 근대과학이 모름지기 과학이론이나 개념이 가져야 하는 품성으로 꼽는 간결함, 또는 간명함의 다른 표현이다. 이것은 환원주의에 대한 칭송의 또 다른 표현이기도 하다. 결국 복잡하고 이해하기 힘든 생명의 신비를 A, C, G, T의 4개의 염기로 이루어진 이중나선 구조라는 물리적 실체로 설명가능하다는 것이 많은 사람들에게 공감을 불러일으켰다고 할 수 있다.

여기에서 중요한 설명력은 두 가닥으로 꼬인 이중나선이 스스로를 복제하는 메커니즘이었다. 1953년 DNA 이중나선 구조의 마지막 조각이 제자리에 끼워졌을 때, 크릭은 그 발견의 의미를 "생명의 비밀을 풀었다"라고 말했다. 이블린 폭스 켈러는 당시 많은 사람들이 이 발견을 보고 생명의 비밀을 풀었다고 흥분했던 이유를 유전자의 놀라운 자기복제 메커니즘, 즉 그 단순함에 더욱 놀라게 되는 메커니즘을 밝혔을 뿐 아니라 유전자의 안정성, 즉 그렇게 수많은 세대에 걸쳐 복제될 수 있는 기적에 가까운 신뢰성도 간단히 설명해주기 때문이라고 해석했다. 상보적 염기쌍은 복제와 보존을 한꺼번에 할 수 있는 것처럼 보였기 때문이다. 켈러는 "DNA가 본질적으로 안정적

---

34 프랜시스 크릭, 2011, 『열광의 탐구, DNA 이중나선에 얽힌 생명의 비밀』, 권태익, 조태주 옮김, 김영사, p.147

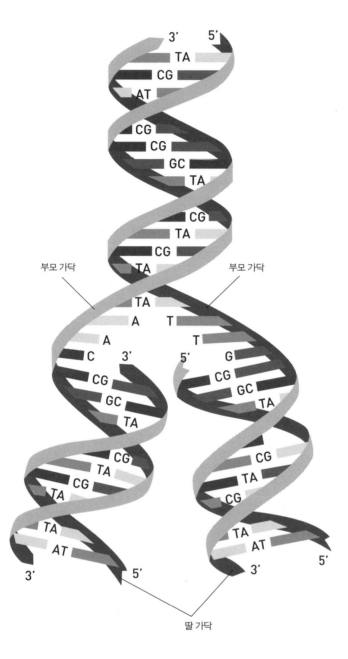

| 그림 5 | DNA 복제 메커니즘의 단순성

인 분자이고 상보적 염기쌍이 오류없이 복제를 해나간다고 가정한다면, 더 이상 아무것도 필요치 않을 것이다"라고 말했다. "어떤 의미에서 왓슨과 크릭의 성과가 슈뢰딩거의 초기 추측들을 뒤늦게 지지했다고 말할 수 있을지도 모른다"는 것이다.[35]

다른 요인은 '적절한 시기'였다. 모든 사람들이 '이제쯤 결정적인 연구가 나와주어야 할텐데' 하고 생각하는 시점에 DNA가 이중나선 구조라는 사실이 밝혀졌다는 것이다. 마치 "고전적인 연극에서 작가가 복잡하게 얽힌 이야기를 끌고 나가서 관객을 흥분과 전율로 자극시킨 다음 극적인 순간에 어떤 절대적인 존재를 통해 모든 실마리를 풀어서 극을 성공적으로 마치는 것에 비유할 수 있을" 것이다.[36]

한편 군터 스텐트는 그 이유를 모두의 눈에 확실하게 뜨일 수 있는 모형을 제시했기 때문으로 설명했다. 이것은 수사의 성공이라고도 말할 수 있다. 과학의 수사학(rhetoric of science)이라는 분야를 새롭게 개척한 앨런 그로스(Alan G. Gross)는 과학이라는 행위가 논증의 과정인 것만큼이나 설득의 과정이며, 과학문헌들은 다른 글과 마찬가지로 비유와 온갖 수사적 기법들에 의존하고 있음을 지적한다.

DNA 이중나선 구조를 밝혀낸 왓슨과 크릭의 유명한 논문 '디옥시리보 핵산의 구조', 그리고 그후 왓슨이 DNA 구조 발견의 과정을 생생하게 그려서 화제를 모은 자전적 에세이 『이중나선』에 대한 분석은 저자의 의도를 잘 보여준다. 앨런 그로스의 관점에서 두 종

---

35 이블린 폭스 켈러, 2002, 『유전자의 세기는 끝났다』, 이한음 옮김, 지호, p.39
36 울프 라거비스트, 같은 책, 162

MOLECULAR STRUCTURE OF NUCLEIC ACIDS

A Structure for Deoxyribose Nucleic Acid

W E wish to suggest a structure for the salt of deoxyribose nucleic acid (D.N.A.). This structure has novel features which are of considerable biological interest.

A structure for nucleic acid has already been proposed by Pauling and Corey[1]. They kindly made their manuscript available to us in advance of publication. Their model consists of three intertwined chains, with the phosphates near the fibre axis, and the bases on the outside. In our opinion, this structure is unsatisfactory for two reasons:

(1) We believe that the material which gives the X-ray diagrams is the salt, not the free acid. Without the acidic hydrogen atoms it is not clear what forces would hold the structure together, especially as the negatively charged phosphates near the axis will repel each other. (2) Some of the van der Waals distances appear to be too small.

Another three-chain structure has also been suggested by Fraser (in the press). In his model the phosphates are on the outside and the bases on the inside, linked together by hydrogen bonds. This structure as described is rather ill-defined, and for this reason we shall not comment on it.

We wish to put forward a radically different structure for the salt of deoxyribose nucleic acid. This structure has two helical chains each coiled round the same axis (see diagram). We have made the usual chemical assumptions, namely, that each chain consists of phosphate diester groups joining β-D-deoxyribofuranose residues with 3',5' linkages. The two chains (but not their bases) are related by a dyad perpendicular to the fibre axis. Both chains follow righthanded helices, but owing to the dyad the sequences of the atoms in the two chains run in opposite directions.

Each chain loosely resembles Furberg's[2] model No. 1: that is, the bases are on the inside of the helix and the phosphates on the outside. The configuration of the sugar and the atoms near it is close to Furberg's standard configuration', the sugar being roughly perpendicular to the attached base. There is a residue on each chain every 3-4 A. in the z-direction. We have assumed an angle of 36° between adjacent residues in the same chain, so that the structure repeats after 10 residues on each chain, that is, after 34 A. The distance of a phosphorus atom from the fibre axis is 10 A. As the phosphates are on the outside, cations have easy access to them.

The structure is an open one, and its water content is rather high. At lower water contents we would expect the bases to tilt so that the structure could become more compact.

The novel feature of the structure is the manner in which the two chains are held together by the purine and pyrimidine bases. The planes of the bases are perpendicular to the fibre axis. They are joined together in pairs, a single base from one chain being hydrogen-bonded to a single base from the other chain, so that the two lie side by side with identical z-co-ordinates. One of the pair must be a purine and the other a pyrimidine for bonding to occur. The hydrogen bonds are made as follows: purine position 1 to pyrimidine position 1; purine position 6 to pyrimidine position 6.

If it is assumed that the bases only occur in the structure in the most plausible tautomeric forms (that is, with the keto rather than the enol configurations) it is found that only specific pairs of bases can bond together. These pairs are: adenine (purine) with thymine (pyrimidine), and guanine (purine) with cytosine (pyrimidine).

In other words, if an adenine forms one member of a pair, on either chain, then on these assumptions the other member must be thymine; similarly for guanine and cytosine. The sequence of bases on a single chain does not appear to be restricted in any way. However, if only specific pairs of bases can be formed, it follows that if the sequence of bases on one chain is given, then the sequence on the other chain is automatically determined.

It has been found experimentally[3,4] that the ratio of the amounts of adenine to thymine, and the ratio of guanine to cytosine, are always very close to unity for deoxyribose nucleic acid.

It is probably impossible to build this structure with a ribose sugar in place of the deoxyribose, as the extra oxygen atom would make too close a van der Waals contact.

The previously published X-ray data[5,6] on deoxyribose nucleic acid are insufficient for a rigorous test of our structure. So far as we can tell, it is roughly compatible with the experimental data, but it must be regarded as unproved until it has been checked against more exact results. Some of these are given in the following communications. We were not aware of the details of the results presented there when we devised our structure, which rests mainly though not entirely on published experimental data and stereo-chemical arguments.

It has not escaped our notice that the specific pairing we have postulated immediately suggests a possible copying mechanism for the genetic material.

Full details of the structure, including the conditions assumed in building it, together with a set of co-ordinates for the atoms, will be published elsewhere.

We are much indebted to Dr. Jerry Donohue for constant advice and criticism, especially on interatomic distances. We have also been stimulated by a knowledge of the general nature of the unpublished experimental results and ideas of Dr. M. H. F. Wilkins, Dr. R. E. Franklin and their co-workers at King's College, London. One of us (J.D.W.) has been aided by a fellowship from the National Foundation for Infantile Paralysis.

J.D. WATSON
F.H. C. CRICK

Medical Research Council Unit for the Study of the Molecular Structure of Biological Systems, Cavendish Laboratory, Cambridge. April 2.

[1] Pauling, L., and Corey, R. B. nature, 171, 346 (1953); Proc. U.S. Nat. Acad. Sci., 39, 84 (1953).

[2] Furberg, S., Acta Chem. Scand., 6, 634 (1952).

[3] Chargaff, E., for references see Zamenhof, S., Brawerman, G., and Chargaff, E., Biochim. et Biophys. Acta, 9 402 (1952).

[4] Wyatt, G.R. J. Gen. Physiol., 36 201 (1952).

[5] Astbury, W. T., Symp. Soc. Exp. Biol. 1, Nucleic Acid, 66 (Camb. Univ. Press, 1947).

[6] Wilkins, M. H. F. and Randall, J. T. Biochim. et Biophys. Acta, 10, 192 (1953).

This figure is purely diagrammatic. The two ribbons symbolize the two phosphate—sugar chains, and the horizontal rods the pairs of bases holding the chains together. The vertical line marks the fibre axis

| 그림 6 | 1쪽에 불과한 짧은 이 논문은 오딜 크릭이 그린 그림을 중심으로 한 것이었다.

류의 문헌은 "설득"이라는 목적을 공유한다. 즉, 과학논문은 과학자 동료들에게 이중나선의 존재를 설득하는 것이고, 자서전은 과학적 실천의 고비고비마다 치열한 경쟁을 벌였던 라이너스 폴링(Linus Pauling)과 같은 다른 과학자보다 자신의 판단이나 관점이 옳았음을 훌륭하게 입증했다.[37]

왓슨과 크릭이 함께 쓴 논문 '디옥시리보 핵산의 구조'도 수사적 분석에서 빗겨가지 못한다. 두 사람은 경쟁자들의 설명에 반어적 찬사를 보내면서 자신들의 문제가 중요하다는 것을 기정사실화하는 기법을 사용하고, 논문의 핵심인 이중나선 구조는 과감한 그림과 화살표라는 시각적 단서를 언어와 결합해서 그것이 '인식가능한 실체'임을 시사했다. 더구나 《네이처》에 실린 왓슨과 크릭의 논문에 실린 이중나선의 그림은 크릭의 아내인 화가 오딜 크릭(Odile Crick)의 작품이었다. DNA 이중나선 구조가 처음 세상에 선을 보인 것은 텍스트를 통해서가 아니라 철물점에서 얻은 양철판으로 어설프게 만든 7피트짜리 모형이었고, 라이너스 폴링을 비롯한 여러 생화학자들과의 치열한 경쟁 때문에 길게 쓸 여유가 없어서 불과 1쪽에 불과했던 논문, 즉 그들에게 노벨상을 안겨주었고, 생명의 역사에서 중요한 이정표가 된 논문에 실린 그림을 통해서였다(그림 6).

논문은 짧았지만 그들의 발견이 가지는 의미는 심대했다. 인식론적 측면에서 DNA 이중나선 구조 발견이 가지는 의미는 다음과 같이

---

[37]   '과학의 수사학'에 대한 좀더 자세한 내용은 다음 문헌을 보라. 앨런 그로스, 2007, 『과학의 수사학』, 오철우 옮김, 궁리

정리될 수 있다.

첫째, DNA, 그리고 나아가 유전자를 물리적 실체(physical entity)로서 인식할 수 있는 기반을 제공했다. 지금까지 유전자는 대부분 유비나 추론 속의 존재였지만, 이중나선 구조라는 복제의 기작이 삼차원 구조로 밝혀짐으로써, 즉 결정학을 통해서 또한 옹스트롬 단위의 계량적 측면에서 그 구체적인 상(像)이 사람들의 머리 속에 그려질 수 있게 되었다.

둘째, DNA가 분리 가능한 실체로서 비로소 인식되었다. DNA를 분리시킴으로써 생명현상으로부터 분리해낼 수 있는 무엇, 즉 본질로서 인식할 수 있는 기초를 마련했다. 이것은 4부에서 다루어지겠지만, 후일 유전자를 조작가능한 대상으로 만드는 중요한 계기를 형성하게 되었다.

이로써 비로소 사람들은 유전자를 '이해'하게 되었다. 이 이해의 과정은 오랜 시간 동안 사람들의 마음속에서 그려왔던 상을 완성시키는 순간이자, 그들의 바람을 충족시키는 과정이기도 했다. 그것은 오랜 시간 동안의 갈망이 충족되면서, 향후의 경로를 시사하는 과정이었다.

로잘린드 프랭클린 이야기

본론에서 조금 벗어나는 주제이지만, DNA 이중나선 구조의 발견에서 빼놓을 수 없는 한 사람이 바로 로잘린드 프랭클린(Rosalind Franklin)이라는 여성 과학자이다. 안타깝게도 그녀는 그들의 연구에 결정적인 근거가 된 X선 회절 사진을 제공했음에도 불구하고, 젊은 나이에 요절해서 영예를 함께 하지 못했다. 페미니즘 진영에서는 왓슨과 크릭이 여성이라는 이유로 프랭클린의 연구 성과를 인정하지 않아서 그녀가 노벨상을 받지 못했다고 비난한다. 실제로 왓슨이 DNA 이중나선 구조를 발견하게 된 과정을 상세하게 서술한『이중나선(The Double Helix)』에서 그녀는 그리 좋은 평가를 받지 못했다. 이런 이야기를 다룬 다큐멘터리 〈51번 사진의 비밀〉이 미국의 공영 방송 PBS에서 제작되기까지 했다.

당시 런던의 킹스칼리지에서는 생물물리학자 모리스 윌킨스와 X선 결정학자 로잘린드 프랭클린이 DNA 구조에 관한 연구를 하고 있었다. 그들이 속한 연구 부서장이 관리를 잘못한 탓에, 두 사람은 동일한 연구과제를 각자 따로 부여받아 씨름하고 있었다. 윌킨스는 자신이 연구 책임자라고 생각했고, 프랭클린의 결정적인 데이터를 케임브리지에 있던 크릭과 왓슨에게 전해주었다. 그녀는 자신이 알지도 못하고 동의하지도 않은 상태에서 자신이 찍은 DNA 결정의 사진이 다른 연구자들에게 제공되고 있다는 사실을 모르고 있었다.

DNA가 대중들에게 친숙해진 것은 그로부터 15년 후에 출간된 왓슨의 책『이중나선』이었다. 책이 나온 것은 프랭클린이 죽고 1962년에 세 사람이 노벨상을 공동 수상한 뒤의 일이었다. 세 사람이 노벨상 시상식에서 수락 연설을 할 때, 이미 고인이 된 동료의 기여를 언급한 사람은 아무도 없었다. 왓슨의 책은 과학사를 연구하는 사람들에게는 더할 나위 없이 좋은 자료를 제공해주었다. 왓슨은 특유의 입담으로 DNA 이중나선 구조를 발견하는 과정에서 벌어진 치열한

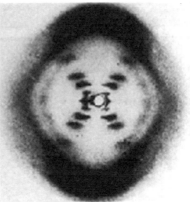

| 그림 7 | 로잘린드 프랭클린과 문제의 51번 사진

경쟁을 가감없이 보여주었기 때문이다. 그는 동료와 선배 연구자들을 실명으로 거론하며 비난하고 자신의 성공담을 떠벌였다. 윌킨스는 자서전에서 당시 자신과 크릭이 왓슨을 고소하려는 생각까지 했다고 말했다. 여성운동 진영에서는 프랭클린을 피해자로 부각시켰고, 그녀의 업적은 상징적 차원에서 인정되어 런던의 킹스칼리지에 새로 들어선 건물 하나는 프랭클린-윌킨스관으로 명명되기도 했다. 초기 페미니스트 진영은 이 이야기를 프랭클린의 남성 동료들이 체계적으로 그녀의 기여를 축소시켰고 윌킨스가 사실상 그녀의 X선 사진을 훔쳤다는 명백한 증거로 받아들였다.[38]

그에 비해서 모랑쥬는 로잘린드 프랭클린과 윌킨스의 갈등을 크

---

38 힐러리 로즈, 스티븐 로즈, 2015, 『급진과학으로 본 유전자, 세포, 뇌』, 김명진, 김동광 옮김, 바다출판사, pp.40~41

게 해석하지 않는 입장을 나타냈다. 그는 사람들이 프랭클린을 여성 연구원의 전형으로 삼으려 했고 성차별적인 연구환경에서 여자로서 부딪히는 장애의 본보기로 여겼지만, 그것은 정확한 설명이 아니라고 말했다. "과학자로서의 여자의 삶은 확실히 쉽지는 않았다. 하지만 윌킨스와 부딪혔던 프랭클린의 문제들은 사소한 것들이었다. 프랭클린이 얻은 결정학의 자료가 DNA 이중나선 구조를 밝히는 데 중요한 것은 명백했다. 그러나 분명히 프랭클린은 DNA 구조의 중요성, 그리고 그 구조를 이용해서 유전자의 자가복제 "특성"을 설명할 필요성에 대해 왓슨과 크릭만큼 인식하지는 못했다."[39]

생명에 대한 물질적 사고방식이라는 계몽혁명

DNA 이중나선 구조 발견 50주년을 기념해서 발간된 저서 중 하나인 『DNA, 생명의 비밀』에서 왓슨은 자신들의 발견이 가지는 의미를 이렇게 말했다. "우리의 발견은 생명이 본래 마술적이고 신비한 것인가, 아니면 과학시간에 실험하는 화학반응처럼 평범한 물리적 및 화학적 과정의 산물인가라는, 인간의 역사만큼이나 오래된 논쟁을 종식시켰다. 세포 한가운데에 생명을 낳는 신성한 무엇이 있는 것일까? 이중나선은 절대 아니라고 단호하게 대답했다."

이어서 그는 다윈의 진화론이 "세계를 물질적으로, 즉 물리화학적으로 이해"하는 관점을 크게 발전시켰으며, 19세기 후반 파스퇴르와

---

39   모랑쥬, 같은 책, p.170

같은 세균학자들도 "썩는 고기에서 자연적으로 구더기가 생기는 것이 아니라 파리가 알을 낳아서 구더기가 생긴다"는 것을 입증해서 생명의 자연발생이라는 개념이 위기를 맞이했다고 말했다. 다윈에서 파스퇴르를 거쳐 이윽고 이중나선 발견에 이르러 생명에 신성하거나 신비스러운 신성한 요소는 없으며 물리화학적 과정의 산물이라는 사실이 밝혀졌다는 것이다. 왓슨은 이중나선 구조의 발견이 가지는 의미를 세포에 물질적인 사고방식이라는 계몽혁명을 일으킨 것이라고 못박았다.

인간을 우주의 중심에서 쫓아낸 코페르니쿠스에서 시작된 지적 여행은 인간이 변형된 원숭이에 불과하다는 다윈의 주장을 거쳐서 마침내 생명의 본질 자체에 초점을 맞추는 지점까지 왔다. 그리고 거기에도 특별한 것은 없었다. 이중나선은 아름다운 구조물이었지만 그 안에 담긴 내용은 너무나 평범했다. 생명체는 화학의 산물에 불과할 뿐이라는 것.[40]

왓슨의 이 말은 DNA 이중나선 구조의 발견이 당시 과학자 사회에서 왜 그토록 빨리 받아들여졌는지 그 함의를 잘 설명해준다. 이 계몽혁명은 생명에서 신비스러운 요소들을 몰아내서 이후 공학의 대상이 될 수 있는 인식적 토대를 마련해준 것이었다. 데카르트의 이

40　제임스 D. 왓슨, 앤드루 베리, 2003, 『DNA 생명의 비밀』, 이한음 옮김, 까치, pp.12-13

분법이 자연에서 정신적 요소들을 배제시켜 인간의 개발과 조작이 거리낌없이 가해질 수 있는 물리적 대상으로 만들었듯이, 왓슨의 이 중나선 발견은 생명이 '화학의 산물'에 불과하다는 또하나의 계몽혁 명으로 생명을 조작하고 통제하는데 거추장스러운 모든 요소들을 남김없이 걷어냈다. 생명의 '공학(工學)'이 탄생할 수 있는 확실한 인 식적 기반이 마련된 것이다.

- 굴드, 스티븐 제이, "한 모더니스트의 선언문", 마이클 머피, 루크 오닐 엮음, 2003, 『생명이란 무엇인가? 그후 50년』

- 그로스, 앨런, 2007, 『과학의 수사학』, 오철우 옮김, 궁리

- 라거비스트, 울프, 2000, 『DNA 연구의 선구자들』, 한국유전학회 옮김, 전파과학사

- 로즈 힐러리, 스티븐 로즈, 2015, 『급진과학으로 본 유전자, 세포, 뇌』, 김명진, 김동광 옮김, 바다출판사

- 머피, 마이클, 루크 오닐, 2003, 『생명이란 무엇인가? 그후 50년』, 이상헌, 이한음 옮김, 지호

- 모랑쥬, 미셸, 2002, 『실험과 사유의 역사, 분자생물학』, 강광일, 이정희 옮김, 몸과마음

- 슈뢰딩거, 에르빈, 1992, 『생명이란 무엇인가』, 서인석, 황상익 옮김

- 왓슨, 제임스 D., 앤드루 베리, 2003, 『DNA 생명의 비밀』, 이한음 옮김, 까치

- 젓슨, H. E., 1984, 『창조의 제8일, 생물학 혁명의 주역들』, 하두봉 옮김, 범양사출판부

- 켈러, 이블린 폭스, 2002, 『유전자의 세기는 끝났다』, 이한음 옮김, 지호

- 크릭, 프랜시스, 2011, 『열광의 탐구, DNA 이중나선에 얽힌 생명의 비밀』, 권태익, 조태주 옮김, 김영사

- 피셔, 에른스트 페터, 캐롤 립슨, 2001, 『과학의 파우스트, 노벨상을 수상한 분자생물학의 창시자 막스 델브뤼크의 삶과 업적』, 백영미 옮김, 사이언스북스

- Fleming, Donald, 1969, "Emigre Physicists and the Biological Revolution", in Donald Fleming and Bernard Ailyn edit, *The Intellectual Migration, Europe and America, 1930-1960*, Harvard University Press.

- Lewontin, Richard C. and Levin Richards, "Stephen Jay Gould-What does it mean to be radical?" in Warren D. Allmon, Patricia H. Kelly, Robert M. Ross(edit), 2009, *Stephen Jay Gould, Reflections on His View of Life*, Oxford University Press.

- Olby, Robert, 1974, *The Path to the Double Helix, the Discovery of DNA*, Dover Publication,

7장

냉전, 그리고
'정보로서의 생명'

오늘날 대부분의 생명과학자들은 인간 게놈을 정보체계로 간주한다. 다시 말해서 DNA 언어로 씌어진 일종의 텍스트, 생명책(book of life)으로 보는 것이다. 1989년에 미국의 공영방송 프로그램인 PBS에서 제작한 다큐멘터리 〈생명의 책을 해독한다(Decoding the Book of Life)〉에서 인간유전체계획을 홍보하려고 나온 에릭 랜더(Eric Lander)는 '생명책'이라는 표지를 달고 있는 수많은 책들이 꽂혀 있는 서가에서 한 권을 뽑아내는 상징적인 동작을 취하면서 유전체 분석을 설명했다.

인간이 DNA라는 언어로 구성된 책이라는 비유는 단지 비유에 그치지 않고 현실세계에서 매우 강력한 실행으로 굳어져 갔다. "DNA 언어학(DNA linguistics)"은 1980년대 말 계산적 분자생물학의 한 영역으로 자리잡았다. 생물정보학(bioinformatics)이라는 개념은 이런 맥락에서 태어났다. 이러한 관점에서 단백질을 만드는 암호가 아니라고 여겨진 전체 게놈의 95~97퍼센트에 달하는 DNA는 쓰레기, 즉 "정크(junk) DNA"로 간주되었다.

린리 케이는 DNA 언어라는 개념이 생물학에서 공고하게 되었고, 우리가 마치 워드프로세서로 단어를 쓰고, 복사하고, 편집하듯 '생명이라는 게놈 책(genomic Book of Life)'을 읽고, 쓰고, 편집할 수 있다는 생각이 만연하게 된 것은 인간유전체계획이 나타나기 훨씬 전부터 오랜 역사를 가지고 있다고 말한다.[41]

이러한 은유의 뿌리는 오래되었다. 생명이라는 책, 그리고 그 변형판인 자연이라는 책이라는 비유는 수세기에 걸친 역사를 가지고 있다. 그러나 보다 직접적인 출발점은 1950년대, 특히 1953년 DNA 이중나선 구조 발견에서 비롯된다. 이른바 유전암호(code)라는 개념이 이 무렵 구체화되었다. 그것은 DNA가 A, C, G, T의 4개의 염기로 구성되고 3개의 염기가 모여서 64가지의 코돈(codon)을 이루고, 이 3-문자가 아미노산의 조합을 지정해서 단백질을 합성하게 만든다는 것이다.

1953년에서 1960년대 초까지 유전자를 정보체계로 표상하려는 일련의 시도가 물리과학에서 생물과학으로 이전한 과학자들에 의해 이루어졌다. 그들은 유전자를 일종의 블랙박스(black box)로 간주하

---

41   Lily E. Kay, Book of life? :How the Genome Become an Information System and DNA a Language, *Perspective in Biology and Medicine*, Vol 41, Number 4 Summer, 1998, pp.504-528

려는 접근방식을 채택했다. 즉, DNA가 입력되면 단백질이 출력된다는 식의 사고였다.

전쟁, 냉전, 그리고 '정보로서의 생명'

앞장에서 우리는 물리학에서 생물학으로 이주한 과학자들이 유전자라는 유비를 발전시키고, DNA 이중나선 구조를 발견하는 데 중요한 기여를 했다는 점을 살펴보았다. 그러나 유전자가 언어로 표상되고, 이 언어를 통해서 생명을 읽을 수 있다는 생각이 수립된 과정을 단지 물리학자들이 생물학으로 대거 이주했기 때문으로만 돌릴 수는 없다. 케이는 이러한 측면에서 매우 중요한 부분을 지적해준다. 그녀는 분자생물학과 같은 생물학 내에서의 전개과정 이외에 사이버네틱스, 정보이론, 컴퓨터 과학 등의 커뮤니케이션 과학 (communication science)의 출현이 가져온 영향에 대해 주목할 필요가 있다고 주장한다. 전쟁 이후 냉전시대의 테크노사이언스(postwar technoscience)가 기본적으로 가지고 있던 전제들이 분자생물학을 정보 과학으로 만든 중요한 원인이었다는 것이다. 케이는 유전체가 정보체계로 표상되고, DNA 언어가 출현하게 된 출발점이 2차 세계대전과 그 이후의 냉전시기에 여러 분야에서 자연과 사회를 보는 과거의 방식이 크게 변형되는 일련의 과정에서 비롯되었다고 말한다.

케이에 따르면 정보(information)라는 말은 그 기원이 14세기까지 거슬러 올라가지만 2차 세계대전을 거치면서 변화를 겪게 되었다. 정보론과 사이버네틱스를 통해서 정보라는 개념 자체가 역사상 처음으로 물리적 변수이자 수학적으로 정의된 개념으로 바뀐 것이다. 따라서 정보 개념은 의미론적(semantic) 측면을 잃고 오로지 구문론적(syntactic) 맥락으로 국한되면서 양화(量化)와 과학적 연구가 쉬워졌다. 이제 정보는 주체나 그 내용으로부터 분리되어서, "임의적으로 수집된 문자들과 셰익스피어의 소네트가 같은 정보 내용으로 다루어질 수 있게 되었다."[42] 이처럼 '탈(脫)맥락화된 정보' 개념의 탄생은 이후 마음대로 정보를 조작하고 통제할 수 있는 인식론적 지평이 마련되었음을 의미하는 것이었다.

이러한 과정에는 주로 군부(軍部)로부터 지원을 받아 새롭게 탄생한 사이보그(기계와 생체로 이루어진 통합 체계), 커뮤니케이션 이론, 뇌 모델링, 언어학, 인공지능, 유도와 조종, 사이버네틱스, 그리고 행동주의 등의 연구영역들의 접근방식의 영향이 컸다. MIT의 수학자 노버트 위너(Norbert Wiener)와 벨 연구소의 수학자 클로드 섀넌(Claude Shannon), 그리고 프린스턴 고등과학연구소의 존 폰 노이만(John von Neumann) 등이 이런 흐름을 주도한 대표적인 학자들이었다.

정보의 기본 단위인 '비트(bit)' 개념을 정립한 섀넌은 『커뮤니케이션의 수학 이론(The Mathematical Theory of Communication, 1948)』이라는 책에서 정보에 대한 수학적 접근의 기초를 닦았다. 그는 정보라는 테크니컬한 개념이 의미와 혼동되어서는 안 된다고 주의를 촉구했다. 이 책에서 그는 정보가 내용이나 주체와 완전히 분리될 수 있다는 생각을 제기했다. 모든 정보가 비트, 즉 이진 숫자(binary

---

42   Kay, 같은 글, p.507

digit)로 환원될 수 있다는 생각은 이후 생명을 모든 맥락으로부터 벗어날 수 있는 '벌거벗은 정보', 즉 일종의 암호로 나타내고 쓸 수 있다는 생각이 나올 수 있는 토대를 제공했다. 위너의 사이버네틱스 개념은 정보와 커뮤니케이션 개념을 이러한 방향으로 진일보시켰다.

위너와 사이버네틱스

사이버네틱스(cybernetics)는 2차 세계대전 기간에 이루어진 대공(對空) 레이더 연구에서 비롯되었다. 항공기 기술이 급속히 발전해서 폭격기가 워낙 빠른 속도로 접근하게 되자 대공포수들은 목표의 위치를 잡고 발포할 기회를 좀처럼 잡지 못했다. 기계의 발전이 인간이 대응하는 속도를 넘어선 것이다. 18세에 하버드 대학에서 수학으로 박사학위를 받은 노버트 위너는 1940년에 전기공학자인 줄리안 비질로우의 도움을 받아서 대공화기를 자동화시키는 방안으로 빠르게 접근하는 폭격기에 레이더의 반향 데이터를 피드백하는 대공조준산정기(anti-aircraft predictor)를 개발했다.[43] 대공조준산정기를 개발하는 과정에서 위너는 인간과 기계 사이의 피드백을 본격적으로 연구하는 계기를 얻게 되었고, 신경생리학자 로젠블럿, 컴퓨터연구의 선구자인 하워드 에이켄과 노이만 등의 학자들과 함께 이후 사이버네틱스라 불리는 분야의 연구를 주도하게 되었다. 이들에게 연구비를 제공해준 것이 조시아 메이시 주니어 재단(Josiah Macy, Jr.,

---

43　Jon Agar, 2012, *Science in the Twentieth Century and Beyond*, Polity, p.373

Foundation)이었다.

2차 세계대전 직후인 1946년부터 1953년까지 수학자, 공학자, 생물학자, 사회과학자, 그리고 인문학자들이 모여서 전쟁시기에 등장했던 커뮤니케이션 이론과 제어공학의 발견들을 인간과 기계에 모두 적용시킬 수 있는 방법을 찾기 위해 토론을 벌였다. 이 회의는 조시아 메이시 주니어 재단의 후원으로 열려서 메이시 회의(Macy Conference)라 불렸다. 이 모임에서 중요한 역할을 수행했던 노버트 위너가 1948년에 『사이버네틱스』라는 책을 내면서 자연스럽게 사이버네틱스가 토론의 중심이 되었다. 냉전시기 사이버네틱스와 정보이론은 그 영향력이 매우 높았기 때문에 그들은 정보이론이 물리과학과 생물학, 그리고 사회과학을 하나로 이어줄 수 있을 것이라고 믿었다.[44]

위너는 유명한 저서 『사이버네틱스(Cybernetics; or Control and Communication in the Animal and the Machine, 1948)』에서 두 가지 중요한 개념을 제기했다. 제어와 커뮤니케이션의 공학은 마치 동전의 양면처럼 불가분의 관계이며, 메시지라는 근본적인 개념의 중심에 놓여 있다는 것이다. 그의 견해에 따르면, 메시지란 시간상에 연속적이거나 불연속적으로 분포해 있는 측정가능한 사건들의 순차(sequence)에 불과한 무엇이었다. 그는 "17세기와 18세기 초엽이 시계의 시대였고, 18세기와 19세기가 증기기관의 시대였다면, 현재는

44　　Ronald R. Kline, 2015, *The Cybernetics Moment, Or Why We Call Our Age the Information Age*, Johns Hopkins University Press, pp 39~41

| 그림 8 | 『사이버네틱스』를 저술해서 커뮤니케이션 개념을 통해 인간과 기계의 공통점을 주장한 노버트 위너

커뮤니케이션과 제어의 시대이다"라고 단언했다. 위너의 주장이 특히 중요한 의미를 가지는 것은 그가 단지 공학적 시스템뿐 아니라 생물 시스템까지도 염두에 두고 있었다는 사실이다. 그는 사이버네틱스 개념이 분자, 세포, 그리고 생물에도 적용될 수 있으며, 효소, 뉴런, 그리고 염색체에도 마찬가지로 적용가능하다고 보았다.

위너는 생물체계와 무생물체계 사이의 경계를 불분명하게 만들었다. 로젠블럿과 위너는 자신들이 사이버네틱스라는 용어를 사용한 이유가 과학적 탐구대상으로 인간이 기계와 별반 다르지 않다고 믿었기 때문이라고 말했다. 과학사가 존 에이거(Jon Agar)는 이렇게 대담한 관점이 출현하고 이후 이러한 흐름이 지속될 수 있었던 것이 냉전이라는 역사적 맥락에서 기인하며, 냉전시기 군사체계에서 인간과 기계의 통합이 중심적인 문제였기 때문이라고 말했다.[45] 그리고 인간과 기계의 통합이라는 주제는 냉전 이후에도 계속 중요한 주제의 지위를 유지했다.

위너는 『사이버네틱스』를 쉽게 풀어쓴 『인간의 인간적 활용(Human Use of Human Beings, 1950)』의 "메시지로서의 유기체"라는 장에서 개체와 유기체라는 개념 자체가 정보의 관점에서 새롭게 주조(鑄造)되어야 한다고 주장했다. "개체의 육체적 정체성은 그 구성 물질에 의해 달라지는 것이 아니다…유기체의 생물학적 개체는 어떤 과정의 연속선상에 있는 것으로 보이며, 그 유기체의 과거 발생효과에 대한 기억에 따라 달라지는 것처럼 보인다…정신적 발달도 마찬가지인 것 같다."[46] 그는 생명의 중요한 특성으로 간주되는 개체성(individuality) 자체를 그 물질성과 분리시켜서 특정한 패턴의 연속, 즉 커뮤니케이션의 본성을 공유하는 무엇으로 인식하려고 시도했다. 위너는 세포 분화와 유전자 전달을 통해서 영속되는 것은 물질이 아니라 형태에 대한 기억이라고 주장했다. 나아가 그는 미래에 생물이나 인간을 이루는 부호화된 메시지를 전자적인 방식으로 전송하는 것이 가능할지 모른다고 내다보았다. 그는 생물의 개체성을 돌의 개체성이 아니라 불꽃의 개체성으로 보았고, 따라서 이러한 몸의 형태는 전송되거나 수정 또는 복제가 가능하다고 생각했다. 그리고 이렇게 말했다. "한 나라에서 다른 나라로 전신을 보낼 때 사용할 수 있는 전송양식과 인간 등의 살아 있는 유기체를 전송할 수 있는 가능성 사

---

45   Agar 같은 책, p.374
46   노버트 위너, 2011, 『인간의 인간적 활용; 사이버네틱스와 사회』, 이희은, 김재영 옮김, 텍스트, p.124

이에는 적어도 이론상으로는 절대적인 차이가 없다."[47] 위너의 이러한 생각은 생명과학과 사회과학에 큰 영향을 미쳤다.

RNA 타이클럽과 암호화 가설

왓슨과 크릭이 DNA 이중나선 구조를 발견했을 당시 두 사람은 암호라는 표현을 사용했지만, 그것은 일반적 의미에서의 암호였지 오늘날 우리가 이야기하는 유전암호의 의미를 가진 것은 아니었다. 크릭은 자서전에서 러시아 태생의 물리학자이자 우주론자인 조지 가모브(George Gamow)의 편지를 받았을 당시 놀라움을 다음과 같이 표현했다. "그 편지의 내용은 우리에게 꽤 새로운 것이었다. 가모브는 《네이처》에 발표된 우리의 논문에 큰 흥미를 느끼고 있었다. (때로 물리학자들이 생물학자보다 더 우리 논문에 관심을 가지는 것 같았다.) 그는 DNA 구조 자체가 단백질 합성에 대한 주형(template)이라고 성급하게 결론을 내렸다. 그는 그 DNA 구조가 국부적인 염기배열에 따라 20가지 다른 종류의 공동(空洞)을 가질 것이라고 주장했다. 단백질은 서로 다른 약 20가지 아미노산으로 구성되기 때문에 그는 과감하게 각 아미노산에 대해 한 종류의 공동이 존재할 것이라고 생각했다."[48]

크릭은 빅뱅 가설을 수립한 인물로 잘 알려진 가모브가 제기한 뉴

47　　같은 책, p.125

48　　프랜시스 크릭, 2011, 『열광의 탐구, DNA 이중나선에 얽힌 생명의 비밀』, 권태익, 조태주 해제 옮김, 김영사, p.176

클레오티드와 아미노산을 연결하는 유전암호 개념을 받아들였다. 가모브가 제기한 암호는 삼중조(三重組), 즉 코돈인데, 이 3개의 염기 묶음이 서로 다른 아미노산을 암호화한다는 것이었다. 가모브는 자서전에서 스스로 "생물과학 영역으로의 일탈"이라고 부른 과정을 이렇게 서술했다. 이것이 유명한 '다이아몬드 코드(diamond code)'라는 번역 코드이다.

[왓슨과 크릭의] 논문을 읽고 나서 나는 어떻게 DNA 분자의 정보가 단백질을 형성하는 20종류의 아미노산 서열로 번역되는 가라는 문제에 의문을 품기 시작했다. 당시 내 머리에 떠오른 단순한 착상은 4개의 서로 다른 종류로부터 만들 수 있는 '트리플렛(triplet)'의 숫자를 계산하면 4에서 20을 얻을 수 있을 것이라는 발상이었다. 예를 들어, 트럼프 카드를 한 벌 집어들고 그 속에 네 종류의 카드가 있다는 사실에 주목하기로 하자. 그러면 같은 종류의 카드로 이루어진 트리플렛은 몇 가지나 가능할까? 물론 네 가지이다. 하트가 세 장, 스페이드가 세 장, 다이아몬드가 세 장, 그리고 클로버가 세 장인 경우가 그것이다. 그러면 두 장의 카드가 같은 종류이고, 한 장만 다른 트리플렛은 몇 개일까? 같은 종류의 카드를 두 장 고르는 방법은 네 가지이고, 각각의 경우에 세 번째 카드를 다른 종류로 고르는 방법은 3가지이다. 따라서 4×3 = 12가지 가능성이 있다. 마지막으로 3장 모두 다른 종류로 이루어진 트리플렛은 4가지이다. 따라서 4+12+4=20이고, 이 숫자는 처음에 구하려던 아미노산의 숫자와 정확히 일치한다.[49]

| 그림 9 | 가모브가 그린 "생명의 카드 게임". 게임을 하고 있는 사람들은 RNA 타이클럽 구성원들이며 트럼프의 다이아몬드, 하트, 클로버, 스페이드가 4개의 염기 A, T, C, G를 상징한다. Lily E, Kay, *Who Wrote the Book of Life*? p.143에서 재인용.

가모브는 자신이 생물학에 관심을 가지게 된 것을 가벼운 일탈이라고 대수롭지 않은 일로 표현했지만, 실제로 그는 DNA의 염기서열이 단백질의 특정한 아미노산으로 번역되는 암호화(coding) 문제를 제기했고, 이후 생명이 정보의 저장과 전달, 그리고 복제라는 방식으로 이해될 수 있는 '정보로서의 생명 개념'을 연구 문제로 본격화시킨 것이었다.

---

49   조지 가모브, 1970, 『창세의 비밀을 알아낸 물리학자, 조지 가모브』, 김동광 옮김, 사이언스북스, pp.237-238

이후 그는 자신과 비슷한 생각을 가진 과학자들을 모아서 이른바 RNA 타이클럽을 만들었다. 이런 명칭이 붙은 까닭은 구성원들이 검은 바탕에 녹색과 노란색의 화려한 이중나선 무늬가 들어간 넥타이와 넥타이핀을 맞춰서 착용했기 때문이다. 이 클럽에는 훗날 DNA 이중나선 구조를 발견한 제임스 왓슨과 프랜시스 크릭, 물리학자이자 분자생물학자인 막스 델브뤼크, 시드니 브레너 그리고 군터 스텐트 등이 포함되었고, 이후 물리학자인 에드워드 텔러 등 많은 사람들이 가담했다.

RNA 타이클럽은 이후 오래가지 못하고 1950년대 말에 해산되었다. 이들의 활동은 릴리 케이를 비롯한 일부 과학사가들에 의해 다루어졌지만, 그 의미가 충분히 평가되지는 못했다. 과학사가 김봉국은 그동안 RNA 타이클럽이 과학사에서 크게 평가받지 못한 이유를 "실제 유전정보 해독이 타이클럽의 접근방식과는 전혀 다른 방법을 활용한 니렌버그와 마테이에 의해 이루어졌다는 점", 그리고 "생물학 연구로 보기 힘든 그들의 수학적이고 통계적인 접근방식"과 "퍼즐풀이로 흡사한 방식으로 번역코드를 제시하는 이론적 연구방법"이 기존 생물학에서 이 클럽의 활동을 중요하게 여기지 않은 이유라고 분석했다.[50]

에이거는 가모브를 비롯한 RNA 타이클럽 학자들의 활동이 가지는 의미를 "냉전이라는 언어로 생명이 재기술(再記述)된 것"이라고

---

50   김봉국, 2004, RNA 타이클럽의 단백질 합성 메커니즘 연구, 서울대학교 과학사 및 과학철학 협동과정 이학석사 논문. p.5

말했다.[51] 여기에서 냉전의 언어란 릴리 케이가 정보 담론(information discourse)이라고 부른 것이었다. 그녀는 전쟁과 전후 기간 동안 이루어진 변화된 질서가 분자생물학을 새로운 방향으로 이끌었다고 말한다. 그것은 정보이론, 사이버네틱스, 시스템 분석과 같은 새로운 커뮤니케이션 이론들, 전자식 컴퓨터와 시뮬레이션 기술과 같은 물적, 기술적 토대 수립, 그리고 냉전을 통해서 급속히 부상한 생물과 무생물에 대한 통합적 이해에 대한 요구 등이 한데 결합해서 탄생한 담론적, 물질적 그리고 사회적 실행이 한데 결합된 무엇이었다.[52]

정보주의와 DNA

생물학사가인 갈런드 앨런(Garland Allen)은 유전을 설명하려는 노력에서 정보주의, 구조주의, 그리고 생화학적 접근방식이 있었다고 말한다. 분자생물학은 초기에 구조적, 기능적 요소에서 시작되었다고 할 수 있지만, 이후 정보적 요소를 포함하게 되었다. 초기에는 생물학적으로 중요한, 가령 단백질이나 핵산과 같은 분자들의 구조에 관심이 쏠렸다. 즉, 이러한 분자들이 세포의 신진대사에서 어떤 역할을 하는지, 특정 생물학적 정보를 어떻게 나르는지 등이 그런 관심의 예에 해당했다. 따라서 분자의 구조를 알아내기 위해 물리학이나 구조화학(x선 회절, 분자모형 구축) 등의 방법이 적용되었고, 얼마

51   Agar, 같은 책, p.392
52   Lily E. Kay, 2000, *Who Wrote the Book of Life? A history of the Genetic Code*, Stanford University Press. p.5

나 큰 분자들이 서로, 그리고 세포 안에 있는 작은 분자들과 어떻게 상호작용을 하는지 알아내기 위해서 생화학의 접근방식이 이용되었다.[53]

왓슨과 크릭의 연구는 이 3가지 접근방식을 한데 결합시킨 것으로 볼 수 있다. 그들은 결합각도와 원자들 사이의 거리에 이르기까지 유전물질의 정확한 구조를 아는 것이 필수적임을 이해하고 있었다. 그리고 그것을 위해서는 구조주의 학파에서 개발되었던 접근방식을 사용하는 것이 필수적이었다. 그들은 이러한 방식을 통해서만, 유전자 복제와 단백질 합성 제어의 정확한 메커니즘이 이해될 수 있다고 생각했다. DNA에 대한 구조적 및 생화학적 정보를 이용하는 것의 중요성을 알고 있었지만, 왓슨과 크릭은 본질적으로 정보주의자(informationist)였다. 그들의 관심은 처음부터 슈뢰딩거의 유전자에 대한 흥미로운 물음, 그리고 생명의 신비에 대한 물음들에 의해 인도되었다. 가장 중요한 물음은 '어떻게 유전자 구조가 단백질의 구조로 변형되는가'였다. 이것은 생명을 이해하는 열쇠였다.

이후 발전하게 되는 분자유전학은 기본적으로 정보주의를 기반으로 삼게 되었다. 고전 멘델주의 염색체론의 고도로 정교하면서도 형식주의적인 구조에 기능적 및 정보적 물음들을 적용시키려는 시도가 자라나게 된 것이다. 보어, 슈뢰딩거, 그리고 델브뤼크와 같은 탈신비화된 양자물리학자들은 손에 잘 잡히지 않는 '생명의 비밀'을 찾

53　　Garland Allen, 1975, *Life science in the 20th century*, John Wiley & Sons, Inc. pp.187-197

으려는 추동력에 의해 시작되었다. 그들은 생명의 비밀이 단순히 생명을 이미 알려진 물리, 화학적 법칙으로 환원시키는 방식으로는 알 수 없으며, 생명을 연구함으로써 물리적 우주의 새로운 법칙을 발견할 수 있을 것이라고 믿었다. 그들은 자신들이 찾기를 고대했던 비밀은 유전자의 본성에 들어 있다고 생각했다. 그것은 유전자를 정보가 저장되고 전달되는 수단이자, 그것에 의해 정보의 복제가 달성되는 수단으로 본다는 뜻이었다. 호랑이가 호랑이 새끼를 낳고, 소나무가 소나무를 낳게 하는 안정적인 생식과 종의 보존을 정보의 복제라는 관점에서 볼 수 있다는 생각이 탄생한 것이다. 생식을 생명의 본질로 보는 관점 자체에 이미 정보주의적 관점이 스며들어 있었다고 할 수 있다.

앞장에서 언급했듯이 19세기 초부터 계속 관심의 대상이 되었던 유전물질의 후보는 단백질이었다. 1920년대에 이러한 단백질 분자가 유전정보를 전달하기에 적합하다는 주장이 제기되었다. 단백질을 구성하는 아미노산은 여러 가지 복잡한 방식으로 배열이 가능하기 때문에 복잡한 정보를 전달하기에 알맞은 후보 물질로 부상한 것이다. 단백질이 유전물질 후보로 생각된 것도 정보로서의 생명 개념의 인식적 특성과 부합하는 측면이 있다. 즉, 포유류나 사람과 같은 복잡한 특성이 발현되고 후세에 전달되려면 그러한 특성들이 1:1로 대응가능한 복잡한 분자 구조와 그 배열이 필요할 것이라는 생각이다. 다시 말해서 분자의 3차원적 복잡성이 1차원의 정보서열(linear sequence)로 환원가능하다는 생각이 그 바탕에 있었던 셈이다.

분자화의 사회적 영향–개입의 새로운 양상

지금까지 간략하게 살펴보았듯이, 정보로서의 생명이라는 개념이 등장하는 과정은 생명을 분자적 관점에서 볼 수 있다는 분자적 패러다임의 수립에 중요한 역할을 했다. 생명을 정보로 볼 수 있다는 것은 인간을 포함한 생명을 우리의 의지에 따라 읽고 쓸 수 있다는 강력한 암시이고, 생명에 다양한 관점이나 가치, 또는 이해관계를 새겨 넣으려는 갈망을 드러낸 것이기도 하다.

이처럼 생물학이 급격히 분자화되면서 기입(記入, inscription)으로서의 특징이 강화되는 과정은 생물학이 사회를 통제하는 도구가 될 수 있는 가능성을 높였다. 생명의 분자화, 생명의 정보화가 생명현상에 대한 개입 가능성에 대한 기대감으로 번역되는 것이다. 한편 채더레비안과 캐밍가는 분자화라는 말이 실험실, 클리닉, 그리고 산업 사이에서 형성된 새로운 관계를 지칭하는 말로 사용되기도 한다고 말한다. 분자생물학이 발전하면서 생물학이라는 실행에서 실험기기와의 결합도와 의존도가 강화되는 이른바 기기의존성(instrumentality)이 높아지게 되었다. 일반인들이 범접하기 어려운 첨단기기들과 결합도가 높아지면서 분자적 관점은 한층 권위를 높이게 되었고, 분자혁명(molecular revolution), 분자정치(molecular politics) 등 여러 가지 용어로 불리게 되었다. 이처럼 정보적 관점에서 생명을 다시 쓰는(rewriting) 과정에서 전자식 컴퓨터도 한몫을 했다. 미국에서는 전쟁기간에 대포의 탄도를 계산하기 위해 최초의 전자식 컴퓨터 에니악(ENIAC)이 등장했고, 폰 노이만을 비롯한 학자들은 이 기계가 탄도계산과 같은 특정 목적의 계산기에 그치지 않고 전쟁이 끝난 후에 정보처리기로서 무궁무진한 활용 가능성이 있을 것으로 내다보았다. 실제로 가모브는 로스앨러모스에 있던 동료의 도움을 받아서 매니악(MANIAC) 컴퓨터를 활용해서 암호화 접근방식을 적용하는 몬테 카를로 시뮬레이션을 시도하기도 했다. 이러한 흐름은 2000년대 이후 DNA가 다양한 형태의 은유로 이용되면서 분자문화(molecular culture)의 출현을 낳았다.[54]

헤르베르트 고트바이스는 분자생물학의 정치의 역사를 1930년대까지 거슬러 올라간다. 그리고 1950년대와 60년대에 들어서면서 자신이 "분자지배(governing of molecules)"라 부르는 단계로 진입하게 된다고 말한다. 즉, 정책, 전략, 그리고 제도들이 세포 이하 수준에서 유전자를 연구하고, 유전자에 기술적으로 개입(technologically intervene)하기 쉽도록 서로 연결되고 얽히도록 촉진시키는 양상이 나타나게 된다는 것이다. "분자화"가 이들 사이의 동맹의 형성과 변화를 기술하는 데 유용하다는 것이다. 분자를 중심으로 한 생물학과 의학의 접근방식은 두 차례의 전쟁 사이 기간에 뚜렷해졌고, 2차 세계대전에서 생의학이 대대적으로 동원되면서 새로운 모멘텀을 얻었다. 1950년대와 1960년대 이후 핵산과 단백질의 구조-기능에 대한 연구에서 분자생물학이 두드러진 성공을 거두면서 이러한 접근방식은 더욱 탄력을 받게 되었다.[55] 그리고 4부에서 살펴보게 될 1970년

---

54   Soraya de Chadarevian and Harmke Kamminga, 1998, *Molecularizing Biology and Medicine, new practices and alliances 1910s–1970s*, Harwood Academic Publishers

55   Herbert Gottweis, 1998, *Governing Molecules, the Discursive Politics of Genetic*

대의 재조합 DNA 기술 등장, 그리고 인간유전체계획은 유전자에 기반을 둔 분자의학(molecular medicine)의 전망을 공고하게 만들었다.

다른 한편 이러한 분자화는 새로운 우생학의 흐름을 낳았다. 예를 들어 왓슨, 크릭과 DNA 구조를 밝히는 경주에서 막판까지 치열한 경쟁을 벌였던 화학자 폴링은 "다가올 새로운 세기(The Next Hundred Years)"라는 제목의 텔레비전 방송 프로에서 "향후 생물학이 분자적 생물학으로 바뀌고, 의학은 정밀 과학으로 성숙해지고, 사회 계획은 합리적이 되는 황금시대(Golden Age)가 도래할" 것이라고 내다보았다. 우생학적 사고를 가지고 있던 다른 동료 과학자들과 마찬가지로 폴링 역시 새로운 생물학에 제기되는 가장 큰 도전이 인류의 열화(劣化)라고 보았다. "단순히 겸형적혈구빈혈증과 같은 유전병을 치료하는 수준을 넘어서서 인류의 유전자 풀을 정화하는 방법을 찾아야 한다. 그래야만 심각한 질병을 가진 아이들의 출산을 막을 수 있을 것이다…앞으로 우리는 출산 통제, 인구 통제를 제도화하지 않을 수 없게 될 것이다."[56]

부르디외는 이렇게 말했다. "보수주의는 항상 사회적인 것(the social)을 자연적인 것(the natural)으로, 그리고 역사적인 것을 생물학적인 것으로 환원시키려는 경향을 띤 사고유형과 연결되어왔다."[57] 분자생물학의 출현, 그리고 일부 질병의 유전적 근원이 발견되면서

Engineering in Europe and the United States, The MIT Press, p.39

56   Troy Duster, 2003, *Backdoor to Eugenics*, Routledge, p.48에서 재인용

57   Pierre Bourdieu, 2003, "Foreword; Advocating a 'Genethics'", in Troy Duster, *Backdoor to Eugenics*(second edition), Routledge

이러한 경향은 한층 강화되기 시작했다. 낡은 우생학이 새로운 무기를 갖추고 다시 살아나게 된 것이다. 부르디외는 새로운 유전학이 인종주의자와 반동적인 고정관념을 정당화시켜주고 있다고 말한다. 이러한 우려는 사회생물학의 등장을 통해 현실화되었다.

참고문헌

- 기모브, 조지, 1970, 『창세의 비밀을 알아낸 물리학자, 조지 가모브』, 김동광 옮김, 사이언스북스.
- 김봉국, 2004, 「RNA 타이클럽의 단백질 합성 메커니즘 연구」, 서울대학교 과학사 및 과학철학 협동과정 이학석사 논문
- 위너, 노버트, 2011, 『인간의 인간적 활용; 사이버네틱스와 사회』, 이희은, 김재영 옮김, 텍스트
- 크릭, 프랜시스, 2011, 『열광의 탐구, DNA 이중나선에 얽힌 생명의 비밀』, 권태익, 조태주 해제 옮김, 김영사
- Allen, Garland, 1975, *Life Science in the 20th Century*, John Wiley & Sons, Inc
- Agar, Jon , 2012, *Science in the Twentieth Century and Beyond*, Polity
- Bourdieu, Pierre, 2003, "Foreword; Advocating a 'Genethics'", in Troy Duster, *Backdoor to Eugenics* (second edition), Routledge
- Chadarevian, Soraya de and Kamminga Harmke, 1998, *Molecularizing Biology and Medicine, New practices and Alliances 1910s-1970s*, Harwood Academic Publishers
- Duster, Troy, 2003, *Backdoor to Eugenics*, Routledge
- Gottweis, Herbert, 1998, *Governing Molecules, the Discursive Politics of Genetic Engineering in Europe and the United States*, The MIT Press
- Kline, Ronald R., 2015, *The Cybernetics Moment, Or Why We Call Our Age the Information Age*, Johns Hopkins University Press
- Kay, Lily E., 1998, Book of life? :How the Genome Become an Information System and DNA a Language, *Perspective in Biology and Medicine*, Vol 41, Number 4 Summer
- _____., 2000, *Who Wrote the Book of Life? A History of the Genetic Code*, Stanford University Press

8장

통제에 대한 열망
−사회생물학의 대두

뉴턴의 물리학이 자연에 대해 높은 설명력을 발휘하자 생물학과 화학 등 인접 과학 분야는 물론 사회학과 경제학을 비롯한 여러 비(非)과학 분야들이 물리과학의 설명력을 흠모해서 뉴턴의 물리주의와 역학적 관점을 앞다투어 도입하려 했듯이, 20세기 중반 이래 생물학이 거둔 성취도 다른 분야에 큰 영향을 미쳤다. 특히 이전까지는 철학이나 종교, 그리고 사회과학의 영역으로 여겨졌던 인간의 행동이나 도덕, 사회 현상을 생물학을 기반으로 설명하려는 시도가 활발하게 이루어졌다. 이러한 경향 중 가장 대표적인 것이 사회생물학이다.

이 장은 사회생물학 전반을 다루기보다 『사회생물학』이 출간되던 당시 맥락, 특히 '민중을 위한 과학'의 사회생물학 연구그룹과의 논쟁과 대중매체들의 열광적 분위기를 살펴보고, 사회생물학이라 총

칭할 수 있는 일련의 흐름에서 나타나는 인식적 경향을 개괄하고자
한다. 사회생물학을 인식적 경향으로 보려는 이유는 사회생물학이
그 자체로 분리될 수 있는 실체라기보다는, 이미 앞에서 살펴보았듯
이 20세기 초반 이래 생명에 대한 태도에 일대 변화를 가져온 분자생
물학의 수립, 전쟁과 냉전시기 정보로서의 생명 개념의 등장, 그리고
4부에서 살펴볼 1973년 재조합 DNA 기술의 등장으로 이어진 연속
선상에 있기 때문이다. 사회생물학은 생물과학의 성공에 고무된 일
단의 생물학자들이 자신들의 발견을 인간 사회에 대한 분석에 적용
하려는 시도였다고 볼 수 있다.

1975년에 하버드 대학의 생물학자 에드워드 윌슨(E. O. Wilson)이
유명한 『사회생물학, 새로운 종합(Sociobiology: The New Synthesis)』
을 출간했다. 이 책은 방대한 분량으로 첫 장과 마지막 장을 제외하
면 인간에 대한 내용은 없고 동물을 대상으로 한 연구였다. 그런데
윌슨은 "인간: 사회생물학에서 사회학까지"라는 제목이 붙은 이 책
의 마지막 장에서 "거시적인 관점에서 인문과학과 사회과학은 각각
생물학의 한 분야로 볼 수 있고, 역사, 전기, 그리고 픽션은 인간 사회
학에 대한 조사서가 되며, 또 인류학과 사회학은 단 한 종의 영장류
에 관한 사회학이 된다"[58]라는 도발적인 주장을 제기했다. 그는 26장
에서 사회 구조, 이타성, 성과 분업, 문화와 종교, 도덕, 미학, 사회 진
화 등 인간 사회와 연관된 거의 모든 주제들을 망라하고, 그러한 주

58   에드워드 윌슨, 1992, 『사회생물학 II-해파리에서 인간까지』,이병훈, 박시룡 옮김,
민음사, p.641

제들이 생물학적 관점에서 조명되고 새롭게 종합되어야 할 필요성을 역설했다. 그는 지금까지 철학이나 사회학이 수행한 연구는 현상학적 수준에 그치는 것으로 보았고 도덕이나 사회 이론들이 생물학적 기반 위에서 새롭게 구축될 필요가 있다고 주장했다. 그는 이렇게 말했다. "사회학 이론을 순수 현상학적 단계에서 기본적 이론으로 이행시키는 일은 우리가 인간의 뇌에 대해 신경학적으로 완전히 설명할 수 있을 때 비로소 가능할 것이다. 즉 인간의 뇌를 종이 위에다 세포의 수준까지 분해했다가 다시 조립할 수가 있을 때 정서와 도덕적 판단의 특성들이 밝혀질 것이다."[59]

사회생물학을 비판했던 하버드 대학의 생물학자 리처드 르원틴(Richard Lewontin)은 인간 본성의 사회생물학 이론이 세 단계로 구성된다고 본다. 첫째는 모든 시대, 장소에 걸쳐 모든 사람들에게 공통된다고 일컬어지는 특성들을 기술한다. 둘째, 인간에게 보편적으로 보이는 이러한 특성들이 실제로 우리 유전자 안에, 즉 DNA 안에 부호화되어 있다는 주장을 제기한다. 세 번째 단계는 보편적인 인간 본성에 관여하는 우리의 유전자가 자연선택에 의해 진화과정을 통해 확립되었다는 것이다. 이것은 앞의 두 단계에 대해 강력한 정당화 논변을 제공한다.[60]

르원틴이 제기한 첫 번째와 두 번째 단계에는 보편적인 인간 본성이 존재하고, 그 본성이 유전자 속에 부호화되어 있기 때문에 변화할

---

59   윌슨, 같은 책, p.710
60   리처드 르원틴, 2001, 『DNA 독트린, 이데올로기로서의 생물학』, 김동광 옮김, 궁리, pp.158-161

수 없다는 가정이 내재한다. 그중에서도 유전자 안에 부호화된 특성들이 인간 본성에서 결정적인 역할을 수행한다는 관점이 중심적 지위를 차지한다. 따라서 유전자의 인식적 지위가 사회적으로 수립되는 과정과 사회생물학이라는 학문 분야가 정립되고 그것이 사회적으로 수용되는 과정은 불가분의 관계를 가진다고 볼 수 있다.

월슨이 이 책에서 보여준 자신감은 DNA와 유전자에 대한 오랜 역사적 예견과 갈망이 몇 차례의 중요한 발견으로 뒷받침되면서 얻어진 것으로 볼 수 있다. 그리고 1년 후 도킨스(Richard Dawkins)의 『이기적인 유전자』[61]가 발간되었다. 그 후 사회생물학은 다시 유전자를 중심으로 한 설명체계를 보강하는 중요한 기능을 담당하면서 그 빚을 갚는다. 이러한 대담한 주장은 곧 생물학적 결정론이라는 강한 비판을 받게 된다.

'민중을 위한 과학'의 사회생물학 비판

월슨은 자신의 저서를 발표할 당시 사회학자를 비롯한 인문, 사회과학 분야 학자들의 반발을 가장 우려했다. 그러나 전혀 예상치 않게도 같은 하버드 대학의 생화학자인 존 벡위드(John Beckwith), 월슨과 같은 건물에 있던 유전학자 르윈틴, 그리고 진화생물학자 굴드 등에게서 직격탄이 날아왔다. 1969년부터 흔히 "민중을 위한 과학"이라고 알려진 SESPA(Scientists and Engineers for Social and Political

---

61   리처드 도킨스, 1992, 「이기적인 유전자」,이용철 옮김, 두산동아

Action)에서 중심적으로 활동했던 벡위드는 『사회생물학』이 1975년 5월에 출간되자 역시 시카고 대학 시절부터 '민중을 위한 과학'에서 활동했던 르원틴과 대응방향을 상의했고, 7월 말경 벡위드의 집에서 '사회생물학연구그룹'을 만들었다. 르원틴은 사회생물학이 폭넓은 분야를 끌어들인 주장이기 때문에 윌슨의 주장을 이해하려면 다양한 학문적 배경을 가진 사람들이 그룹에 포함되어야 한다고 생각했고, 그 결과 고생물학자 굴드, 생물학자 루스 허버드, 인류학자 토니 리즈와 라일라 레이보비츠, 인구생물학자 리처드 레빈스, 심리학자 스티브 초로버 등을 참여시켰다. 그 후 이 그룹은 더 늘어나서 고등학교 교사, 심리학자, 철학자, 인류학자, 정신분석학자, 의사, 학부 및 대학원생들까지 포함되어 한때 40명에 이를 정도로 꽤 큰 규모로 늘어났다.[62]

이 그룹은 윌슨의 책에 호의적인 서평을 실어주었던 《뉴욕 리뷰 오브 북스(New York Review of Books)》 1975년 11월 13일자에 서신을 보내서 사회적 행동의 생물학적 기초를 확립하려는 모든 가설은 "현상유지와 일부 집단에서의 계급, 인종, 성에 따른 특권을 유전적으로 정당화하는 경향이 있다. 역사적으로 강대국이나 강대국의 지배 집단들은 그들의 권력을 유지하거나 확장하기 위한 지지를 이러한 과학자들의 연구결과로부터 얻어냈다…이러한 이론들은 1910년과 1930년 사이에 미국에서 시행된 단종법과 이민제한법의 시행뿐 아

62　존 벡위드, 2009, 『과학과 사회운동 사이에서』, 이영희, 김동광, 김명진 옮김, 그린비, pp.194-195

니라 결국에는 나치 독일이 가스실을 만들게 유도한 우생학 정책의 중요한 기초를 제공하였다"라고 강력하게 비판했다.[63]

이들의 비판은 같은 생물학자, 그것도 하버드 대학에서 한솥밥을 먹는 동료 과학자들이 중심이 되었다는 점에서 상당한 영향력을 발휘했고, 윌슨은 큰 충격을 받아서 그의 자서전 『자연주의자』의 "사회생물학 논쟁"이라는 장(章)을 거의 굴드와 르윈틴에 대한 이야기로 채울 정도였다. 윌슨은 민중을 위한 과학연구그룹의 공격을 받고 크게 충격을 받았고, 굴드와 르윈틴에게 반박하기 위해 마르크스주의를 비롯해서 사회과학과 인문학에 대해 폭넓게 공부를 했다. 그리고 2년 후 그 결실로 『인간 본성에 대하여(On Human Nature)』를 출간했고, 퓰리처상을 받기까지 했다. 윌슨은 굴드보다 르윈틴을 상대적으로 높게 평가했는데, 르윈틴이 학과장이 된 후 특히 낙담을 해서 "불쌍한 과학자이거나 쫓겨나야 할 사회적 탈선의 장본인으로 보여져 결국 구제불능의 천민이 되는" 것이 아닌지 걱정할 정도였다.[64] 이런 상황에서 그에게 주어진 퓰리처상과 인류학자인 마거릿 미드와 같은 일부 인문학자와 사회학자들의 격려는 꽤 큰 위로가 되었던 것 같다.

그러나 1978년 그가 미국과학진흥협회(AAAS) 연례회의에 참석했을 때, 그의 견해가 인종주의를 부추긴다고 비판하던 한무리의 젊은이들이 단상 위로 올라와 "우리는 당신을 인종청소죄로 고발하오"라고 외치며 주전자로 윌슨의 머리 위로 물을 쏟아붓는 사건이 벌어

63　"Stephen Jay Gould: Dialectical Biologist", *International Socialist Review* Issue 24, July/August 2002, online edition에서 재인용

64　윌슨, 1996, 『자연주의자』, 이병훈, 김희백 옮김, 민음사. p.341

졌다. 이 행동을 조직한 것은 '인종주의 반대위원회(The Committee against Racism)'로 마오이스트 조직인 진보노동당 소속이었으며, 사회생물학연구그룹과는 관련이 없었지만 많은 사람들은 '민중을 위한 과학'의 소행이거나 책임으로 여겼다.[65]

이런 일련의 사태로 윌슨은 사회생물학연구그룹을 격렬하게 비판하고, 당시 사회생물학에 대해 지지를 보였던 각종 매체를 적극적으로 활용해서 공세를 취했다. 그런데 정작 윌슨은 왜 자신이 평소 잘 알던 르원틴이나 굴드와 같은 동료 학자들로부터 비판을 받았는지 제대로 이해하지 못한 것 같다. 그는 '민중을 위한 과학'을 "1960년대에 정치적으로 위험한 사상에 빠져 있는 사람들을 포함하여 과학자와 기술자들의 비행을 폭로하기 위해 시작된 급진파들의 전국조직"으로 인식했고, '사회생물학연구그룹'을 "하버드 대학의 마르크스주의자들과 신좌익학자들로 이루어진" 그룹으로 표현했다. 그는 스스로도 말했듯이 정치적으로 순진했던 면이 있었고, 한때 마르크스주의자였던 생물학자 존 메이너드 스미스가 윌슨에게 자신도 사회생물학의 마지막 장을 싫어했다고 하면서 "내가 보기엔 이 장이 미국의 마르크스주의자들과 전 세계의 마르크스주의자들로부터 대단한 적개심을 불러일으킬 것이 분명한데 윌슨은 그것을 모르고 있었다니 도저히 믿기지 않는 일이다"고 말했을 때 자신이 마르크스주의나 좌

---

65 당시 토론에 참여했던 굴드와 청중석에 있었던 벡위드는 모두 '민중을 위한 과학'의 이름으로 물붓기 행동의 무모함을 공개적으로 비난했다. 벡위드는 그 이유를 첫째, 물리적 공격 전술이 옳지 않고, 둘째 인종청소로 고발한 것이 인종청소라는 말을 싸구려로 비치게 해서 궁극적으로 비판자들을 우스꽝스럽게 만들었기 때문이라고 말했다. 존 벡위드, 같은 책, p.204

파운동권에 대해 몰랐고, '민중을 위한 과학'에 대해서는 들어보지도 못했다고 솔직하게 말했다.[66]

그러나 윌슨의 문제점은 좌파운동에 대해 무지했던 점이 아니라 자신에 대한 비판을 단지 마르크스주의자나 "위험한 사상에 빠진" 사람들의 비판쯤으로 간주했다는 점이다. 과학자가 반드시 마르크스주의를 공부할 필요는 없으며, '민중을 위한 과학'을 알아야 할 이유도 없다. 그렇지만 그가 사회생물학과 같은 민감한 주제가 당시까지도 우생학에 경도되어 있던 미국 사회에서 어떤 반향을 불러일으키고, 자신의 사회생물학 주장들이 어떤 집단과 세력들에게 부풀려져서 활용될 것인지에 대해 제대로 이해하지 못했다는 점은 문제였다. 이미 앞에서 살펴보았듯이 미국은 1910년대 이래 우생학과 생물학적 결정론이 세계에서 가장 크게 세력을 확장했고, 곧바로 입안되어 정책으로 시행되었다. 훗날 조작으로 밝혀진 칼리칵가에 대한 고더드의 연구는 범죄자와 정신박약자들에 대한 강제 시술 법안으로 귀결했으며, 지능이 선천적으로 결정된다는 IQ 이론은 1924년 이민제한법으로 시행되기도 했다. 이러한 생물학적 결정론은 이후 나치가 정권을 잡기 전에 독일에서 횡행했던 인종위생학 운동과 이후 유대인 학살을 뒷받침하는 견고한 '과학적' 근거를 제공해주었다.

미국의 우생학 운동에 이론적 근거를 제공했던 유전학자들은 나치의 잔학한 인종학살에 우생학이 기여했다는 점에 혐오감을 느껴 뒤늦게 우생학 프로그램의 문제점을 비판하는 선언문을 발표했다.

66　　윌슨, 『자연주의자』, pp.338-340

1939년 국제유전학회의에서 발표된 선언문에는 J.B.S 할데인, J.S 헉슬리, H. J 뮐러, 테오도시우스 도브잔스키 등이 서명했으며, 그중에는 과거에 우생학을 지지했던 사람들도 포함되어 있었다.[67] 그러나 이들의 반대는 나치 이후에도 영향력이 수그러들지 않은 우생학과 생물학적 결정론을 저지하기에는 너무 뒤늦었고 미약했다.

1960년대에도 우생학은 유전학의 새로운 발견인 염색체와 유전자 개념으로 무장해서 여전히 미국사회에서 맹위를 떨쳤다. 남성 염색체 Y가 하나 더 있는 XYY 유전자를 가진 남성들이 공격성이 강해서 태어날 때부터 범죄자가 될 가능성이 있다는 주장은 몇몇 주변적인 과학자의 일탈(逸脫)이 아니라 미국 국립정신보건원의 공식적인 연구프로젝트로 진행되었다. 미국에서 우생학은 항상 설명뿐 아니라 해결책까지 제시했고, 효과적이고 강력한 정책에 목말라 있던 위정자들에 의해 곧바로 설익은 정책으로 바뀌곤 했다. 사회생물학연구그룹의 비판은 이러한 맥락에서 나온 것이었다. 사회생물학의 주장 또한 어떤 식으로 공공정책에 반영되어 스스로를 충분히 대표하지 못하는 사회적 및 생물학적 약자들에게 지울 수 없는 상처를 줄지 모르는 상황이라는 위기의식이 그 발로였던 셈이다.

그렇지만 사회생물학연구그룹의 초기 대응방식에도 문제가 있었다. 이 그룹이 사회생물학을 나치즘으로 거세게 몰아붙이면서 지나치게 과격한 공격을 가하는 바람에 많은 지식인들이 당혹스러워했고, 선뜻 그들의 주장에 동조하지 못하게 막는 꼴이 되었다. 굴드는

67　벡위드, 같은 책, p.159

나중에 "우리의 수사(修辭)가 잘못되었다"고 인정했고, 르원틴도 "우리가 다른 식으로 주장을 펼쳤다면 좀 더 많은 사람들이 우리에게 귀를 기울였을 것이다"라고 굴드의 견해에 동조했다.[68] 사회학자 하워드 L. 케이(Howard L. Kaye)는 르원틴과 굴드와 같은 마르크스주의 성향을 가진 사회생물학연구회 소속 과학자들의 주장이 "지나치게 가혹하고 감정적이고, 별반 깊이있는 분석을 제시하지 못했으며 사회생물학을 사회다윈주의와 나치 인종과학과 한통속으로 묶은 단순한 급진주의"에 불과했다고 비판적으로 평했다.[69]

대중매체의 열광 – 분자적 패러다임의 번역체계

윌슨은 『사회생물학』을 발간한 후, 여러 대중매체들을 통해 활발하게 자신의 견해를 피력했다. 특히 사회생물학연구그룹의 비판을 반박하기 위한 수단으로 그가 학술지나 논문이 아니라 주로 대중매체들을 활용해서 대중들에게 직접 발언했다는 점은 주목할 만하다. 몇 가지만 꼽아도 『사회생물학』이 출간된 해인 1975년에 《뉴욕타임스 매거진》, 1976년에 《바이오사이언스》, 《하우스 앤 가든》, 《뉴 사이언티스트》, 1977년에는 《대덜러스》, 《뉴욕타임스》에 각기 기고를 했다. 그중 일부에서는 사회생물학연구그룹과 윌슨의 주장이 같이 실려서, 서로 대중들을 자신들의 편으로 끌어들이려는 노력이 치열하

68   Roger Lewin, 1976, "The Course of a Controversy", *New Scientist* 13 May. p.344
69   하워드 L. 케이, 2008, 『현대생물학의 사회적 의미』, 생물학의 역사와 철학연구모임 옮김, 뿌리와이파리, p.159

게 경합하는 양상이었다. 이것은 이후 사회생물학 진영의 스타 과학자로 부상한 리처드 도킨스의 경우도 마찬가지였다. 도킨스의 『이기적인 유전자』도 과연 유전자에 '이기적'이라는 수식어를 붙일 수 있는가에 대해 관련 학계로부터 과학적 타당성을 지적받기도 했지만 대중적으로 비상한 관심을 일으키는 데에는 성공했고, 그 이후에도 TV를 비롯한 대중매체에서 각광을 받으며 사회생물학에 대한 대중적 열광을 이끌어내는 데 주효했다. 이것은 논쟁적인 주제를 다루는 과학자들이 여러 언론매체를 활용해서 대중들을 직접 설득하고, 이렇게 얻은 대중적 지지를 기반으로 학문적 권위를 공고히 하는 방식으로, 학문 공동체 내에서 먼저 인정을 받은 후 대중적인 저술로 확산되던 과거의 양식과 사뭇 다른 것이었다.

언론매체들은 『사회생물학』의 출간에 대해 열광적인 반응을 보였고, 앞다투어 대서특필했다. 심지어 《뉴욕타임스》는 아직 『사회생물학』이 출간되기도 전인 1975년 5월 28일자 1면 기사 "사회생물학, 인간 행동에 대해 다윈을 갱신하다(Sociobiology; Updating Darwin on Behavior)"라는 제목의 1면 기사에서 『사회생물학』의 내용을 자세하게 다루었다. 미국의 대표적인 일간지가 아직 나오지도 않은 과학서적의 출간 예고기사를 쓴 것은 무척 이례적인 일이다. 이 기사를 쓴 기자 보이스 렌스버거(Boyce Rensberger)는 "사회생물학이라 불리는 새로운 과학 분야는 공격충동에서 인도주의적 감정에 이르기까지 같은 종(種)에 대한 인간 행동의 대부분이 뇌의 크기와 손의 구조에서 기인한 것만큼이나 진화의 산물일 수 있다는 혁명적인 함의를 제기하고 있다"라고 말하면서 "이들의 주장이 오랫동안 인간 행동이

| 그림 10 | 《뉴욕타임스》 1975년 5월 28일자 1면에 보도된 「사회생물학」 출간 예고 기사

인간에게 고유한 지적 및 감정적 능력에서 전적으로 발생했다고 믿어온 인문학자들, 특히 심리학자나 사회학자들로부터 반박될 것 같다"고 예측했다.[70]

그 후 다른 매체들도 사회생물학을 대대적으로 선전했고, 라디오와 TV 대담 프로그램들도 윌슨을 모시려고 안간힘을 썼다. 열광적 분위기는 수년 동안 지속되었다. 이러한 분위기에 고무된 윌슨은 여러 매체에 기고한 글을 통해 자신이 주장하는 새로운 종합을 대중들에게 직접 설파해나갔고, 대중들은 사회생물학이라는 '새로운 과학'에 열광했다. 영국의 과학잡지 《뉴사이언티스트》에 쓴 글 "사회생물학; 인간 본성의 기초를 이해하는 새로운 접근방식"에서 윌슨은 사회생물학의 새로운 시도가 "사회과학을 생물학이라는 틀 위에 올려놓으려는 것이라고 말하면서, 이 틀은 진화론, 유전학, 집단생물학, 생태학, 동물행동학, 심리학, 그리고 인류학의 종합을 통해 구축된다"고 말했다. 이어서 그는 자신의 시도가 과거의 동물학자인 콘래드 로렌츠(Konrad Lorenz)나 행동주의 학파의 B. F. 스키너(B. F. Skinner)와 같은 극단적이고 과학적 근거가 부족한 주장들과 다르다는 차별성을 강조했다.[71]

이러한 열광주의는 곧바로 사회생물학의 주장을 자신들의 방식으로 부풀리고 해석하려는 일련의 경향을 빚어냈다. 《타임》지는 "당신은 왜 그런 행동을 하는가(Why you do what you do)"라는 제목의 표지

70　〈The New York Times〉, 1975 May 28, "Sociobiology; Updating Darwin on Behavior"
71　Edward Wilson, 1976, "Sociobiology; A New Approach to Understanding the Basis of Human Nature", *New Scientist*. 13 May 1976, p.342

| 그림 11 | 《타임》 1977년 8월 1일자 표지. 남성과 여성의 성역할이 유전자에 의한 것임을 암시하고 있다.

기사에서 "이 이론은 교회, 기업, 그리고 국가에 대한 충성을 설명할 수 있다"고 썼다. 《비즈니스 위크》지는 이 이론이 자유 시장에 대한 유전적 방어라고 주장했다. 사리사욕의 추구는 모든 개인들의 유전자 속에 스며들어 있으며 경제를 이끄는 추진력이 바로 그것이라는 내용이었다.[72]

대중들의 관심이 가장 많이 집중되었던 사회생물학의 주장은 성(性) 역할에 대한 것이었는데,《플레이보이》는 그 점을 놓치지 않았다. 이 성인(成人) 잡지는 "다윈과 이중의 기준"이라는 기사에서 사회생물학을 "왜 남성들이 자기 여자를 속이고 바람을 피우는지 밝혀주는 새로운 과학"이라고 소개했고, 남성 독자들을 이렇게 부추겼다. "만약 당신이 나쁜 짓을 하다가 잡히면 악마가 시켰다고 말하지 마세요. 그런 짓을 시킨 것은 당신의 DNA 안에 있는 악마입니다." 또한《플레이보이》는 사회생물학자들이 물오리와 곤충에서 나타나는 강간을 자연적인 것으로 설명한데 힘입어 강간을 "지위가 낮은 수컷들이 암컷을 확보하려는 유전학적으로 이용가능한 전략"이라고 주장했다.[73]

이들 대중매체의 열광적 반응은 과학적 주장, 특히 DNA 이중나

72　"Stephen Jay Gould: Dialectical Biologist", *International Socialist Review* Issue 24, July/August 2002, online edition에서 재인용

73　벡위드, 같은 책, p.199에서 재인용

선 구조 발견과 재조합 DNA 기술의 발견으로 크게 위세가 높아진 분자생물학과 유전학의 주장들이 새로운 과학의 설명력에 대해 한껏 부풀어 오른 대중적 기대감을 발판으로 자신들이 하고 싶은 이야기로 신속하게 "번역(translate)"되는 과정을 잘 보여준다. 이처럼 분자적 패러다임은 대중과 대중매체의 열광이라는 강력한 번역체계를 기반으로 삼으면서 작동한다. 이러한 양상은 이후 인간유전체계획에서도 거의 판박이처럼 반복되었다.

결정론적 유전자 담론–유전자를 둘러싼 신화

이후 윌슨은 조심스러운 태도를 보였던 초기와 달리 자신의 주장을 과감하게 펼쳐나가기 시작했다. 어떤 면에서 윌슨은 사회생물학 연구그룹을 비롯한 일단의 학자들의 비판을 돌파하고 사회생물학적 주장의 인지적 정당성을 확보하기 위해 대중의 열광을 적절히 활용하고 부추겼다고 볼 수 있다. 그는 엄격한 입증이 필요 없는 언론 기고와 대중적 저서들을 십분 활용해서 대중들이 비상한 관심을 보이는 성적 분업과 계층별 노동 분화의 유전적 근거 등에 대해 별반 과학적 근거도 없는 추측성 발언을 쏟아냈다. 그것은 남성이나 사회적 상층부 등 현상유지(現狀維持)를 원하는 집단들이 과학, 특히 새로운 과학에서 듣고 싶어하는 바로 그 이야기였다. 『사회생물학』이 나온 것과 비슷한 시기에 《뉴욕타임스》 기사에서, 윌슨은 이렇게 말했다.

수렵채취사회에서 남자들은 사냥을 하고 여자들은 집에 남아 있었다. 이 강력한 경향은 대부분의 농경사회와 산업사회에서 지속되었고, 유전적 기원이 그 근거로 보인다…나는 유전적 경향이 매우 강해서 가장 자유롭고 평등한 미래사회에서조차 상당한 노동 분화를 야기하리라고 추측한다…따라서 똑같은 교육을 받고 모든 직업을 가질 공평한 기회가 주어져도, 사람들이 정치, 경제, 그리고 과학에서 다른 역할을 맡을 가능성이 있다.[74]

계속해서 그는 좀 더 평등한 사회를 건설하려고 시도한다면, "개인의 자유를 위태롭게 만들" 것이라고 우려했다. 이러한 주장은 사회적 불평등이나 정신적 능력에 유전적 기반이 있으며, 인간의 모든 행동은 유전적 근거를 가지고 있다는 식으로 받아들여질 위험이 높았다.

그는 『인간 본성에 대하여』에서 인간의 사회적 행동이 유전적으로 결정된다는 점을 강하게 주장했다. 얼마 전 우리나라에서 인기를 끌었던 윌슨의 이른바 "통섭(統攝, Consilience)" 주장도 1975년에 발간된 『사회생물학』이 강화된 형태라고 할 수 있다.

인간의 사회적 행동이 유전적으로 결정되는가 하는 문제는 이제 더 이상 질문거리도 되지 않는다. 문제는 어느 정도인가 하는 것이다. 유전자에 관한 수많은 증거들은 대부분의 사람들이─나아가 유전학자들이─알고 있는 것보다 훨씬 더 상세하고 압도적

---

74 리처드 요크, 브렛 클라크, 2016, 『과학과 휴머니즘, 스티븐 제이 굴드의 학문과 생애』, 김동광 옮김, 현암사, p.165에서 재인용

이다. 나는 좀더 강력하게 말하겠다. 그것은 이미 결정적이라고.[75]

그러나 굴드는 사회현상이나 인간의 도덕과 종교 등을 생물학으로 설명할 수 있으며, 사회학과 같은 학문이 생물학의 휘하로 들어와야 한다는 사회생물학자들의 주장이 과학적으로 이미 파산선고를 받은 생물학적 결정론의 최신판일 뿐이며, 인간 사회에서 일어나는 변화는 너무 빨라서 생물학적 개념으로 설명할 수 없다고 지적했다.

사회생물학의 결정론적 유전자 담론에 대해 가장 분명한 반대 입장을 표명해온 학자 중 한 명인 리처드 르원틴은 『DNA 독트린』에서 이렇게 주장했다.

> 일반적으로 유전자가 단백질을 만들고 유전자는 자가복제(self-replicating)한다고 이야기한다. 그러나 유전자는 독자적으로는 아무것도 만들 수 없다. 단백질은 다른 단백질들을 생산하는 복잡한 화학적 생산체계에 의해 만들어지며, 그 과정에서 그 생산체계가 만들어야 할 단백질의 정확한 형식을 결정하기 위해서 유전자 속에 들어 있는 특정 뉴클레오티드 배열을 이용하는 것이다.[76]

그는 유전자가 단백질의 "청사진(blueprint)"이라는 식으로 단순

---

75 에드워드 윌슨, 2000, 『인간본성에 대하여』, 이한음 옮김, 사이언스북스, p.46
76 리처드 르원틴, 2001, 『DNA 독트린』, 김동광 옮김, 궁리, p.89

한 생산 메커니즘 이상의 중요한 무엇인양 인식되지만 정작 단백질
은 유전자 이외에도 수많은 세포내 기관들 없이는 제작될 수 없다는
점을 강조한다. 따라서 "유전자를 따로 떼어내어 '마스터 분자(master
molecule)'처럼 간주하는 것은 우리가 의식하지 못하는 사이에 범하
는 또 하나의 이데올로기적 오류"라는 것이다.[77]

그러나 르원틴이나 굴드처럼 결정론적 생명관에 반대하는 생물학
자들의 숫자는 상대적으로 소수였다. 그것은 다른 관점에서 보자면,
유전자를 중심으로 한 담론이 단지 과학적 담론에 그치지 않으며, 그
것을 떠받치는 다양한 열망들이 사회에 내재했기 때문일 수도 있다.
유전자가 힘을 가지는 까닭은 유전자 속에 이러한 열망들이 배태되
어 있기 때문이다.

힘을 얻는 유전자 담론

오늘날 유전자는 질병은 물론 인간의 특성을 둘러싼 논의에서
빠질 수 없는 중요한 요소가 되었다. 특히 지난 2001년 인간유전체
계획 완성 이후 유전자는 새로운 세기를 나타내는 상징으로 자리
잡기까지 했다. 과학사회학자 도로시 넬킨은 『DNA 신화』라는 책
에서 유전자가 사회문화적 권력을 획득하고 있다고 지적하기도 했
다.(Nelkin, 2004)

흔히 DNA에 대한 과도한 결정론적 담론 유포가 대중매체의 부

---

77   르원틴, 같은 책, p.90

풀리기식 보도로 비판되고 그 책임이 과학을 잘 모르고 선정적인 기사쓰기를 좋아하는 기자들에게 모두 전가되는 경향이 있지만, 실제로 이러한 신화 만들기의 1차적 원인은 과학자들에게 있는 경우가 많다. DNA 이중나선 구조를 발견했고, 이후 인간유전체계획의 총괄 지휘했던 왓슨은 이중나선 구조 발견 50주년을 기념해서 발간된 한 저서에게 이렇게 밝혔다.

유전자는 우리의 모든 성공과 넋두리를 가장 궁극적인 것까지도 담고 있다. 즉, 유전자는 사고(事故)를 제외한 모든 사망의 원인과 어느 정도 관련이 있다…면역계를 통제하는 것이 바로 우리의 DNA이기 때문이다. 그리고 노화 역시 대체로 유전적인 현상이다. 나이가 들면서 나타나는 증상들은 우리의 유전자에 평생에 걸쳐 누적되어온 돌연변이들과 어느 정도 관계가 있다. 따라서 삶과 죽음을 가르는 이 유전인자들을 완벽하게 이해하고 마음대로 다룰 수 있으려면, 우리는 인체에 있는 모든 유전자의 완벽한 목록을 작성해야 한다. 무엇보다 인간의 유전체에는 우리 인간성의 핵심이 들어 있다.[78]

이러한 유전자 담론은 흔히 오해되듯이 단지 DNA에 대한 과학자의 열정에만 그 원인이 있는 것은 아니다. 과학자들은 자신들의 연구

78　제임스 D. 왓슨, 앤드루 베리, 2003, 『DNA, 생명의 비밀』, 이한음 옮김, 까치글방, p.190

주제를 과학연구의 핵심적인 지위로 부상시키고, 많은 연구비를 확보하기 위해서 동원할 수 있는 모든 수사와 비유를 끌어들인다.

미국의 생물학자 월터 길버트(Walter Gilbert)는 우리가 한정된 정보의 집적체에 의해 결정되고, 그 정보가 밝혀질 수 있다는 사실을 인정하게 되면서, 우리 자신을 보는 관점이 크게 바뀔 것이라고 예견했다. 잘 알려진 일화로, 그는 이른바 "생물학의 성배(聖杯) 찾기"라는 비유로 인간유전체계획의 중요성을 주장하면서 이렇게 말하기도 했다.

> 30억 개의 염기서열을 컴팩트 디스크(CD) 한 장에 집어넣을 수 있고, 자기 주머니에서 이 CD를 꺼내면서 "이게 인간이야. 이게 나야!"라고 말할 수 있을 것이다[79]

유전자에 대한 가장 강력하면서도 위험한 유비를 생산한 사람은 도킨스이다. 그는 『이기적인 유전자』에서 이렇게 말했다. "복제자는 단지 존재하기 시작했을 뿐 아니라 자신을 위한 용기, 자신이 계속 존재하기 위한 탈것을 만들기 시작한 것이다. 살아남은 복제자는 그 속에서 살아가기 위한 생존기계(survival machine)를 만들어낸 복제자였다…이들 복제자는 외부세계로부터 격리되어 꼬불꼬불 구부러진 간접적인 경로를 통해 외계와 소통하며 원격조종으로 외부 세계에 조작을 가하게 되었다. 그들은 당신과 내 속에 있다. 그들이 우리

---

79 이블린 폭스 켈러, 2002, 『유전자의 세기는 끝났다』, 이한음 옮김, 지호, p.14

를, 우리의 몸과 마음을 창조했다. 그리고 그들의 보존이야말로 우리가 존재하는 궁극적인 이유인 것이다. 이들 복제자는 긴 여정을 지나왔다. 이제 그들은 유전자라는 이름으로 불리고 있다. 우리는 그들을 위한 생존기계이다."(도킨스, 1992) 이후 많은 비판을 받게 된 이 구절에 드러난 도킨스의 관점에 따르면 인간은 유전자를 보존해서 후대에 전달하기 위한 수단에 불과하다.

통제에 대한 열망

근대과학의 전개과정에서 확인할 수 있었듯이 인간에 의한 세계 해석은 단지 해석에서 멈추지 않고, 인간에 의한 세계 개발과 통제로 이어졌다. 사실상 근대의 역사는 통제력과 통제대상을 확장시켜온 역사라고도 볼 수 있다.

앞에서도 언급했듯이 분자생물학의 탄생에 중요한 역할을 담당했던 록펠러재단은 1929년 대공황 이후 경제위기의 원인을 생산력과 관련된 인식과 진보되지 않은 인간 인식 사이의 괴리라고 진단했다. 분자생물학이라는 말을 처음 만든 사람이기도 했던 록펠러재단의 자연과학 분과 국장 워렌 위버는 1931년에 이미 이런 문제를 제기했다.

인간은 본래 그 능력을 이성적으로 통제할 수 있는가? 장래에 우리가 희망하게 될지 모를 우수한 인간을 만들 수 있는 확실하고 완벽한 유전학을 발전시킬 수 있는가?…복잡하고 비실용적인 현재의 심리학을 발달시켜 이것을 우리의 삶에 매일 이용할 수 있는 하나의 도구로 전환시킬 수 있는가?…요컨대 우리는 과연 인간을 위한 새로운 과학을 만들 수 있겠는가?[80]

위렌 위버의 통찰력은 정확한 셈이었다. 그의 예견처럼 오늘날 사회생물학은 전통적인 심리학 대신 인간 정신의 다양한 특성은 물론, 도덕성과 종교까지도 유전자로 설명하려는 시도를 하게 되었다. 윌슨은 『사회생물학』에서 "오늘날 과학자와 인문학자들은 도덕이 철학자들의 손에서 잠시 벗어나 생물학적으로 다뤄져야 할 때가 오지 않았는가에 대해 함께 생각해야 할 것이다"[81]라고 말했고, 우리나라에서 '통섭'이라는 제목으로 번역된 『컨실리언스』[82]에서는 좀더 강력한 어조로 그동안 철학이나 인문학이 인간의 정신이나 도덕에 대해 거의 설명한 것이 없다고 비판했다.

그러나 사회생물학의 핵심적 기획은 인간 정신과 사회의 개량, 그리고 궁극적으로는 통제라고 볼 수 있다. 윌슨은 사회생물학 26장에서 초기 사회 진화와 후기 사회 진화에 많은 분량을 할애했다. 그는 "인류가 생태학적으로 안정상태에 도달하는 시기를 대략 21세기 말"로 예측했고, 그 무렵에 사회적 진화의 내면화가 거의 완전해질 것

80　미셸 모랑쥬, 2002, 『실험과 사유의 역사, 분자생물학』, 강광일, 이정희, 이병훈 옮김, 몸과마음, pp.123-124

81　윌슨, 『사회생물학 II -해파리에서 인간까지』, p.680

82　Edward, O, Wilson, 1998, Consilience; The Unity of Knowledge, New York [국역, 『통섭, 지식의 대통합』, 최재천, 장대익 옮김, 사이언스북스] 이 책의 번역본 제목을 둘러싸고 많은 논란이 있었기 때문에 '컨실리언스'라는 중립적인 표현을 사용했다. 자세한 내용은 다음 글을 참고하라. 김동광, "한국의 '통섭현상'과 사회생물학", 김동광, 김세균, 최재천 엮음, 2011, 『사회생물학 대논쟁』, 이음, pp.245-272

으로 내다보았다. 그는 사회생물학이 해야 할 역할을 두 가지로 꼽았다. 하나는 인간 뇌의 작동기구가 거쳐온 역사를 재구성해서 그 기구가 나타내는 기능들의 적응적 의미를 알아내는 것이고, 다른 하나는 사회행동의 유전적 기초를 검사하는 일이다. 그는 이러한 작업들이 필요한 이유를 '미래'라는 절에서 다음과 같이 밝혔다.

계획된 사회를 창조하는 일은 다음 세기에 불가피하게 해야 할 일로 생각되는데 만약 계획된 사회가 그 사회 구성원들로 하여금 스트레스와 갈등으로부터 빗겨가게끔 한다면 – 한때 이 스트레스와 갈등은 그러한 파괴적 표현형에 다윈주의적 의미에서 적응상의 이점을 주었던 것들임 – 다면발현에서 함께 유래된 다른 표현형들은 이러한 파괴적 표현형들과 함께 소멸될지 모른다. 이 경우 궁극적으로 유전적 의미에서 사회통제는 인간으로부터 인간성을 박탈하게 될 것이다.[83]

이 대목에서 윌슨이 마음속에 품고 있었던 상(像)이 무엇인지 잘 드러난다. 하워드 케이가 지적했듯이 윌슨의 진짜 정치적 입장은 계획사회의 필요성과 필연성을 주장한 것이었고, 사회생물학이 그 목적을 위해 기여해야 한다는 것이었다. 케이는 윌슨이 생물학이라는 과학을 통해 윤리학을 정립하려고 의도했다는 것이 분명하다고 말했다. 윌슨의 사회생물학은 "인간 개개인이 사회에 대한 조작을 통해

---

83   윌슨, 같은 책, p.712

자신의 다원주의적 적응도를 높이는 법칙들을 밝히는 것"이며, 나아가 이러한 법칙은 "인간 유전자의 생존이라는 궁극의 가치가 공통 유전자풀의 형태로" 성취될 수 있도록 인류의 미래사회에 대한 계획을 인도하게 될 것이라고 말했다. 나아가 윌슨은 사회생물학이 옳다고 판명되면 "사실로부터 가치를 또는 과학정보로부터 도덕을 도출하지 못한다는 전통적인 신념에 대한 심각한 도전"이 될 것이라고 주장했다.[84]

84　　하워드 케이, 2008, 『현대생물학의 사회적 의미』, 생물학의 역사와 철학 연구모임 옮김, 뿌리와이파리, pp.157-159

- 김동광, 2011, "한국의 '통섭현상'과 사회생물학", 김동광, 김세균, 최재천 엮음, 2011, 『사회생물학 대논쟁』, 이음
- 도킨스, 리처드, 1992, 『이기적인 유전자』, 이용철 옮김, 두산동아
- 르원틴, 리처드, 2001, 『DNA 독트린』, 김동광 옮김, 궁리
- 모랑쥬, 미셸, 2002, 『실험과 사유의 역사, 분자생물학』, 강광일 · 이정희 · 이병훈 옮김, 몸과마음
- 백위드, 존, 2009, 『과학과 사회운동 사이에서』, 이영희, 김동광, 김명진 옮김, 그린비
- 요크, 리처드, 클라크 브렛, 2016, 『과학과 휴머니즘, 스티븐 제이 굴드의 학문과 생애』, 김동광 옮김, 현암사
- 왓슨, 제임스 D, 앤드루 베리, 2003, 『DNA, 생명의 비밀』, 이한음 옮김. 까치
- 윌슨, 에드워드, 1975, 『사회생물학 II』, 이병훈, 박시룡 옮김, 민음사
- _____, 1996, 『자연주의자』, 이병훈, 김희백 옮김, 민음사
- _____, 2000, 『인간 본성에 대하여』, 이한음 옮김, 사이언스북스
- _____, 2005, 『통섭, 지식의 대통합』, 최재천, 장대익 옮김, 사이언스북스
- 케이, 하워드, 2008, 『현대생물학의 사회적 의미』, 생물학의 역사와 철학 연구모임 옮김, 뿌리와이파리
- 켈러, 이블린 폭스, 2002, 『유전자의 세기는 끝났다』, 이한음 옮김, 지호
- Lewin, Roger, 1976, "The Course of a Controversy" *New Scientist*, 13, May
- Nelkin, Dorothy, 2004, *The DNA Mystique, the Gene as a Cultural Icon*, University of Michigan Press
- "Stephen Jay Gould: Dialectical Biologist," International Socialist Review Issues, 24, * July/August 2002, online edition
- "Sociobiology: Updating Darwin on Behavior," 1975, May 28, The New York Times
- Wilson, Edward, 1976, "Sociobiology, A New Approach to Understanding the Basis of Human Nature", *New Scientist*, 13 May 1976

4부

생명의 정치경제학

생명공학은 고대로부터 오랜 전통을 가지고 있다. 우리의 주식인 된장이나 김치, 마시는 요구르트만큼이나 오래된 것이다. 지난 수천 년 동안 모든 문화의 사람들은, 제한된 방식으로, 음식, 염료, 약품, 연료, 접착제, 종이와 비료를 만들기 위해서 생물학적 공정을 사용해왔다. 이러한 공정 중 상당부분이 양조나 낙농업과 같은 전통적인 산업의 핵심을 차지했다.

전통기술, 가내공업의 일상적인 공정, 그리고 오랜 시간에 걸쳐 수립된 산업적 실천 등이 한데 결합된 이 복합체는 이제 첨단기술과 진전된 실험실 연구의 동역학이 되었다. 곰팡이나 효소 같은 미생물이 좀더 높은 생산성 수준에 맞게 조정되었을 뿐 아니라 지금까지는 생각할 수도 없었던 과제들을 수행하기 위해서 새로운 생물들이 조작되었다. 이제 박테리아를 이용해서 사람의 단백질을 만들고, 플라스틱을 분비하고, 부동액을 제조하고, 나무조각을 소화시켜서 식용 단백질로 변환시키고, 폐유를 먹고 살아가고, 제초제를 분해하고, 원광(原鑛)이나 바닷물에서 금속을 추출하고, 사람들이 배출하는 생활하수를 음식으로 바꿀 수 있게 되었다. 효모균이 할 수 있는 것, 곰팡이가 할 수 있는 것, 배양된 식물, 동물, 그리고 사람의 세포가 할 수 있는 것에 더 많은 것들을 더하면서 우리는 혁명을 이루어가고 있다.

에드워드 욕센은 그의 저서 『유전자 사업, 누가 생명공학을 통제할 것인가』에서 생명공학의 중요한 특징을 조작가능성으로 보았다. 이것은 생명산업이 이루어지기 위한 중요한 토대였다. 불과 수십 년 동안 생명공학은 대학에 속한 과학자들의 비교적(秘敎的) 연구에서 새로운 산업적 움직임, 새로운 투자와 상업화, 그리고 생산의 파도를 일으키는 토대로 급성장했다. 얼마 전까지만 해도 SF 소설에나 그려지던 일들이 실제로 일어났다. 이것은 단지 기법의 변화만이 아니라 관점의 새로운 변화(new way of seeing)이다. 이제는 특정한 산업적 목적을 수행하기 위한 규격에 맞는 생물을 제작하는 것도 생각할 수 있게 되었다. 종(種)의 제약은 다른 생물들을 접합시킴으로써 넘어설 수 있고, 생물체의 여러 가지 능력을 결합시키고 연결해서 특성의 연쇄를 형성할 수도 있다. 이제 생물계는 거대한 유기적인 레고 블록으로 간주되어 조합, 잡종화, 그리고 지속적인 재구성을 재촉하는 것으로 생각될 수 있다.[1]

4부에서는 "생명이란 무엇인가?"라는 물음이 20세기 후반 이후 어떻게 변화되어왔는가를 추적하려 한다. 먼저 9장에서는 DNA 이중나선 구조의 발견에 필적하는 획기적 진전(breakthrough)으로 간주되는 재조합 DNA기술의 등장과 그를 둘러싼 사회적 논쟁을 다룬다. 욕센이 이야기했던 "조작가능성으로서의 생명에 대한 이해"는 바로 이 재조합 DNA 기술을 통해 실현되었다고 볼 수 있다. 또한 이 논쟁은 대중논쟁으로 발전하면서 생명공학에 대한 대중적 우려를 잘 보여준다. 10장은 흔히 인간게놈프로젝트라 불리는 인간유전체계획(Human Genome Project, HGP)의 전개 과정과 그 사회적 맥락을 살핀다. 오늘날 생명에 대한 분자적 패러다임이 확고하게 정립되고 많은 사람들이 유전자를 중심으로 생명현상을 이해하게 된 데에는 미

---

1   Edward Yoxen, 1983, *The Gene Business, Who Should Control Biotechnology?*, Harper & Row Publishers, pp.3-4

국을 중심으로 한 HGP가 매우 중요한 역할을 수행했다. HGP를 통해 생물학은 거대과학이 되었고, 과거와는 전혀 다른 과학연구의 실행양식이 시작되었다. 마지막으로 11장에서는 오늘날 세계화와 상업화로 인해 생명에 대한 접근 또한 전 지구적 차원으로 확장되게 된 과정을 개괄한다. 1980년대 이후 과학기술의 상업화는 국소적이거나 일회적 현상이 아니라, 우리 시대의 과학을 특징짓는 구조화된 무엇이 되었다. 생명은 상품이 되었고, 특허의 대상으로 전락했다. 생명의 전 지구적 사유화라는 개념은 과학이 자본에 포박되고 상업화가 구조화된 시대의 생명을 성찰적으로 이해할 수 있는 창문을 제공해준다.

9장

재조합 DNA 기술의
등장과 대중논쟁[2]

🍄

재조합 DNA(recombinant DNA) 기술은 생명공학의 발전에서 1953
년의 DNA 이중나선 구조 발견에 필적할 정도로 중요한 의미를 갖
는다. 이 기술은 1973년에 스탠리 코헨(Stanley Cohen)과 허버트 보
이어(Herbert Boyer)에 의해 최초로 개발되었으며, 종의 경계를 뛰어
넘는 유전자 이식(gene-transplantation)이라는 새로운 가능성을 열
어놓았다. 이 기술을 통해 자연 상태에서는 발견될 수 없는 새로운
종류의 잡종 생물(hybrid organism)이 탄생할 수 있게 되었기 때문에
그 잠재적 가능성은 거의 무한한 것으로 평가되었다. 그러나 초기에

---

2   이 장은 김동광, 2004, 『생명공학과 시민참여에 관한 연구, 재조합 DNA 논쟁 사례를
중심으로』, 고려대학교 대학원 과학기술학협동과정 박사학위 논문을 기초로 한 것임을 밝혀둔다.

는 새로운 기술에 대한 기대보다는 이 기술로 가능해질 유전자 조작을 통한 질병의 전이나 유전자 조작된 생물체의 실험실 밖으로의 방출로 인한 생태계 교란과 같은 문제점에 대한 우려가 높았다(김동광, 2001).

이 장은 재조합 DNA 기술이 처음 등장한 이후 미국에서 벌어졌던 논쟁을 살펴보고자 한다. 재조합 DNA 기술은 탄생의 시점부터 많은 논란을 불러일으켰고 생명공학의 대중논쟁과 시민참여가 처음 이루어지는 중요한 장을 마련해주었다. 흔히 재조합 DNA 논쟁은 최초로 과학자들이 스스로 자신들의 연구가 낳을 위험을 고려하여 "자발적 유예"를 선언하고 미국국립보건원(NIH)에 가이드라인의 작성이라는 형태로 연구에 대한 규율을 스스로 요구했다는 점에서 전례를 찾을 수 없는 특징적인 사례로 평가된다. 또한 이후 재조합 DNA 기술의 안전성을 둘러싼 대중논쟁의 형태로 발전하면서 과학연구와 정책수립에 대중이 직접 참여해서 영향력을 발휘했다는 점에서 특징적이다.

재조합 DNA 논쟁의 발단

논쟁의 발단은 재조합 기술을 연구한 과학자들의 경고에서 시작되었다. 이 경고는 크게 두 가지 방향에서 제기되었다. 하나는 콜드 스프링 하버 연구소의 로버트 폴락(Robert Pollack)이 스탠퍼드 대학의 폴 버그(Paul Berg)와 그의 연구팀이 수행하고 있던 실험의 위험성을 지적한 것이었고[3], 다른 하나는 보이어와 코헨이 실험결과를 발표한 고든 회의였다(Schacter, 1999).

고든 회의는 그 성격상 전문가들의 내부 회의였지만, 언론에 보도되면서 대중적으로 재조합 DNA 논쟁이 알려진 최초의 회의의 성격을 띤다. 이 회의의 명칭은 핵산에 대한 고든 회의(Gorden Conference on Nucleic Acids)였고, 1973년 6월 중순에 개최되었다.

회의의 공동의장은 예일대학교 분자생물리학과 생화학과 교수였던 디터 쵤(Dieter Söll)과 NIH 산하 앨러지와 감염질환연구소의 막신 싱어(Max Singer)가 맡았다. 회의 참석자는 당초 100명 가량으로 제한하려 했지만, 신청자가 많아서 실제 참석자는 143명에 달했다. 이 회의에는 모두 11개국의 관계자들이 참석했다.[4] 회의에서 주목할 만한 일은 한 세션에서 샌프란시스코 캘리포니아 대학의 허버트 보이어와 스탠퍼드 대학의 스탠리 코헨이 플라스미드에서 DNA를 박테리아에 삽입하는 새로운 기법을 발표한 것이었다. 이로써 재조합 DNA 기술에 대한 최초의 공식적인 발표가 이루어진 것이다.

이날 회의에 참석했던 일부 과학자들은 상당한 위험을 감지했다. 그 이유는 우선 그동안 종양 발생 유전자의 생물학적 위해성에 국한되었던 위험이 유전자를 잘라서 다른 유전자에 접합시키는 유전자

---

3 위험성에 대한 자각이 이루어지기 전에 유전자 재조합 실험이 이미 이루어지고 있었다는 지적도 있다. 가령 1971년에 이 기술을 처음 개발했던 연구팀의 대학원생들이 원숭이 바이러스 SV40을 박테리오파지와 결합해서 대장균(E. coli)에 삽입하는 실험을 했다. SV40은 일부 동물에서 종양을 일으키는 바이러스로 알려져 있다. 이후 이 잡종 생물이 실험실을 벗어나 생존할 경우 SV40이 사람을 감염시킬 수 있다는 가능성이 제기되면서 실험은 중단되었다(Science for the People, 1979).

4 참석 국가와 참석자는 다음과 같다. 미국(114), 영국(7), 독일(6), 캐나다(5), 일본(5), 오스트레일리아(1), 인도(1), 프랑스(1), 스코틀랜드(1), 스웨덴(1), 스위스(1)

재조합 기술 전체의 문제로 확산되었기 때문이었다. 다른 하나는 유전자 접합(gene splicing) 기술의 도구가 이미 소수의 지도적인 과학자들의 손에서 벗어나 많은 연구자들의 손으로 들어갔다는 사실을 깨달았다는 점이다. 실제로 오늘날 재조합 DNA 기술의 최초 개발자로 인정받는 보이어와 코헨은 당시의 과학계에서는 잘 알려지지 않았던 인물이었다. 이것은 지금까지 해당 기술의 선구적 연구자들을 중심으로 한 이너 서클의 논의로는 더 이상 재조합 DNA 기술의 위험과 그 영향을 감당할 수 없게 되었음을 뜻한다.

새로운 위험에 대처해야 할 필요성을 느낀 과학자들 중에는 영국 케임브리지 대학교 분자생물학과의 에드워드 지프(Edward Ziff)와 폴 세다(Paul Sedat)도 포함되어 있었다. 두 사람은 회의의 공동의장이었던 싱어와 쉴에게 문제의 심각성을 제기했고, 두 의장은 원래 예정에 없던 세션을 마련해서 이 문제를 공식적으로 회의 참석자들에게 제기했다. 짧은 시간 동안 이루어진 논의였지만, 구체적인 제안이 나왔고 표결을 통해 확인까지 이루어졌다. 특별 세션에서 이루어진 제안은 첫째, 국립과학아카데미(NSF)와 국립의학아카데미에 생물적 위해를 연구하기 위한 전문가 패널을 설치할 것을 요구하는 서한을 보낸다. 둘째, 회의 참석자들의 서한을 작성하고 원하는 사람들이 서명한다. 이 제안에 대한 표결은 78명의 찬성으로 통과되었다.

이 결과로 나온 것이 고든 회의 서한이다.[5] 서한 작성은 매우 신중

5　　Maxine Singer, Dieter Soll, "Guidelines for DNA Hybrid Molecules", *Science* (181;1114), September 21. 1973

하게 이루어졌다. 회의가 끝난 후, 싱어는 쎌과 협의를 거쳐 편지 초안을 작성해서 회의 참석자들에게 일일이 보내기로 결정했다. 이것은 표결에 참석하지 않은 사람들의 의견을 묻고, 문안에 대한 평을 듣기 위한 것이었다. 61명이 응답을 주었고, 그 결과를 기초로 싱어가 초안을 수정했다. 편지를 공개하는 문제에 대해서는 40명이 찬성, 20명이 반대, 나머지 한 명은 무응답이었다. 편지의 수신처는 모두 세 곳이었다. 국립과학아카데미 회장 피터 핸들러(Peter Handler), 전 NIH 소장이자 국립의학연구소 특별 자문위원이었던 로버트 마스턴(Robert Marston), 그리고 과학잡지 《사이언스》였다. 초안이 작성되고 일차적으로 피터 핸들러와 로버트 마스턴에게 보내졌고, 《사이언스》에 발표되기까지 다시 자구 하나하나에 이르는 철저한 검토를 거쳤으며 실제로 발표된 것은 그로부터 3개월 후였다.

편지의 주된 내용은 첫째, 새로운 기술에 대한 설명, 둘째, 잠재적인 위험, 셋째, 그로부터 얻을 수 있는 이익, 넷째, NAS와 의학연구소가 연구위원회를 설치할 것에 대한 권고였다.

"버그 서한"

NAS는 고든 회의 서한에서 제기된 요구를 산하 기관인 생명과학위원회(Assembly of Life Sciences, ALS)에 위임했다. ALS는 서한의 네 번째 요구를 받아들여 잠재적인 위험을 연구하기 위한 연구패널을 설치하기로 결정하고, 고든 회의의 공동의장이자 편지의 발신인 중 한 사람인 막신 싱어의 추천으로 1차 아실로마 회의의 조직자인 폴 버그를 패널의 장으로 임명했다.

버그는 제임스 왓슨, 데이비드 볼티모어 등과 협의를 거쳐서 패널을 구성했다. 패널의 구성원은 폴 버그, 데이비드 볼티모어, 리처드 로블린(Richard Roblin), 제임스 왓슨, 셔먼 바이스맨, 허먼 루이스, 대니얼 네이선(Daniel Nathan), 노턴 진더(Norton Zinder)였다. 패널의 구성은 리처드 로블린을 제외하면 균질적인 집단이었다. 버그는 구성원들과 친밀한 사이였으며 또한 과학의 거버넌스에 대한 그들의 태도도 친숙한 것이었다(Wright, 1994). 패널의 구성과정과 그 성격은 2차 서한과 자발적 유예의 의미를 이해하는 데 중요하다.

버그는 패널 구성에 신중을 기했고, 많은 사람들의 자문을 구했다. 이미 유전자 치료 문제와 연관해서 과학자 사회가 책임있는 행동을 취할 것을 촉구했던 로블린은 버그에게 "좀더 '급진적'이고 포괄적인 견해를 대표하는" 사람들을 패널에 포함시킬 필요성을 제기하고 구체적으로 레온 카스와 존 벡위드[6]를 추천했지만, 버그는 두 사람 모두 패널로 초청하지 않았다(Krimsky, 1982). 따라서 패널은 당시 최고 수준의 생명과학자들을 중심으로 구성되었고, 비과학자나 다른 분야의 과학자의 참여는 전혀 고려되지 않았다. 엘리트 생명과학

6　레온 카스(Leon Kass)는 당시 국립과학아카데미 생명과학과 공공정책위원회 (Committee on Life Sciences and Public Policy of the National Academy of Sciences)의 사무국장을 맡고 있었던 생명윤리학자였다. 그는 1970년대 초부터 생명공학의 발전이 우생학으로 이어질 가능성과 기업적 이익에 종속되는 상황을 우려했다. 존 벡위드(John Beckwith)는 하버드 의대에 재직하면서 "민중을 위한 과학"의 주요 구성원으로 활동했고, 1969년부터 유전공학의 위험성을 경고했던 진보적인 입장의 과학자였다(인터뷰 기사, "Free radical", New Scientist, 12, October, 2002, pp.46-49).

Potential Biohazards of Recombinant DNA Molecules

Recent advances in techniques for the isolation and rejoining of segments of DNA now permit construction of biologically active recombinant DNA molecules in vitro. For example, DNA restriction endonucleases, which generate DNA fragments containing cohesive ends especially suitable for rejoining, have been used to create new types of biologically functional bacterial plasmids carrying antibiotic resistance markers (1) and to link Xenopus laevis ribosomal DNA to DNA from a bacterial plasmid. This latter recombinant plasmid has been shown to replicate stably in Escherichia coli where it synthesizes RNA that is complementary to X. laevis ribsomal DNA (2). Similarly, segments of Drosophila chromosomal DNA have been incorporated into both plasmid and bacteriophage DNA's to yield hybrid molecules that can infect and replicate in E. coli (3).

Several groups of scientists are now planning to use this technology to create recombinant DNA's from a variety of other viral, animal, and bacterial sources. Although such experiments are likely to facilitate the solution of important theoretical and practical biological problems, they would also result in the creation of novel types of infectious DNA elements whose biological properties cannot be completely predicted in advance.

There is serious concern that some of these artificial recombinant DNA molecules could prove biologically hazardous. One potential hazard in current experiments derives from the need to use a bacterium like E. coli to clone the recombinant DNA molecules and to amplify their number. Strains of E. coli commonly reside in the human intestinal tract, and they are capable of exchanging genetic information with other types of bacteria, some of which are pathogenic to man. Thus, new DNA elements introduced into E. coli might possibly become widely disseminated among human, bacterial, plant, or animal populations with unpredictable effects.

Concern for these emerging capabilities was raised by scientists attending the 1973 Gordon Research Conference on Nucleic Acids (4), who requested that the National Academy of Sciences give consideration to these matters. The undersigned members of a committee, acting on behalf of and with the endorsement of the Assembly of Life Sciences of the National Research Council on this matter, propose the following recommendations.

First, and most important, that until the potential hazards of such recombinant DNA molecules have been better evaluated or until adequate methods are developed for preventing their spread, scientists throughout the world join with the members of this committee in voluntarily deferring the following types of experiments.

► Type 1: Construction of new, autonomously replicating bacterial plasmids that might result in the introduction of genetic determinants for antibiotic resistance or bacterial toxin formation into bacterial strains that do not at present carry such determinants; or construction of new bacterial plasmids containing combinations of resistance to clinically useful antibiotics unless plasmids containing such combinations of antibiotic resistance determinants already exist in nature.

► Type 2: Linkage of all or segments of the DNA's from oncogenic or other animal viruses to autonomously replicating DNA elements such as bacterial plasmids or other viral DNA's. Such recombinant DNA molecules might be more easily disseminated to bacterial populations in humans and other species, and thus possibly increase the incidence of cancer or other diseases.

Second, plans to link fragments of animal DNA's to bacterial plasmid DNA or bacteriophage DNA should be carefully weighed in light of the fact that many types of animal cell DNA's contain sequences common to RNA tumor viruses. Since joining of any foreign DNA to a DNA replication system creates new recombinant DNA molecules whose biological properties cannot be predicted with certainty, such experiments should not be undertaken lightly.

Third, the director of the National Institutes of Health is requested to give immediate consideration to establishing an advisory committee charged with (i) overseeing an experimental program to evaluate the potential biological and ecological hazards of the above types of recombinant DNA molecules; (ii) developing procedures which will minimize the spread of such molecules within human and other populations; and (iii) devising guidelines to be followed by investigators working with potentially hazardous recombinant DNA molecules.

Fourth, an international meeting of involved scientists from all over the world should be convened early in the coming year to review scientific progress in this area and to further discuss appropriate ways to deal with the potential biohazards of recombinant DNA molecules.

The above recommendations are made with the realization (i) that our concern is based on judgments of potential rather than demonstrated risk since there are few available experimental data on the hazards of such DNA molecules and (ii) that adherence to our major recommendations will entail postponement or possibly abandonment of certain types of scientifically worthwhile experiments. Moreover, we are aware of many theoretical and practical difficulties involved in evaluating the human hazards of such recombinant DNA molecules. Nonetheless, our concern for the possible unfortunate consequences of indiscriminate application of these techniques motivates us to urge all scientists working in this area to join us in agreeing not to initiate experiments of types 1 and 2 until attempts have been made to evaluate the hazards and some resolution of the outstanding questions has been achieved.

PAUL BERG, Chairman
DAVID BALTIMORE
HERBERT W. BOYER
STANLEY N. COHEN
RONALD W. DAVIS
DAVID S. HOGNESS
DANIEL NATHANS
RICHARD ROBLIN
JAMES D. WATSON
SHERMAN WEISSMAN
NORTON D. ZINDER
Committee on Recombinant DNA
Molecules Assembly of Life Sciences,
National Research Council,
National Academy of Sciences,
Washington, D.C. 20418

| 그림 1 | 《사이언스》에 실렸던 버그 서한

자들의 모임이라는 패널의 성격은 버그 서한에서 이루어진 위험에 대한 규정과 그에 대한 규율의 성격에 투영된다.

버그 서한은 일반적으로 "자발적인 모라토리엄(voluntary moratorium)"을 선언한 것으로 알려져 있지만, 실제 서한에서 사용된 표현은 "자발적인 유예(voluntary deferring)"였다. 토론과정에서 일부 패널들은 "모라토리엄"이라는 말이 과학자들의 연구활동의 자율성을 침해하는 "지나치게 간섭적"인 표현이라는 이유로 사용을 꺼려했으며, 이러한 제안이 지극히 일시적이라는 점을 강조하기 위해서 "휴지(pause)"라는 의미를 부각하는 표현으로 "voluntary deferring"을 선택했다(Krimsky, 1982). 서한의 핵심적인 내용은 실험을 세 가지 유형으로 분류하고, 첫 번째와 두 번째 유형에 대해서는 실험의 유예를 촉구했고, 유형 1과 유형 2보다 넓은 범주의 실험을 포괄하는 그밖의 재조합 DNA 실험에 대해서는 그보다도 훨씬 온건한 "주의깊게 판단해야 한다(should be carefully weighted)", "가볍게 수행되어서는 안 된다(should not be undertaken lightly)"는 권고가 주어졌다.[7] 흔히 유형 3으로 해석되는 그밖의 재조합 DNA 실험에 대한 권고는 매우 모호한 것이었고, 주의깊게 판단해야 하고, 가볍게 수행해서는 안 되는 대상이 무엇인지는 명확히 밝혀지지 않았다.

7　　Paul Berg, et al., "Potential Biohazards Recombinant DNA Molecules", *Science*, Vol.185(26 July 1974)

아실로마 회의와 NIH 가이드라인

아실로마 회의[8]의 조직은 여러 차례의 회의를 주도하면서 NIH 와 핵심적인 과학자들의 신임을 얻었던 폴 버그가 맡았다. 버그는 서한 작성을 위한 패널에 참여했던 데이비드 볼티모어, 리처드 로블린, 막신 싱어 이외에 영국과 유럽을 대표해서 시드니 브레너(Sydney Brenner)와 닐스 제른(Niels Jerne)을 포함시켰다. 시드니 브레너는 영국 케임브리지의 명성 있는 과학자였고, 닐스 제른은 당시 유럽분자생물학기구(European Molecular Biology Organization, EMBO) 의장이었다. 조직위원회의 실질적인 목표는 1974년 7월부터 계속되던 "자발적인 유예" 조치를 해제하고 연구자들이 실험을 계속할 수 있는 방법을 모색하는 것이었다. 따라서 조직위원회는 회의 의제가 실험과 연관된 생물 위해를 넘어 확장되는 것을 원하지 않았다.

아실로마 회의는 정해진 목적을 달성한다는 효율성의 측면에서는 성공적이라고 할 수 있지만, 이후 재조합 DNA 연구의 규율이라는 형성의 모델이라는 측면에서는 많은 한계를 가지고 있었다.

먼저 회의 참석자를 지나치게 협소한 분야의 전문가들로 국한시켰다. 과학 분야 내에서도 대부분의 참석자들은 새로운 연구 프로그램으로 이익을 볼 수 있는 사람들이었으며, 보건과학이나 환경과학을 대표할 수 있는 연구자나 급진적인 관점을 가진 생물학

---

[8]   이 회의의 정식명칭은 "재조합 DNA 분자에 대한 국제회의(International Conference on Recombinant DNA Molecules)"였다.

자 등은 참석하지 못했다. 회의에 참석하지 못한 '민중을 위한 과학' 보스턴 지부의 생명과학자 9명은 "공개서한"을 통해 아실로마 회의의 조직방식을 강도높게 비판하고 유전공학에 대한 정책형성에 대중을 참여시켜야 한다고 주장했다.[9]

또한 위험을 생물위해라는 극히 제한된 범위로 국한시키고, 해결책 또한 기술적 해결방식인 봉쇄(containment)로 제한했다. 아실로마 회의는 분자생물학자들이 중심이 된 전문가 회의[10]였고, 회의에서 이루어진 주된 토의내용은 엄청난 과학적 가치가 예상되는 새로운 기술에 대한 연구를 계속하면서 예견되는 위험을 최소화시킬 수 있는 기술적 방안을 마련하는 것이었다. 이 과정에서 참석자들은 위험을 임의적으로 분류하고[11], 발생가능한 위험을 막기 위한 가이드라인의 필요성을 제기했다(Science for the People, 1979). 이 회의 보고서는 NAS에 제출되었고, 검토를 통해 같은 해에 과학잡지《사이언스》에 발표되었다.[12] 이 보고서는 최초로 새로운 기술의 잠재적인 위험을 공식적으로 인정했고, 위험을 다루기 위한 두 가지 원칙을 제시했다. 하나는 실험설계에서 필수적인 고려사항으로 봉쇄가 이루어져야 한

---

9   Genetic Engineering Group of Science for the People, *Open Letter to the Asilomar Conference on Hazards of Recombinant DNA*, February 1975.

10   이 회의는 NAS 산하의 National Research Council(NRC) Life Science Assembly를 중심으로 조직되었고, 참석자는 83명의 미국 과학자(대학, 기업, 정부 소속), 51명의 외국 과학자, 그리고 21명의 언론인이었다. 회의는 4일 동안 진행되었다.

11   위험은 크게 minimal risk, low risk, moderate risk, high risk의 4단계로 분류되었고, 그에 따른 봉쇄 절차가 권고되었다.

12   Paul Berg, David Baltimore, Sydney Brenner, Richard O. Robin III, Maxine F. Singer, "Asilomar Conference on Recombinant DNA Molecules", *Science*, Vol.188(6 June 1975) pp.991-994

| 그림 2 | 아실로마 회의의 브로셔

| 그림 3 | 회의장 밖에서 토론하고 있는 왓슨과 브레너

다는 것이고, 다른 하나는 봉쇄가 예상되는 위험을 막을 수 있을 정도로 효율적이어야 한다는 것이다. 아실로마 회의는 그 자체는 전문가 회의였지만, 위험성을 최초로 공개적으로 인정했고 이후 보고서가 잡지를 통해 보도되면서 재조합 DNA의 주제를 간접적으로나마 대중적으로 공론화시키는 역할을 했다.

가이드라인의 작성은 미국립보건원(National Institutes of Health)의 재조합 DNA 자문위원회(Recombinant DNA Advisory Committee, RAC)가 맡았다. 가이드라인은 두 종류의 봉쇄를 기본축으로 삼았다. 하나는 P1에서 P4에 이르는 4단계의 물리적 봉쇄의 축이고, 다른 하나는 EK1에서 EK3까지 3단계의 생물학적 봉쇄였다. 여기에서 P는 물리적 봉쇄(physical containment)의 머리글자이고, EK는 실험실에서 공통적으로 사용하던 E. Coli K-12 계통의 약자이다. P1은 표준적인 생물학적 실험을 뜻하며, P2는 에어로솔 생성금지와 같은 몇 가지 부가적인 주의를 요했다. P3는 실험실 전체를 음압으로 유지시키는 정도의 조치를 필요로 하며, P4는 가장 높은 주의를 요하는 단계로 에어록, 보호복, 출입구의 샤워장치 등 지금까지 알려진 가장 위험한 병원균를 다루는 것에 필적하는 강도 높은 보호조치를 요구했다. 어떤 사람들은 P4에 해당하는 등급의 실험은 일반적인 대학의 실험 분위기에는 적합하지 않다는 주장을 펴기도 했다. 생물학적 봉쇄에서 가장 낮은 단계인 EK1은 E. Coli의 표준적인 K-12 계통을 사용하는 실험이었다. 대부분의 생물학자들은 '전체는 아니지만'이 미생물이 인간의 창자에 이식되어 살아갈 수 없다고 믿었다. 두 번째 단계인 EK2는 유전적으로 변화된 K-12 계통을 이용하는 경우를 규정하며, 1억 마리 중에서 하나의 개체 정도가 실험실을 벗어난 환경에서 살아갈 수 있을 것으로 예상되었다. EK3는 예상된 안전율이 그 박테리아를 동물에게 삽입하는 테스트를 통해 입증된 EK2 시스템(즉, 재조합 DNA를 그 속으로 삽입시키는 데 이용되는 박테리아와 그와 결합되는 바이러스)을 지칭했다.[13]

RAC 가이드라인은 1976년 6월에 발표되었고[14], 이후 여러 차례 개정되었지만 주된 방향은 크게 두 가지로 요약된다. 하나는 연구의 잠재적 위험 평가를 위한 행정적 책임의 문제였고, 다른 하나는 적절한 수준의 봉쇄를 실행하는 절차[15]였다. 따라서 이 가이드라인은 재조합 DNA를 연구하는 과학자들이 연구자의 관점에서 위험성을 평가하고, 그에 대해 봉쇄를 중심으로 한 테크니컬한 해결책과 그 절차를 마련하려는 아실로마 회의의 연장선인 셈이었다. 또한 NIH RAC의 가이드라인은 NIH의 연구기금을 받지 않는 사기업이나 NIH와 직접적인 관계가 없는 연구소들의 연구에는 적용되지 못했고, 연방 법률의 형태로 발전하지 못했다는 한계를 안고 있었다.

초기 재조합 DNA 논쟁의 특성

버그 서한에서 NIH 가이드라인의 탄생에 이르는 초기 논쟁은 재

13　　Nicholas Wade, "Recombinant DNA; NIH Sets Strict Rules to Launch New Technology", *Science* (190:1175), December 19, 1975
14　　Wade, 같은 기사.
15　　여기에는 밀봉문(locked door)과 같은 물리적인 봉쇄와 사람에게 영향을 주지 않는 벡터의 사용과 같은 생물학적 봉쇄가 모두 포함된다.

조합 DNA 실험을 둘러싼 위험을 공론화시켰지만, 기본적으로 해당 분야의 연구자들을 중심으로 한 과학자들 사이의 논의로 국한되는 한계를 안고 있었다. 초기 재조합 DNA 논쟁의 특성은 다음과 같이 요약할 수 있다.

첫째, 재조합 DNA 실험과 연관된 위험은 실험실과 연구자들이 입을 수 있는 생물학적 위해의 범위로 국한되었고, 실험실 외부의 시민이나 공동체에 대한 관심은 초기부터 결여되어 있었다.

둘째, 위험을 규정하고, 분류하고, 그 대응방법을 모색하는 전체적인 과정이 기술적인 관점으로 일관되었다. 논의는 위험의 기술적 봉쇄에 초점이 맞추어졌으며, 그 구체적인 방법인 물리적 봉쇄와 생물학적 봉쇄라는 수단을 구체화하기 위한 노력에 모든 관심이 집중되었다. 따라서 위험의 사회적·문화적 측면에 대한 관심은 사실상 배제되었다. 이것은 전문가들의 위험인식(risk perception)과 전문가 내부의 위험 커뮤니케이션의 특성을 잘 보여준 사례에 해당한다.

셋째, NIH 가이드라인 탄생에 이르는 초기 재조합 DNA 논쟁은 재조합 DNA 실험의 잠재적 위험성에 대한 경고에서부터 가이드라인 제정에 이르기까지 일관되게 과학자들의 주도로 이루어졌다. 특히 과학자들이 자신의 연구분야에 대해 스스로 위험을 경고하고 자발적 유예를 포함한 연구의 일시적 중지를 결정한 것은 과학사에서 전례를 찾아보기 힘든 사건이었다. 그러나 다른 한편, 이 과정은 과학자들이 자율적인 규제를 통해 외부로부터 간섭과 규제가 부과되는 사태를 막으려는 노력이었다. 아실로마 회의의 조직과 결정과정에서 잘 나타나듯이, 과학자들은 일반 대중의 개입을 가장 우려했고 자신들이 위험을 스스로 통제할 수 있다는 것을 보여주기 위해 예상보다 높은 규제 기준을 부과하기도 했다.

재조합 DNA 논쟁은 NIH 가이드라인의 등장 이후 여러 지역에서 가이드라인을 실제로 적용하는 과정에서 새로운 국면을 맞이하게 된다. 대중논쟁으로 발전하면서, 더 이상 과학자들과 NIH가 일방적으로 논의를 주도하지 못하게 되었고 지역 대중들이 전면에 등장하게 되었다. 특히 케임브리지시에서 일반 시민으로 구성된 케임브리지 실험심사위원회(CERB)의 활동과 그 결과는 생물위해라는 문제를 전문가들만이 다룰 수 있는 테크니컬한 이슈로 간주한 과학자들과 NIH의 가정을 근본적으로 뒤흔든 것이었다(Wright, 1994).

대중논쟁의 확산

과학자들을 중심으로 마련된 가이드라인은 과학자, 환경운동가, 그리고 지역주민 등의 다양한 집단들의 반발에 부딪혔다. 가이드라인으로 대표되는 정부의 위험 대응양식과 위험 커뮤니케이션에 대한 반발은 크게 세 가지 방향에서 일어났다. 첫째는 같은 분야나 연관 분야의 연구에 참여하는 과학자들이고, 둘째는 환경운동 단체와 과학자 단체, 그리고 셋째는 지역 공동체의 주민들이었다.

캘리포니아 공과대학의 로버트 신셰이머(Robert Sinsheimer), 컬럼비아 대학의 어윈 샤가프(Erwin Chargaff) 같은 과학자들은 인간의 실수와 부주의로 인해 재조합 생물이 실험실을 벗어나 주거지역과 자연으로 방출되었을 때 발생할 수 있는 복구 불가능한 영향을 중심적으로 제기했다. 샤가프는 "실험실에서 암이 확산될 가능성은 거의 확실하다"고까지 말했다(Schacter, 1999). 과학자들의 문제제기는 주로 과학적 측면에서 봉쇄를 중심으로 한 RAC의 가이드라인이 실질적으로 효력을 발휘할 수 있을지 여부를 비판한 것이었다. 같은 분야의 과학자들 사이에서 제기된 비판은 이후 대중논쟁에서 반대 입장에 대한 과학적 근거를 제공해주는 측면이 있었다. 예를 들어, 샤가프는 새로운 기술을 과거의 생물학전을 대비한 실험실에서의 연구의 일환으로 간주했고, 뉴욕주에서 열린 공청회에서 실제로 연구에 참여하는 과학자로서 분명한 경고를 제기했다.[16]

환경운동 단체와 과학자 단체는 재조합 DNA 논쟁이 대중적으로 확산되는 데 매우 중요한 역할을 수행했다. '환경보호기금(Environmental Defense Fund)'과 '자연자원보호위원회(Natural Resources Defense Council)'는 보건교육복지성에 유전자 접합 연구를 허용할지 여부, 그리고 허용한다면 어떤 조건에서 허용해야 할 것인지를 결정하기 위해 공청회를 개최해달라는 탄원서를 제출했다. 이들 단체는 공청회가 "기존의 NIH 가이드라인에 대한 폭넓은 대중들의 평가를 가능하게 해주고, 지금까지 NIH 가이드라인 기초위

---

16   샤가프는 공청회에서 "많은 사람들이 내게 와서 내가 연구의 진전을 느리게 만들고, 반과학적이라고 말한다 … 질적 수준이 다양한 많은 연구소들이 있을 때, 그 중에서 어느 한 곳에서 사고가 일어나는 것은 필연적인 일이다 … 나는 우리가 우리 자신, 그리고 특히 다음 세대들에게 많은 손상을 입히는 일을 충분히 저지를 수 있다고 생각한다"라고 경고했다. 샤가프를 비롯한 여러 과학자들은 NIH의 가이드라인이 최고수준의 연구시설과 연구자들을 갖춘 일부 대학 실험실을 기준으로 삼았다는 측면도 비판했다. Recombinant DNA: New York State Ponders Action to Control Research, *Science* Vol.194(12 November 1976) pp.705-706

원회가 거의 주의를 기울이지 않은 주제들에 대해 공개적인 논쟁이 벌어지는 것을 허용해준다"고 말했다. '지구의 친구들(Friends of the Earth)'은 가이드 라인에 대한 평가 이전에 먼저 모라토리엄이 선언되어야 한다고 주장했다. 이 단체는 그 이유를 "그래야만 이후의 공공조사가 이루어지는 동안 재조합 DNA 연구에 대한 공식적인 모라토리엄이 부과될 수 있기 때문"이라고 설명했다. 시에라 클럽(Siera Club)도 연방정부에 의해 직접 감독되고 가장 높은 등급의 봉쇄가 이루어지는 소수의 연구소에서 실험이 이루어지는 경우를 제외하고 어떤 목적으로든 재조합 DNA를 생성하는 행위를 반대했다.[17]

이들 단체는 전문가들을 중심으로 진행된 초기의 논의가 이후 여러 지역 공동체의 대중논쟁으로 전환되는 과정에서 대항 담론을 생산하고 쟁점을 제기하는 논쟁 촉진자(facilitator)의 역할을 했다. 실제로 이후 지역 공동체의 대중논쟁에서 이 단체들이 제기한 문제는 중요한 근거와 논리로 활용되었다. 가령 연구의 일시중지를 해제해달라는 과학자들의 압력에 직면해 NIH 원장 도널드 프레드릭슨(Donald S. Frederickson)이 모든 종류의 유전자 이식 실험에 적용되는 잠정적 규제지침을 1976년 6월 23일에 발표했을 때, '지구의 친구들'은 이러한 조처가 규제지침의 공포 이전에 환경영향평가발표(environmental impact statement, EIS)와 대중적 차원의 검토를 의무화하고 있는 연방환경정책법(National Environmental Policy Act)에 대한

17　　Nicholas Wade, "Gene-Splicing; At Grass-Roots Level a Hundred Flowers Bloom", *Science*, Vol 195(11, Feb, 1977), pp.558-560

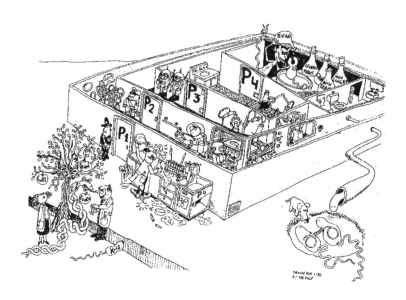

| 그림 4 | 당시 한 잡지에 실린 만평. P4 단계의 밀봉에도 불구하고 실험실에서 유전자조작 생물체가 유출될 가능성에 대한 우려가 잘 나타나 있다.

Graphic by Nick Thorkelson

| 그림 5 | 재조합 DNA 논쟁에서 중요한 역할을 한 '민중을 위한 과학'의 엠블럼

| 그림 6 | 민중을 위한 과학저널에 실린 유전자 조작을 비판하는 삽화

위반이라고 즉각 비판하고 나섰다(크림스키, 1992). 또한 이후 논쟁에 적극적으로 참여한 '민중을 위한 과학'도 중요한 역할을 수행했다(Durbin, 1992).

'케임브리지 실험 심사위원회(CERB)'의 활동

NIH 가이드라인이 발표되자 여러 지역에서 격렬한 대중논쟁이 벌어졌다. 시민들의 우려는 주로 자신들의 지역에 있는 대학에서 이루어지는 재조합 DNA 실험의 안전성 문제였다. 그리고 신셰이머, 샤가프, 조지 왈드(George Wald) 등의 과학자들의 문제제기는 지역 주민들의 논쟁을 촉발시키는 중요한 계기가 되었다.《사이언스》에 보도된 대중논쟁이 벌어진 지역과 주요 활동은 다음과 같다.[18]

> 뉴욕주; 공청회 개최. 연구를 통제하기 위한 법안 준비
> 캘리포니아; 주 의회 산하에 두 개의 위원회에서 입법 검토. 공
> 청회 개최
> 뉴저지; 주 입법 검토
> 케임브리지; 시의회 산하에 시민심사위원단 설치.
> 샌디에이고; 시 차원의 DNA 연구위원회 설치.
> 매디슨; 시민위원회 조직 시도
> 블루밍턴; 시 환경위원회가 연속적으로 공청회 개최.

18　　Wade, 같은 기사

앤 아버; 연구를 진행하면서 안전과 윤리문제를 고려하기 위해
복수의 위원회 구성

이들 지역은 대부분 재조합 DNA 연구를 추진중인 대학이 있는 곳이었고,[19] 시나 주 의회는 지역의 안전을 고려해서 주로 위원회를 조직하거나 공청회를 개최하는 형태의 활동을 벌였다.

케임브리지에서 DNA 재조합 연구가 대중적인 쟁점이 된 것은 하버드 대학교가 낡은 실험실 하나를 개조해서 P3 수준의 DNA 재조합 연구시설을 만들려는 계획을 시작하면서부터였다. P3는 4단계의 위험 분류 등급 중에서 3단계에 해당하는 '상당히 위험한' 수준이다. NIH 가이드라인에 따르면 P3는 일반인들의 접근을 막는 별도의 시설을 필요로 하며 접근통제 복도, 에어록, 이중문 장치 등을 요구하며 시설 전체를 음압(音壓) 상태로 유지해서 외부 확산을 원천적으로 막는 물리적 봉쇄를 요구한다.

이 계획을 다룬 지역 신문들의 보도가 케임브리지 시장의 주목을 끌게 되었고 그는 시의회 차원의 청문회를 소집했다. 그 지역의 과학자들로부터 이틀간에 걸쳐 판단의 근거로 삼을 상반되는 증언을 청취한 후, 시의회는 투표를 통해 NIH가 어느 정도의 위험이 있는 단계(P-3)로 분류한 모든 연구를 일시적으로 중지하도록 결정했다(크림스키, 1992).

---

19   블루밍턴; 인디애나 대학, 앤 아버; 미시간 대학, 매디슨; 위스컨신 대학, 샌디에이고; 샌디에이고 캘리포니아 대학(UCSD), 케임브리지; 하버드 대학, MIT

바버라 컬리턴은 《사이언스》 1976년 7월 23일자 "재조합 DNA; 케임브리지 시의회, 모라토리엄을 선언하다"라는 제목의 기사에서 이렇게 썼다.

1976년 7월 7일 매사추세츠 주 케임브리지 시의회 회의실은 밤늦게까지 사람들로 북새통을 이루었다. 7명의 남자와 2명의 여자로 이루어진 위원회가—대개는 조세나 도로 폐쇄 등 시의 일상사를 다루었던—특정 형태의 재조합 DNA 연구의 안전성이라는 현대 생물학의 가장 복잡한 문제를 해결하려고 시도하고 있었기 때문이다…생물학자가 아닌 시민들로 이루어진 이 위원회는 결국 5 대 3의 표결로 연구자들에게 향후 3개월 동안 "양심에 따른" 일시중지를 실행할 것을 요구했고, 재조합 DNA 연구를 포함해서 이후 이루어질 다른 종류의 연구의 안전성을 지속적으로 조사할 항구적인 기구로 과학자와 시민으로 이루어진 케임브리지 재조합 DNA 실험 심사위원회(Cambridge Laboratory Experimentation Review Board, CERB)를 설치할 것을 결정했다.[20]

처음에 시의회는 다른 지역들처럼 과학자들로 이루어진 위원회 구성을 고려했지만, 구성원 임명의 책임을 맡은 행정 담당관은 보통 시민들로 심사위원회를 구성할 것을 결정했다. 그 이유는 과학자들

20　　Barbara Culliton, Recombinant DNA; "Cambridge City Council Vote Moratorium," *Science* Vol.193(23 July 1976) pp.300-301

로 위원회를 구성할 경우 분열이 일어날 것이 확실했기 때문이었다. 따라서 시민위원회를 구성한 근거는 엄밀하게 실용적인 관점이었으며, 그런 점에서 우연적이기도 했다(Goodel, 1979) 시민패널은 1976년 여름 케임브리지 시의회의 시 행정 담당관이 임명했다. 시민패널의 구성원 선발의 일차적인 기준은 활동중인 과학자들을 포함해서 "과학 엘리트주의"를 극복하는 것이었고, 시민들의 의사를 나타낼 수 있는 대표성이 배려되었다. 따라서 인종과 지역의 다양성이 고려되었고 과거에 DNA 논쟁에 관련되지 않았던 사람들로 선발되었다. 석유회사 경영자였던 위원장을 제외한 7명의 위원은 의사(2명), 간호사, 수녀, 지역 활동가, 공학자, 그리고 도시 정책학 교수였고 이들은 8월에 첫 모임을 가질 때까지도 재조합 DNA에 대해 거의 아무것도 모르는 상태였다. 따라서 그들에게는 배경지식 획득을 위해 많은 자료가 제공되었고 35명 이상의 전문가들로부터 상반되는 관점의 증언을 청취했고, 무수한 토론을 가졌다(Goodel, 1979, Dutton, 1984, Culliton, 1976). 회의는 1주일에 두 차례씩 총 100시간 이상 진행되었고, 그중 절반은 과학자들로부터 찬반 양편의 진술을 듣는 데 할애되었다.

1977년 1월 5일 CERB는 5개월간에 걸친 활동 끝에 실험을 허가하기 전에 NIH 규제지침에 별도의 안전조치를 추가할 것을 권고하는 안을 만장일치로 의결했다. 여기서의 안전조치는 실험실에 대한 상시적 모니터링과 함께, 변형된 유기체가 임상적으로 쓰이는 항생제에 대해 저항성을 갖는지 여부를 지속적으로 반드시 검사할 것, 그리고 유전자 접합 실험에 대해서는 최고 수준의 생물학적 봉쇄를 도

The Cambridge Experimentation Review Board

How a citizens group helped a city council set safety standards for genetic research

Editor's note: The following report was filed on January 5, 1977, with the Cambridge, Mass., city manager by the Cambridge Experimentation Review Board, a six-member advisory group established to assist the city council in formulating regulations for the conduct of recombinant DNA research at Harvard University and the Massachusetts Institute of Technology. The board's recommendations were approved by the city council, with some further restrictions, on February 7.

The Cambridge Experimentation Review Board (CERB) has spent nearly four months studying the controversy over the use of the recombinant DNA technology in the City of Cambridge, Mass. The following charge was issued to the Board by the City Manager at the request of the City Council on August 6, 1976.

The broad responsibility of the Cambridge Experimentation Review Board shall be to consider whether research on recombinant DNA which is proposed to be conducted at the P3 level of physical containment in Cambridge may have any adverse effect on public health within the City, and for this purpose to undertake, among other studies, to:
• review the "Decision of the Director, National Institutes of Health to Release Guidelines for Research on Recombinant DNA Molecules" dated and released on June 23, 1976;
• review but not be limited to the methods of physical and biological containment recommended by the National Institutes of Health;
• review methods for monitoring compliance with applicable procedural safeguards;
• review methods for monitoring compliance with safeguards applicable to physical containment;
• review procedures for handling accidents (for example, fire in recombinant DNA research facilities;
• advise the Commissioner of Health and Hospitals on the reviews, findings and recommendations.

| 그림 7 | 당시 케임브리지 실험심사위원회의 활동을 상세히 보도한 잡지 기사

입할 것 등을 포함하는 것이었다(크림스키, 1992). 이 권고안은 1977년 2월에 케임브리지 시 조례에 포함되어 통과되었다. 이것은 미국 최초의 재조합 DNA 입법이었다. 이후 1978년까지 전국적으로 재조합 DNA의 안전 표준과 위반시 처벌 조항을 포함한 16개의 독립적인 법안들이 제정되었다.

위험에 대한 인식 차이

CERB 활동에서 확인할 수 있었던 것 중 하나는 전문가와 대중 사이에서 나타난 생명공학에 대한 위험인식의 근본적인 차이였다. 과학자 집단 내에서도 위험에 대한 인식에 상당한 차이가 있었지만, 위험인식과 평가의 근본적인 차이는 CERB의 활동에서 가장 두드러지게 나타났다. 이것은 전문가의 위험평가와 비전문가의 위험평가의 차이이다. 과학자들의 위험인식은 최초의 문제제기인 아실로마 회의에서부터 줄곧 재조합 DNA 연구가 야기할 수 있는 생물학적 재해라는 테크니컬한 문제에 초점을 맞추었고, 그 해결책으로 제시된 NIH 가이드라인도 물리적, 생물학적 "봉쇄 절차"라는 기술적 해결(technological fix)로 귀결되었으며, CERB의 규제 움직임을 둘러싼 논쟁에서도 논의를 과학적 근거로 한정시켰다. 반면 시민패널의 경우에는 지역공동체의 관점에서 시민들이 실제로 입을 수 있는 위험과 불안감과 같은 사회적 문제가 폭넓게 고려되었다. 이른바 "우려의 범위(scope of concerns)"가 달랐던 것이다(Dutton, 1984).

재조합 DNA 논쟁에서 우려의 범위는 다음과 같은 방향으로 확장되는 양상을 나타냈다. ①지지입장의 연구참여 생물학자 〈 ②비판입장의 연구참여 생물학자 〈 ③연구 비참여 과학자 〈 ④비전문가(시민패널), ⑤'민중을 위한 과학'. 시민패널은 안전을 중심으로 사회적 문제와 재조합 DNA 연구의 불확실성을 제기했지만, 재조합 DNA 연구의 윤리적 측면이나 생태학적 문제까지 포괄적으로 제기하지는 못했다. 이것은 CERB의 자연발생적인 조직과정, 전국적 차원이 아닌 지역적 차원의 문제해결과정에서 조직되었던 과정 등의 특성을 반영한다. ②그룹에 속하는 샤가프 등의 생물학자, 그리고 ⑤에 해당하는 '민중을 위한 과학'이나 책임있는 유전학을 위한 연합(Coalition for Responsible Genetic Research) 등은 그 외에도 NIH 가이드라인이 최고수준의 실험실을 대상으로 삼고 있으며, 그보다 낮은 수준의 실험실에서는 실제적 효력을 발휘할 수 없다는 점을 지적하기도 했다. 반면 ⑤ 그룹은 시민패널에 비해 시민적 관심사를 포괄하지 못했다고 할 수 있다. 따라서 시민패널과 '민중을 위한 과학'은 우려의 범위에서 비슷한 수준으로 평가된다.

또한 재조합 DNA 기술의 불확실성에 대한 인식에서도 큰 차이가 나타났다. 연구를 지지하는 과학자들은 초기에는 문제제기자의 입장에 섰지만, 논쟁이 대중적으로 확산되자 위험이나 불확실성을 최소화하려는 입장으로 선회한데 비해 시민패널은 NIH 가이드라인이 과학자들의 자의적인 위험평가에 기반하고 있다고 비판하면서 실험을 통한 평가를 요구했다. 과학자들의 추측이나 예상이 아닌 실제 실험을 통한 위험평가를 제안한 것은 CERB가 유일한 경우였다(Science for the People, 1979).

CERB 활동의 함의

재조합 DNA 논쟁과 그 과정에서 이루어진 CERB의 활동은 중요한 의미를 갖는다. 미국의 한 작은 대학도시에서 이루어진 5개월 남짓한 CERB의 활동은 생명공학에 대한 최초의 대중적인 논쟁을 통해 생명공학을 둘러싼 다양한 쟁점들을 드러내주었고, 생명공학이라는 전문적인 주제에 일반 시민들이 참여할 수 있는 가능성을 보여주었다.

CERB의 활동은 미국을 비롯한 유럽 여러나라의 과학자와 정책결정자들을 놀라게 하였고, 이후 여러 가지 영향을 미쳤다.《사이언스》를 비롯한 과학언론들이 CERB의 활동을 비중있게 다루었을 뿐아니라 TV, 신문 등 일반 매체들도 비상한 관심으로 취재에 열을 올렸다. 케임브리지 실험은 과학정책 결정에 시민이 참여한다는 전례를 찾을 수 없는 사건이었을 뿐더러 성공적인 사례로 간주되었다 (Goodel, 1979; Dutton, 1984; 크림스키, 1992).

CERB 활동의 직접적인 성과는 다음과 같다. 첫째, 그동안 참여가 제한되거나 한정되었던 NIH 재조합 DNA 자문위원회에 비과학자들의 참여가 공식화되었고, 그 숫자도 점차 늘어났다. 1979년 영국의 과학저널《네이처》는 CERB 위원으로 참여했고 NIH 가이드라인에 비판적인 입장이었던 크림스키 교수를 비롯해서 교육, 법률, 환경 등의 분야의 비과학자 위원을 대폭 포함시키기로 결정했다는 기사를 게재했다.

둘째, CERB의 활동은 다른 지역으로 확산되어 일부 도시에서 비

슷한 형태로 시민들이 중심이 되어 재조합 DNA 실험을 규제하려는 시도가 이루어졌다.[21]

셋째, CERB 활동을 기반으로 상원의원 에드워드 케네디(Edward Kennedy)가 연방차원의 규제 입법을 시도했다. 이 시도는 결국 실패로 끝났지만. 논의 과정에서 일반 대중이 과학기술 정책형성과 의사결정에 참여할 필요성과 당위성이 널리 인정받는 중요한 계기가 되었다. 넷째, CERB 활동을 통해서 대항 전문가 단체들이 탄생하거나 활성화되었다. 가령 국립과학아카데미(NAS)의 후원으로 1977년 3월에 열린 3일 동안의 포럼의 개막 세션은 행동주의자인 제레미 리프킨(Jeremy Rifkin)이 이끄는 시민단체인 '민중 기업 위원회(People's Business Commission)'의 방해를 받았다.(다음 그림 참조) 또한 이 회의가 진행되는 동안 '책임있는 유전학연구를 위한 연합'과 같은 과학자와 환경론자들로 이루어진 새로운 조직이 탄생하기도 했다. 후일 '책임있는 유전학을 위한 회의(Council for Responsible Genetics)'로 발전한 이 조직은 당시 안전조치가 마련될 때까지 유전공학 실험의 전 세계적인 금지조치를 주장했다. 또한 케임브리지에서 CERB 활동을 직접적으로 지원해준 '민중을 위한 과학' 보스턴 지부의 활동도 두드러졌다.

CERB 활동은 이처럼 여러 가지 직접적인 성과를 거두었지만, 그보다 더 중요한 것은 당장 눈에 보이지 않는 성과들이었다. 그것은 CERB 활동이 보통 사람들의 능력과 공정성을 확인해주면서 이후

---

21   그 지역과 시기는 다음과 같다. 뉴저지 프린스턴(1977년 1월), 뉴욕주(1976년 여름). 메릴랜드(1976년 10월), 캘리포니아 에머리빌(1977년 9월), 메사추세츠 앰허스트(1978년 1월)(Wright, 1994)

| 그림 8 | 1977년 National Academy of Science 회의 당시 이 단체의 회원들이 발표자들이 앉은 연단 바로 앞에서 "우리는 완전한 인종을 만들 것이다—아돌프 히틀러, 1933"이라는 글귀가 적힌 플래카드를 들고 시위를 하고 있는 장면. Watson and Tooze, 1981, *The DNA Story*, p.134

생명공학을 비롯해서 다양한 과학기술에 대한 시민참여의 가능성을 열어주었고, 전문가들과는 달리 사회, 윤리적 측면을 포괄하는 폭넓은 위험인식을 통해 위험 평가와 커뮤니케이션에 시민적 요소의 투입 (citizen input)이 필요하다는 실질적 근거를 마련해주었다는 점이다.

CERB 활동이 많은 학자들에게 "성공적"이라는 평가를 받을 수 있었던 근거는 케임브리지 시민패널인 일반인의 의사결정 능력이었다. 다시 말해서 일반인들로 이루어진 시민패널이 DNA 재조합 기술이라는 당시로서 생소하고 복잡한 전문적 내용을 5개월에 가까운 기간 동안 토론해서 합리적인 결론을 도출할 수 있었다는 것이다. 도로시 넬킨은 "CERB는 [재조합 DNA 연구의] 위험과 이익이 과학자들의 문제가 아니라 일반인(layman)들의 문제이며, 일반인들이 기술적인 문제를 다루고, 스스로를 교육하고, 공정한 결론에 도달할 수 있다는 원칙하에 조직되었다. 전원이 비과학자로 구성된 심사위원회는 4개월 동안 DNA 연구의 위험성에 대한 복잡한 문제들을 놓고 토론을 벌였고, 지역적인 조사를 한다는 조건으로 NIH의 연방 가이드라인을 수용했다"라고 평가했다(Nelkin, 1984). 시민패널들이 수개월에 걸쳐 자기학습, 전문가들의 증언 청취, 토론과 숙의를 통해 내린 결론은 일부 과학자들을 포함한 많은 사람들에게 "합리적"이고 "공정한" 것으로 받아들여졌다. 가령 노벨상 수상자이며 재조합 DNA 연구에 대해 비판적인 담론을 생산해온 생물학자 조지 왈드는 CERB의 보고서를 "매우 사려깊고, 진지하며, 양심적인 보고서"라고 평가했다(Dutton, 1984).

물론 NIH 가이드라인의 조건부 수용이라는 시민패널의 결론에 대해서는 여러 가지 비판이 제기되었다. 우선 고든 회의에 참석했던 대부분의 과학자들은 일반 시민들이 과학적 의사결정에 참여한다는 사실에 큰 우려를 제기했다. 대학과 과학자 단체들은 지역 차원에서 일어나는 움직임을 실험실의 안전 문제에 대한 자신들의 통제력을 위협하는 "과도한 행동"으로 간주했고, 처음에 위험성을 제기했던 일부 과학자들은 초기의 우려가 지나친 것이었다고 말을 바꾸기도 했다(Murray and Mehlman, 2000). 또한 전국에서 대중논쟁과 입법 움직임이 일어나자 과학자들은 "그들이 더욱 커다란 위협으로 인식하게 된 것, 즉 과학연구에 관한 의사결정에 대중이 개입하는 사태를 피하기 위해 자신들간의 기술적 의견불일치를 옆으로 제쳐두기까지” 했다(크림스키, 1992). 한편 반대로 CERB의 활동이 계속되는 동안 대학 측을 비롯한 지지자들의 조직적인 영향력으로 시민패널의 결정이 지나치게 수용일변도로 기울었다는 비판도 제기되었다.

그러나 대체적인 평가는 시민패널들이 과학기술의 정책결정에 참여한다는 전례를 찾아볼 수 없는 새로운 시도를 통해 재조합 DNA 실험의 위험성을 지역사회의 다양한 입장들을 고려해서 훌륭하게 다루었고, 안전을 보장하는 조건하에서 연구진행을 허용하는 합리적인 결정에 도달했다는 것이다

CERB의 활동은 과학기술의 정책결정에 시민이 참여한 최초의 성공적 사례로서 많은 성과를 거두었지만, 이후 과학자들의 강력한 반발과 로비로 재조합 DNA 연구에 대한 연방 차원의 규제 입법은 실현되지 못했다. 시민참여와 연방 입법을 강력하게 추진했던 케네디 상원의원도 결국 과학자들의 주장을 받아들여 법안을 철회했다. 모라토리엄은 해제되고 봉쇄 수준도 점차 약화되었다. CERB가 거둔 실질적인 소득은 NIH RAC가 케임브리지 사례를 통해 위원회에 과학자가 아닌 위원들을 포함시킨 정도였다. 따라서 재조합 DNA 실험의 규제라는 측면에서만 본다면 CERB의 성공은 실질적인 것이라기보다는 상징적인 수준에 가깝다. 그러나 CERB의 활동은 그 성과와 한계를 통해 시민참여가 상징성을 넘어 정책적 의사결정에 실질적인 영향을 미칠 수 있는 조건들에 대해 여러 가지 함의를 제공한다.

CERB의 사례는 전문적 지식이 없는 평범한 시민이 과학기술의 의사결정에 참여할 수 없다는 생각이 더 이상 설자리가 없다는 것을 보여주었다. 그러나 다른 한편으로 과학자와 대중 사이에 권력의 비

대칭성이 엄존하는 상황에서 시민들이 의사결정에 참여하고, 그 과정에서 내려진 결정이 정책에 실질적인 영향력을 발휘하기 위해서는 많은 조건이 필요하다는 것도 보여주었다. 변화를 일으킬 수 없는 상징성은 원래의 목적과는 달리 현상을 유지하는 수단으로 악용될 수 있으며, 환상으로 전락할 수 있다(Nelkin and Pollak, 1979).

CERB의 사례는 생명공학의 시민참여의 가능성과 한계를 보여주는 하나의 사례이다. 케임브리지 시의원 데이비드 클렘(David Clem)은 한 청문회에서 이렇게 말했다. "케임브리지 모형은 하나의 사례, 완벽하지 않은 사례에 불과하다…하지만 그것은 하나의 시작이다."

참고문헌

- 김봉중, 2001, "생명공학의 사회적 차원들, HGP의 형성과정을 중심으로", 과학기술학 연구 창간호, 한국과학기술학연구회

- 크림스키, 셸던, 1992, "DNA 재조합 연구와 그 응용에 대한 규제"(1-3), 김명진 번역, 《시민과학》 12~14호(1999. 12; 2000.1; 2000.2), 참여연대 시민과학센터

- Berg, Paul, et al, "Potential Biohazards Recombinant DNA Molecules", *Science*, Vol.185(26 July 1974) p 303

- Culliton, Barbara, Recombinant DNA: "Cambridge City Council Vote Moratorium," *Science* Vol.193(23 July 1976), pp.300-301

- Durbin, T. Paul, 1992, *Social Responsibility in Science, Technology, and Medicine*, Bethlehem: Lehigh University Press

- Dutton, Diana, 1984, "The Impact of Public Participation in Biomedical Policy: Evidence from four Case Studies," in James C. Peterson edit. *Citizen Participation in Science Policy*, The University of Massachusetts Press

- Goodel, Rae. S., 1979, "Public Involvement in the DNA Controversy: The Case of Cambridge, Massachusetts", *Science Technology & Human Values*, Spring

- Murray, H. Thomas and Mehlman J. Maxwell, 2000, *Encyclopedia of Ethical, Legal, Policy Issue in Biotechnology*, John Wiley & Son, Inc.

- Nelkin, Dorothy and Michael Pollak, 1979, "Public Participation in Technological Decisions: Reality or Grand Illusion?", *Technology Review*, August/September

- Nelkin, Dorothy, 1984, "Science and Technology Policy and the Democratic Process," in James C. Peterson edit. *Citizen Participation in Science Policy*, The University of Massachusetts Press

- Science for the People, 1979, "Biological, Social, and Political Issues in Genetic Engineering", in David A. Jackson and Stephen P. Stich edit. *The Recombinant DNA Debate*, Prentice-Hall Inc

- Shacter, Bernice, 1999, "The Asilomar Conference of 1975", *Issues and Dilemmas of*

Biotechnology; A Reference Guide, Greenwood Press.

• Singer, Marine, Söll Dieter, "Guidelines for DNA Hybrid Molecules" *Science* 181(21, Sep. 1973)

• Wade, Nicholas, 1977, "Gene-Splicing; At Grass-Roots Level a Hundred Flowers Bloom", *Science*, Vol 195 (11, Feb), pp.558-560

• Wade, Nicholas, 1975, "Recombinant DNA: NIH Sets Strict Rules to Launch New Technology, *Science* 190(19, December)

• Wright, Susan, 1994, *Molecular Politics, Developing American and British Regulatory Policy for Genetic Engineering, 1972-1982*, The University of Chicago Press

10장

생물학의 거대과학화
—'인간유전체계획'[22]

오늘날 유전자는 실험실을 넘어 주요한 사회-문화 현상으로 등장하고 있다. 이 과정은 유전자 또는 유전정보가 과학 분야에서뿐 아니라 사회 속에서 권력을 획득하는 과정이기도 하다. 더구나 DNA, 그리고 게놈은 생명공학과 그 연관 분야들을 넘어서 일반인들의 담론과 광고의 소재로까지 등장하면서 우리 시대의 빼놓을 수 없는 문화적 상징물이 되었다(Nelkin, 1995). 이러한 맥락에서 새로운 기술은 진보, 선(善)과 동의어가 되며, 거의 자동적으로 그 사회의 주된 문제해결방식으로 번역된다. 그리고 이 번역과정에 국가, 산업, 대학, 언론

---

22   이 장은 김동광, 2001, "생명공학의 사회적 차원들, HGP의 형성과정을 중심으로", 『과학기술학연구』, 1권 1호, 한국과학기술학회 pp.105-122를 대폭 수정한 것임을 밝혀둔다.

등의 주요한 사회적 제도들이 총체적으로 개입하면서 특정 기술은 권력을 획득하게 된다.

이러한 현상의 중심에 인간유전체계획(Human Genome Project, 이하 HGP)이 있다. 일반적으로 생명공학의 진전과정과 최근 생물산업의 수립과정, 그리고 그에 따른 사회문화적 변화에 대한 설명양식은 그동안 이루어진 몇 차례의 주요한 과학기술적 진전을 중심으로 삼는 경향이 있다. 그중 가장 대표적으로 꼽히는 진전들이 멘델의 유전법칙 발견, 1953년 왓슨과 크릭의 DNA 이중나선 구조 발견, 1970년대 중반 일단의 분자생물학자들에 의한 재조합 DNA 기술의 등장, 그리고 1989년-1990년의 인간유전체계획의 출범과 2003년의 HGP 완성이다.

생명공학이라는 말은 1917년에 헝가리의 카로이 에레키(Károly Ereky)에 의해 처음 만들어졌다. 원래 그 의미는 당시까지와는 다른 생물학적 원료를 이용한 기술을 뜻하는 것이었다. 과학사학자 로버트 버드(Robert Bud)는 그의 저서 『생명의 이용(The Uses of Life)』에서 공학(engineering)의 전형이 화학공학이며 그 특성은 자본과 에너지 집약적인 공정을 이용해서 그 산물을 대량 생산하는 것이라고 말한다.(Bud, 1993) 따라서 'bio' 와 'technology'라는 얼핏 보기에 서로 잘 어울리지 않는 두 가지 개념이 하나로 결합된 '생명공학'이라는 용어는 종전 화학공학의 효소기술과 양조기술에서 사용되던 공학적 개념이 그 대상을 생물로까지 자기확장한 것이다. 오늘날과 흡사한 생명공학의 개념이 처음 등장한 것은 2차 세계대전이 끝난 후인 1960년대 중반으로 당시 이미 MIT, 컬럼비아 대학을 비롯한 미국의 5개

대학에서 "생화학 공학"이라는 이름의 강좌가 개설되었다. 이 무렵 화학공학의 방법을 생물학적 처리에 적용시킨다는 연구의 방향성이 이미 정립되었다. 그것은 공학적 방법이 생물학적 시스템의 탐구를 위한 수단이 될 수 있고, 그 방법을 통해서 생물학적 물질의 대량 조작과 처리가 가능하다는 것이었다.

1982년에 OECD의 보고서가 내린 정의는 이 두 가지 방향성에서 후자의 특성을 잘 보여준다. "생명공학이란 상품과 재화를 생산하기 위해 생물학적 요소에 의해 원료를 처리하는 과정에 과학적·공학적 원리를 적용시키는 것이다." 이러한 추이는 기술중심주의 사회에 내재된 공학적 이상(理想)이 역사적으로 표상되는 과정이기도 하다.

구(舊)생명공학과 신(新)신생명공학의 단절

기술중심적 현대사회가 화학공학을 거쳐 생명공학에 이르기까지 공학적 정향성을 관철시킨 것이 연속성의 측면이었다면, 분자생물학의 수립을 통해 본격화되기 시작한 생명공학의 진전은 단절의 측면으로 볼 수 있다. 흔히 생명공학은 효소 기술과 발효 기술을 중심으로 한 미생물적 접근방식의 구생명공학과 1970년대 이후의 신생명공학으로 구분된다(Bud, 1998).

그런데 이러한 불연속, 또는 단절의 과정은 흥미롭게도 생물과학 내부가 아니라 주로 사회적 차원에서 이루어졌다. 1974년에 독일의 화학기업 연합인 데케마(Dechema)는 생명공학에 대한 새로운 전망을 제시하는 보고서를 작성했다. 그것은 그동안 서로 고립분산적으로 이용되던 화학, 화학공학, 미생물학, 그리고 1973년에 스탠리 코헨과 허버트 보이어에 의해 이루어진 최초의 재조합 DNA 기술 등의 방법을 종합해서 보다 효율적인 공학적 방법으로 발전시킬 것을 주장하는 내용이었다. 이것은 오늘날의 생명공학의 개념과 상당히 부합한다. 그 후 1978년에 유럽생명공학연맹(European Federation of Biotechnology, EFB)이 내린 생명공학의 정의는 다음과 같다. "생명공학은 미생물, 배양된 조직과 그 일부의 기술적 능력을 획득하기 위해서 생화학, 미생물학, 공학적 과학을 통합적으로 사용하는 것이다."[23]

이 새로운 분자생물학은 전통적인 미생물학의 산물이 아니었다. 사실상 분자생물학이라는 분과가 처음 등장했을 때 아직 그 학문분야의 토대는 충분히 마련되어 있지 않은 상태였다. 물론 1973년의 재조합 DNA 기술의 등장으로 구(舊)분자생물학과 신(新)분자생물학은 미생물학과 유전학으로 구분되었다. 그러나 그 구분이 이루어진 기본 동력은 당시 사회가 생명공학을 새로운 기술로 구분지으려 했던 갈망이었다(Bud, 1998).

이것은 당시 재조합 DNA 기술을 처음 발견한 생물학자들과 기존 연관 업체들의 태도를 볼 때 분명하게 드러난다. 앞장에서 상세하게 다루었듯이 1974년에 재조합 DNA 기술을 발견하는 데 중요한 기여를 했던 폴 버그는 영국의 과학잡지《네이처》와 미국의《사이언스》에 보낸 공개서한에서 그 기술의 사회, 윤리적 위해성 여부가 밝혀질

---

23   Bud, 1998, "Molecular Biology and History of Biotechnology"에서 재인용.

때까지 과학자들이 자발적으로 연구의 일시중지를 선언할 것을 제안했고, 1975년에는 같은 주제로 캘리포니아의 아실로마에서 회의가 열리기도 했다. 그 무렵 과학자들은 새로운 기술의 엄청난 잠재력에 무척 놀랐고, 새로운 기술이 가지는 상업적 가치에 대해서는 눈길을 돌릴 여유가 없었다. 그런 가능성을 알아차리고 있던 조슈아 레데버그(Joshua Lederberg)와 같은 학자는 오히려 소수 그룹이었다.

또한 당시 연관업체였던 제약회사나 생화학기업들도 새로운 분자생물학의 상업적 가능성에 대해서는 거의 알아차리지 못했다. 유럽의 기업들은 새로운 기술을 보조적이거나 부수적인 기술 정도로 생각했다. 기술적 가능성이 현실화된 것은 그 이후 미국에서 진행된 HGP를 통해서였다. 이 과정을 다시 재구성하면 다음 표1과 같다.

이렇게 복잡한 표를 만든 이유는 생명공학의 전개과정이 그리 간단치 않으며, 지금과 같은 모습으로 전개되었을 가능성이 아닌 다른 선택지들이 여럿 있었다는 것을 보여주기 위함이다. 이 그림에 표시된 물음표는 다른 경로의 가능성을 시사하는 것이다. 일반적인 가정에서는 생명공학의 진전이 선형적(線形的) 과정인 것처럼 묘사되고 있지만, 실제로 그 모든 단계에서 복수(複數)의 경로가 존재할 수 있었음을 뜻한다.

이러한 과정은 우선 멘델의 재발견에서부터 시작된다. 1900년에 독일의 저널《독일식물학회지(Proceedings of the German Botanical Society)》에 휴고 더프리스(Hugo de Vries) 칼 코렌스(Carl Correns), 그리고 에리히 폰 체셔막(Erich von Tschermak) 세 사람이 논문을 발표해서 각기 독립적으로 40년 만에 멘델의 유전법칙을 재발견했다. 이

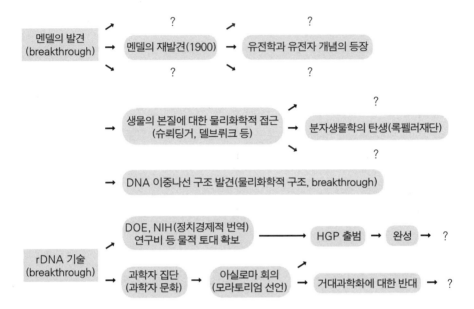

표(1) 재구성한 생명공학의 비연속적 진전과정

재발견은 이후 유전학이라는 학문분과가 성립하는 데 중요한 출발점을 제공해준다. 그들의 발견은 멘델의 유전법칙에서 '유전인자'라는 애매한 개념으로 제기되었던 유전자를 "분리가능한 실체"로 부각시켰다는 점에서 큰 의미를 갖는다. 아직 유전자의 물리적 구조가 밝혀지기 전에 이루어진 이 재발견은 근대과학의 주요한 이념인 환원주의라는 인식적 토대에서 이루어진 일종의 '발명'으로 볼 수 있다. 처음 유전학이라는 말이 만들어진 것은 1906년 생물학자 윌리엄 베이트슨(William Bateson)에 의해서였다. 그리고 유전자(gene)라는 용어는 3년 후인 1909년, 윌리엄 요한센(Wilhelm Johannsen)에 의해 주조(鑄造)되었다. 요한센은 다윈의 제뮬(gemmules), 바이스만

(Weisman)의 결정인자(determinant), 그리고 더프리스(de Vries)의 판젠(pangen) 등의 개념을 기초로 이 용어를 만들었고, "이 용어는 여러 가지로 적용가능한 작은 용어에 지나지 않는다…이는 근대적 멘델 연구에 의해 이루어진 생식체의 '기본단위', '요소', 그리고 대립형질을 나타내는 데 유용하다…"[24]라고 말했다.

DNA 이중나선 구조와 재조합 DNA의 발견 과정도 앞에서 다루었듯이 복잡다단한 사회적 맥락과 갈망들에서 비롯되었다. 마지막으로 생물과학이 인간유전체계획이라는 거대과학으로 전환되는 과정도 그리 매끄럽지는 않았다. 많은 생물학자들이 거대과학화에 반대했다. 거대과학화에 대한 반대의 근거는 크게 세 가지이다. 첫째는 거대과학화에 따른 필연적인 환원주의적 경향에 대한 반대이다. 분자생물학에 의해 과학적 진보와 동의어인 것처럼 사용되고 있는 "분자화(molecularization)"는 생물과학이 채택할 수 있는 하나의 방법론일 뿐 유일한 것은 아니며, 그동안 HGP가 수립되는 과정에서 마치 생물을 이해하기 위한 가장 근본적인 접근인 것처럼 과장되어 있다는 것이다. 분자적 접근이 생물과 생명현상을 이해하는 데 중요한 역할을 하는 것은 사실이지만 그 이외에도 여러 수준의 접근들이 함께 이루어져야 하며, 현 단계에서는 그중 어느 것이 더 근본적이라고 확정적으로 이야기할 수 없다는 것이다. 둘째는 리로이 후드(Leroy Hood)와 캘리포니아 공과대학의 연구진들에 의해 처음 개발된 자동화된 염기서열분석장치(sequencing machine)의 사용을 기반으로 한

---

24   Keller의 The Century of the Gene, 2000에서 재인용

생물학의 기계화에 대한 반발이다. HGP 초기부터 많은 문제제기를 했던 데이비드 볼티모어는 연구자들이 자동화된 기계에 달라붙어 염기서열을 해독하는 일벌들로 전락하는 것을 우려했다. 또한 버나드 데이비스(Bernard D. Davis)는 "엄청난 규모의 설비와 시설들을 필요로 하는 물리학의 다른 분야들과는 달리 생물학은 그런 정도의 '거대과학'에 대한 분명한 요구를 갖지 않는다. 분자생물학 분야에서 미국이 그동안 극적인 성공을 거둘 수 있었던 것은 독립적이고, 연구자가 주도하고(investigator-initiated), 동료평가가 이루어지는 연구에 크게 힘입었다…"[25]라고 말했고, 그 외의 여러 학자들도 생물학이 일종의 "조사사업"이 되는 것에 반대했다. 세 번째는 HGP로 많은 연구자금이 집중되면서 다른 중요한 연구분야들이 상대적으로 위축되는 현상에 대한 반대이다. 한정된 연구자금이 유전체계획에 집중될 경우, 유전자나 분자적 연구가 아닌 다른 연구가 위축될 가능성이 자명하다는 것이었다. 그러나 데이비드 보트스타인(David Botstein)처럼 초기에 거대과학화에 반대했던 많은 생물학자들은 결국 연구비가 집중되는 HGP에 합류했다(Cook-Deegan, 1994).

"미국의 HGP"와 그 물적 토대들
– 생물학의 맨해튼 프로젝트

1945년 7월, 전쟁과학의 핵심인물이자 미국 과학연구개발국

---

[25]   *Science*, 1990. 7. 27, vol. 249, pp.342-343

(OSRD) 국장이었던 배너버 부시(Vannevar Bush)는 「과학─끝없는 프론티어(Science-Endless Frontier)」라는 유명한 보고서를 발표했다. 이 보고서는 1년 전인 1944년에 "국가안보를 유지하고, 미국이 전쟁 동안 이룬 과학적 업적을 전후에 지속시킬 수 있는 방안을 마련하라"는 당시 루즈벨트 대통령의 주문에 대한 답변이었다. 전기공학자이기도 했던 부시는 이 역사적인 보고서에서 오늘날까지 그 영향이 지워지지 않는 핵심적인 메시지를 전달했다. 그것은 "근대사회에서 국가안보를 지키고 국부를 증진시키기 위해 과학발전은 필수적이며…전시든 평화시든 국가안보를 위해 과학이 효율적인 기여를 하기 위해서는 과학자들이 팀을 이루어 연구활동을 해야 한다"는 것이었다. 40쪽 분량의 그리 길지 않은 이 보고서는 2차 대전 기간 동안 많은 소출을 거둔 전쟁과학의 성과를 기반으로 전후 과학의 방향을 결정 지은 이정표가 되었다.

사람의 전체 유전자, 즉 인간 게놈을 해석하는 인간유전체계획(HGP)은 사람의 유전자의 정확한 지도를 작성한다는 계획이다. 1953년 왓슨과 크릭이 DNA의 이중나선 구조를 밝힌 지 불과 30여 년 후인 1985년 미국의 산타크루스의 캘리포니아 대학에서 최초로 인간 게놈을 해석하는 계획에 대한 논의가 시작되었고, 그후 21세기에 미국이 세계를 주도하게 만들 핵심기술이 생명공학임을 간파한 미국에너지성(Department of Energy, DOE)과 국립보건원(NIH)이 주도권을 놓고 치열한 경쟁을 벌이다가 1989년에 상호협조 각서에 서명하면서 HGP는 본격적으로 착수되었다(Cook-Deegan, 1994).

HGP는 철저하게 "미국의" HGP로 시작되었다. 출범 당시 미국,

영국, 프랑스, 독일, 일본의 5개국의 컨소시엄으로 시작되었고, 나중에 중국이 참여해서 총 6개국 20개 연구센터에서 프로젝트가 진행되었지만, 실질적으로 가장 중심적인 역할을 한 것은 미국이었다. 당시 미국은 탈냉전시대에 새로운 기술을 통한 세계적인 주도권을 확보할 필요성을 느끼고 있었다. 원자폭탄 제조계획으로 거대과학을 본격화시킨 맨해튼 프로젝트의 산모격인 원자폭탄위원회(Atomic Bomb Casualty Commission, ABCC)가 이번에도 중요한 역할을 담당했다. ABCC는 원자에너지위원회(Atomic Energy Committee)가 설립한 것이며, 이후 미국에너지성이 된다. ABCC는 80년대 중반부터 HGP를 구상한 것으로 알려져 있다. 이 기구는 에너지성으로 변화했지만, 냉전 이후 시대의 미국의 안보를 중심에 놓는 사고는 바뀌지 않았다. HGP는 냉전 종식으로 변화된 상황에서 새로운 안보, 즉 기술력과 경제력을 확보해주는 축으로 인식되었다. 따라서 HGP는 탈냉전 프로젝트(post cold-war project)로 추진되었지만(Beatty, 2000), 실제 내용상으로 냉전 이후 안보개념의 변화에 의한 새로운 냉전 프로젝트였다.

표(2) 냉전 이후 안보 개념의 전환

- 안보의 축; 군사 → 경제
- 대상기술; 원자력 → DNA
- 상대국; 소련 → 일본

DOE는 흔히 제기되는 "왜 생물학과 아무 관련이 없는 DOE가

| 그림 9 | HGP 로고. 마치 DNA 사슬 속에 인간이 갇혀 있는 듯한 인상을 주어서 여러 학자들로부터 유전자 결정론이라는 비판을 받기도 했다.

| 그림 10 | DNA 성조기를 두른 왓슨. 출전(Nature, 341, p.679)

HGP를 주도하는가?"라는 물음에 크게 두 가지 답변을 한다. 1)이전에 DOE가 관여했던 대규모 과학연구 프로젝트가 성공을 거두었기 때문에 그 연속성을 유지할 필요성. 2)신기술 개발과 신기술의 상업화를 촉진시키는 데 발휘되었던 이전의 경험. 이 답변은 미국의 HGP의 성격을 잘 보여준다. 그것은 한마디로 미국의 안보를 중심축으로 삼는 거대과학의 연속이었다.

공적 컨소시엄과 사기업의 치열한 경쟁

이 연구에 참여한 대부분의 과학자들과 국가 연구프로젝트를 지원하는 각국 정부들은 인간유전체계획이 우리에게 줄 수 있는 긍정적인 측면들을 적극적으로 부각시켰다. 가장 많이 거론되는 분야가 하늘이 내린 천벌로 불리는 유전병이다. 유전성 알츠하이머병, 헌팅턴무도병, 낭포성섬유증, 겸형적혈구빈혈증 등이 여기에 속한다. 그 외에도 유방암, 대장암 등의 암(癌)과 에이즈를 비롯해서 아직까지 인류가 극복하지 못하고 있는 난치병들도 유전자와의 관계가 밝혀진다면 치료와 예방을 위한 새로운 길이 열릴 수 있다는 것이다. 그러나 공식적으로만 30억 달러에 가까운 비용이 들어간 것으로 추정되는 인간유전체계획이 전체 인구 중에서 극히 일부를 차지하는 유전병 환자들을 위해 계획된 것은 물론 아니다. 이 프로젝트가 처음 논의가 시작된 지 불과 몇 년 만에 일사천리로 결정된 데에는 미래에 열릴 엄청난 규모의 시장에 대한 예상이 큰 역할을 했다.

HGP는 단일 프로젝트로는 가장 큰 규모였을 뿐 아니라 그밖의 여러 가지 특성에서 과학활동에 새로운 전범을 제공했다. 어떤 면에서 HGP는 거대과학의 전형을 이루지만, 다른 한편으로 "미리 설정된 기한 내에 명확하게 주어진 목표를 실천"하는 새로운 연구양식을 선보였다. 또한 HGP 진행 과정에서 이루어진 게놈 콘소시엄과 셀레라 게노믹스사의 경쟁에서 잘 나타났듯이 자료의 대량처리 기술, 그리고 연구결과를 놓고 벌이는 속도경쟁을 과학연구활동이 달성해야 할 주요한 목표이자 덕목으로 부상시켰다. 그리고 그 과정에서 이른바 과학연구의 "아메리칸 스타일"이라 불리는 자기 선전과 광고도 연구활동에서 빼놓을 수 없는 지위를 확보하게 되었다.

인간유전체계획이 프랜시스 콜린스가 이끄는 공적 국제 컨소시엄과 사기업인 셀레라 게노믹스 사이의 경쟁으로 점철하게 된 것은 1998년 NIH 연구원이었던 크레이그 벤터(J. Craig Venter)가 실험기기 제작업체인 퍼킨 엘머사와 합동으로 사기업인 벤처 회사를 설립해서 인간유전체의 염기해석을 완성시키겠다고 발표하면서부터였다. 그는 90년대 후반부터 소규모 클론 샷건 염기서열 분석법(small-clone shotgun sequencing)이라는 방법으로 그전까지 과학자들이 일일이 수작업으로 염기서열을 분석하는 방법이 아니라 비약적으로 빠른 방법을 제안했다. 이 방법은 최대 18~35킬로베이스의 클론을 잘게 나누어서 분석할 수 있는 크기로 만들어 다시 이 짧은 연쇄들을 합치는 방식이었다. 벤터는 자신이 생각해낸 방법을 이렇게 설명했다.

뉴욕타임스를 자른다고 생각해보자. 제한효소와 마찬가지로 규칙은 페이지에 '함께'라는 단어가 나올 경우 '오늘' 앞까지 잘라

| 그림 11 | 백악관 초안발표를 보도한 《타임》 2000 July 3 표지. 크레이그 벤터와 프랜시스 콜린스의 얼굴이 함께 실렸다. 벤터는 자서전에서 원래 《타임》이 자신만 표지에 넣으려 했으나 콜린스가 자기도 함께 넣어달라고 간청해서 함께 넣기로 했다고 뒷사정을 밝혔다.

내는 것이다. 같은 과정을 되풀이한다. 그리고 이번에는 '그리고'가 나올 경우 '라고' 앞에서 자른다. 글을 못 읽는 사람이라도 잘라낸 신문의 각 조각에 있는 단어를 알아볼 수 있으면 신문을 다시 짜맞출 수 있다. 바이러스 염기서열을 분석할 때에는 생어의 제한효소법이 유일한 방법이었지만, 이 방법은 직접 손으로 해야 하는데다 느리고 지루했다. 30억 염기쌍으로 이루어진 사람의 게놈에는 더욱 부적합했다.[26]

이 방법이 자동염기서열 분석기, 컴퓨터 프로그램 등과 결합할 경우, 염기서열 분석 속도는 비약적으로 빨라질 수 있었다. 셀레라 게노믹스는 3년 안에 인간의 전체 DNA, 즉 게놈을 해독하겠노라고 발표했다. 왓슨이 1992년 책임자 자리에서 물러난 이후 뒤를 이은 프랜시스 콜린스를 비롯한 공적 컨소시엄 측은 상당한 충격을 받았고 원래 2005년을 목표로 했던 기한을 2003년으로 앞당겼다. 과학연구에서 전례를 찾을 수 없는 목표 기한 앞당기기 경쟁이었다.

벤터는 자신의 자서전 『게놈의 기적(A Life Decoded)』에서 왓슨과

---

26   크레이그 벤터, 2009, 『게놈의 기적』 노승영 옮김, 추수밭, pp.169-170

콜린스로 이어진 정부 주도 연구팀과의 경쟁과정에서 빚어진 갈등을 적나라하게 폭로했다. 왓슨의 『이중나선』과 마찬가지로 크레이그 벤터의 자서전도 생명공학의 전개과정에서 빚어진 갈등과 경쟁 과정을 과학자, 정치가, 정부 관계자, 기업 관련 인사 등의 실명을 거론하면서 노골적으로 묘사해서 현대과학의 정치경제학을 들여다볼 수 있는 좋은 창문을 제공해주었다.

화려한 '초안' 발표 행사

2000년 6월 26일에 있었던 게놈 초안 발표는 철저한 준비를 거쳐 극적인 효과를 노리고 정교하게 안무된 한 편의 의식(儀式)이었다. 클린턴과 블레어는 인공위성까지 동원한 화려한 의식을 통해 게놈 지도의 초안 발표를 "인류사에서 가장 중요한 사건" 중 하나로 끌어올렸고 전 세계를 상대로 DNA에 초국적 권위와 힘을 부여했다. 클린턴과 블레어는 세계를 상대로 DNA 독트린을 발표한 셈이다.

백악관 발표장에는 상·하원 위원, 영국, 독일, 일본 프랑스 대사 등 600명 가까운 국내외 인사가 입추의 여지없이 들어찼고, 쉴새없이 TV 카메라가 돌아가고 기자들의 플래시가 터졌다. 대형 플라즈마 스크린 두 대가 다우닝가와 토니 블레어 영국 총리 공관을 실시간으로 연결하고 있었다. 클린턴은 유전자 지도를 그린 6개국 1000여 명의 과학자들의 노고를 치하하고, 게놈 과학이 앞으로 질병치료를 비롯해서 인류의 삶 전체를 바꾸어놓을 것이라고 선언했다.

| 그림 12 | 2000년 6월 게놈 초안 완성을 발표하는 클린턴 대통령. 왼쪽이 크레이그 벤터이다.

우리는 오늘 인간의 전체 유전체에 대한 최초의 탐구가 완성된 것을 축하하기 위해 모였습니다. 이것은 의심의 여지없이 지금까지 인류가 작성한 가장 위대하고, 경이로운 지도입니다. 오늘 우리는 신이 생명을 창조한 언어를 이해하게 되었습니다. 우리는 신께서 주신 가장 거룩한 선물인 생명의 복잡성, 아름다움, 그리고 신비에 대해 더더욱 경외감을 느끼게 됩니다. 이 경이로운 신지식을 토대로, 인류는 치료를 향한 엄청난 새로운 힘을 얻기 직전에 도달해 있습니다. 게놈 과학은 우리의 모든 삶에, 나아가 우리 아이들의 삶에는 더 큰 영향을 미치게 될 것입니다. 게놈 과학은 인류의 모든 질병을 아니더라도 대부분의 질병에 대한 진단, 예방,

| 그림 13 | 셀레라 게노믹스와 공적 컨소시엄 측이 각기 따로 게놈 초안 완성을 발표한 2001년도 Science(16 February) 표지와 Nature(15 February) 표지

그리고 치료를 혁명적으로 바꾸어놓을 것입니다.[27]

그런데 정작 이날 발표된 것은 그야말로 '초안의 초안'이었다. 이날 발표된 것은 인간 게놈의 염기서열의 일부였고, 2001년에야 전체의 초안이 발표되었다. 2000년 백악관 공동발표로 간신히 화해를 하는 듯했던 공적 컨소시엄과 셀레라 게노믹스는 다시 치열한 경쟁과 언론전에 돌입했고, 결국 2001년 서로 다른 과학저널에 결과를 발표하기에 이르렀다. 셀레라 게노믹스는《사이언스》, 컨소시엄 측은《네

27　Francis S. Collins, 2010, *The Language of Life*, HarperCollins Publishers. p.304에서 재인용

이처》에 각기 게놈 초안을 발표했다. 그리고 인간유전체계획이 최종 완료되어 사람의 유전자의 물리적 지도가 완성된 것은 그로부터 2년 후인 2003년이었다.

상업화를 둘러싼 논쟁

2001년 2월 13일에 공적 지원을 받는 콘서시엄 측과 개인기업인 셀레라 게노믹스가 공동으로 결과를 발표한 이후, 셀레라 게노믹스 사는 공개적으로 자신들이 해석한 게놈 정보를 판매하려고 시도해서 많은 논란을 불러일으켰다. 이러한 현상은 그동안 공적(公的) 활동으로 이해되었던 과학연구의 성격이 사적 활동, 또는 상업적 활동으로 급물살을 타는 중요한 전환점을 이룬다. HGP는 그동안 유전자와 생물 특허를 둘러싼 논쟁, 공적 콘서시엄을 탈퇴한 과학자들의 바이오 벤처 설립, 공적 컨소시엄과 기업의 속도경쟁, 연구결과의 공공연한 판매 등의 과정을 통해 암묵적으로 진행되어온 과학활동 및 그 결과의 사유화 및 상업화를 공식화, 합법화시키는 과정이기도 했다.

셀레라 게노믹스의 상업화 시도에 대해 공적 컨소시엄 측은 맹렬한 비난을 퍼부었다. 프랜시스 콜린스는 셀레라 게노믹스가 자신들이 해독한 게놈 정보의 특허를 출원하는 움직임을 보이자 벤터를 "괴짜 과학자(maverick scientist)"로 부르면서 인간유전체계획이 사유화될 위험에 처하게 된 원인을 주로 크레이그 벤터와 셀레라 게노믹스에서 찾았다. 인간 유전자의 특허를 향한 골드러시는 이미 1996년부터 일부 회사와 대학에서 진행 중이었고, 인간 유전체 분석 결과가 특허로 이어질 수 있다는 우려가 공적 컨소시엄에서 일찍부터 제기되었다. 콜린스는 1996년에 버뮤다에서 국제회의를 열어 인간 유전체의 DNA 염기서열이 해석되면 24시간마다 인터넷에 공개하기로 결의했다고 밝혔다.

> 대규모 연구센터에서 해석된 인간의 모든 주요 게놈 염기서열은 자유롭게 이용할 수 있어야 하며, 연구와 개발을 위한 공공재(public domain)로 간주되어야 한다…그 기능이나 진단적 이용에 대한 정보가 없는 게놈 염기서열은 특허로 보호될 대상이 아니다.[28]

셀레라 게노믹스는 비판에 직면하자 연구목적을 위한 사용에 대해서는 무상으로 제공하겠다는 입장을 제시했지만, 실상 많은 제약이 뒤따라서 무상으로 게놈 정보를 이용하기 어렵게 만들었다는 지적이 있었다. 공적 컨소시엄 측은 셀레라가 설령 이익을 추구하는 사적 벤처라 하더라도 과거에 NIH에서 이루어진 연구결과의 도움이 없었다면 염기해석 계획을 수립하고 실행에 옮기기 어려웠을 것이라고 주장했다.

또한 많은 사람들은 의료나 그밖의 목적을 위한 정보로 가공되지 않은 순수한 인간 게놈의 염기서열 정보 자체를 판매나 특허의 대상으로 삼는다면 35억 년 이상에 걸친 생명 진화의 산물인 유전자를 개

28　　Collins, 같은 책. p.301

인이나 기업이 사유화하는 격이라고 비판했다. 말하자면 '생명공학의 대동강 물 팔아먹기'와 흡사한 셈이다. 크레이그 벤터 자신이 말했듯이 인간유전체계획의 발견 중 하나는 인간 유전자가 인간에게만 고유한 것이 아니라 다른 생물들과 상당 부분 중복된다는 것이었다.

원래 사람의 유전자는 10만 개 이상일 것이라고 예상되었지만, 분석 결과 2만 6천 개 정도로 밝혀졌다. 그것은 유전자가 게놈 전체에 고르게 분포되어 있을 것이라는 가정이 틀린 것으로 드러났기 때문이다. 게다가 개에게 없는 사람의 고유한 유전자는 300개 정도에 불과하며, 벼와 같은 식물 유전자와도 많은 부분이 공통되며 침팬지와 같은 유인원과는 99%가량 일치한다는 사실이 드러났다. 유전자라는 관점에서만 보자면 호모 사피엔스를 영장류에서 구분할 근거가 별반 없는 셈이다. 게다가 인종간 유전자 차이보다 개인별 유전자 차이가 더 크다는 사실도 밝혀졌다. 특히 단백질을 부호화하지 않는 염기서열, 즉 흔히 쓰레기(junk) DNA라 불리는 보존된 비유전자 염기서열(CNG, Concerved Non-genic Sequence)은 개, 코끼리, 월러비 등에서 엄청난 부분이 거의 일치한다는 사실이 드러났다.[29] 그동안 인간의 고유성이 유전적으로 뒷받침된다는 생각이 뿌리에서 흔들리게 된 것이다. 따라서 인간 유전자의 염기서열은 인간의 것이 아니라 포유류, 나아가 생명 전체의 공동 자산인 셈이다. 또한 그동안 전통적으로 공유재로 간주되어온 과학지식이 사유화된다는 점에 대해 많

29　J. Craig Venter, et al. "The Sequence of the Human Genome", *Science* 16 Feb 2001: Vol. 291, Issue 5507, pp.1304-1351

은 사람들은 멘델레예프의 주기율표를 교과서에 싣거나 아인슈타인의 E=mc²과 같은 방정식을 사용할 때마다 이용료를 지불해야 하는가라는 비난이 쏟아지기도 했다.

셀레라 게노믹스의 크레이그 벤터는 자서전에서 상업화 논란에 대해 자신들의 연구가 앞서나가자 공적 컨소시엄 측이 시기를 해서 여론전으로 흠집내기를 한 것이라고 주장했지만, 어쨌든 인간유전체계획을 통해 과학 상업화에 대한 논의가 본격화된 것은 사실이다. 그런데 한 가지 흥미로운 사실은 인간유전체계획의 시작부터 완성에 이르기까지 주된 동력으로 작용했던 "천문학적 규모의 생물학적 시장"이 이미 존재하는 시장이 아니라 미국 정부를 비롯한 많은 사회집단들의 기대에 의해 예상된 시장이었다는 점이다.

흔히 생물학을 중심으로 형성되고 있는 새로운 시장은 그동안의 기술적 진전의 결과로 열린 것으로 가정된다. 그러나 유전체계획으로 예견된 시장은 아직 실현된 시장이 아니라 앞으로 실현될 시장에 대한 기대였다. 이것은 자연스러운 시장 개념과는 크게 다르다. 그것은 HGP가 새롭게 열어놓은 '경제적 공간'이었다(Kenny, 1998).

이 과정을 간략히 요약하면 "하부구조의 확보 → 새로운 기업의 등장 → 미래의 생명공학 시장 창출"이다. 하부구조의 확보는 생물특허 제도의 획득, 대학과의 긴밀한 공조 체제의 수립이 중요한 과정이다. 다른 기술의 경우도 마찬가지이지만 생명공학도 기술진의 공급처를 대학으로 삼았다. 연구기술진을 얻기 위해 사용된 중요한 전략은 "과학자문위원회(scientific board of director)"의 형태를 띠었다. 이는 이미 대학 내에서 안정된 지위를 확보하고 있는 교수와 연구자들, 그리고 박사후 연구원들을 이끌어들이기 위한 전략이다.[30] 이처럼 미국에서 새로운 기술의 가능성에 뛰어든 기업들이 대개 다국적기업(multinational companies, MNCs)이 투자한 소규모 창업회사들이었다는 점도 새로운 하부구조를 창출해야 하는 이유 중 하나였다.

생명공학에 대한 기업들의 투자는 주로 다국적 기업들, 특히 제약회사와 화학기업, 그리고 석유회사들에서 이루어졌다. 그러나 이들 기업의 초기 투자는 다소간 방어적인 것이었다. 향후 유전공학이 발전하면서 그로부터 쏟아져 나오는 산물들이 자신들이 만들던 전통적인 상품의 지위를 위협할 수 있다고 우려했기 때문에 기존의 시장 지배를 유지하기 위해 새로운 분야의 과학자들에게 접근하고 이사 자리를 얻어 빠르게 출현하는 신흥(emerging) 기술을 살펴볼 수 있는 '창문'을 얻는 방식이었다. 엘리 릴리사는 인슐린을 얻기 위해 제넨테크와 계약을 맺었다. 인디애나 스탠더드 오일과 캘리포니아 스탠더드 오일은 1971년에 창업해서 조슈아 레더버그의 자문을 받은 작은 기업 세투스(Cetus)사의 주식에 투자한 최초의 큰손들이었다. 스위스의 거대제약회사인 호프만-라 로슈와 영국의 화학 카르텔인 ICI는 대학이나 대학 바깥의 재조합 DNA 과학에 돈을 댄 초기 투자자들이었다.[31] 대규모 제약회사들이 생명공학으로 눈을 돌린 것은 이런 창업기업들이 상당한 기반을 확보하고 시장에 대한 전망을 수립한

30　최초로 등장한 생물 벤처 업체 중 한 곳인 Genentech는 샌프란시스코에 있는 캘리포니아 대학(UCSF)의 연구진을 기반으로 이루어진 기업이다.

31　Jon Agar, 2012, *Science in the Twentieth Century and Beyond*, Polity, p.439

이후의 일이었다.

거대사업과 거대과학의 결합

17세기의 과학혁명과 그 이후의 산업혁명 이래 이러한 공학적 정향성은 자연을 개발과 공학의 대상으로 삼으면서 지속-강화되어왔다. 그러나 지금까지의 변화가 인간을 둘러싼 조건과 환경의 변화이었다면 인간유전체계획의 완성으로 본격화된 생명공학의 혁명은 인간과 생명 그 자체를 공학의 대상으로 삼고 있다는 점에서 차이를 갖는다. 둘째, 생명공학이 발전하는 역사적 과정의 특수성으로서, 생명공학의 급격한 발전은 경제적 동기에서 비롯된 거대사업과 거대과학의 결합이다. 생물학자 르원틴은 그의 저서 『DNA 독트린』에서 이렇게 말했다.

우리는 인간게놈프로젝트에서 자주 거론되지는 않지만 무엇보다 가장 신비화된 생물과학의 한 측면을 보게 된다. 생명의 본성에 대한 궁극적인 발견이라고 일컬어지는 것들은 그 밑에 연구의 방향과 주제에 대해 강력한 자극을 제공하는 지극히 단순한 상업적 연관을 감추고 있다…대학에서 교수직을 맡고 있는 분자생물학자들 중 상당부분은 여러 생명공학 기업에서 중요한 과학자로 역할을 하거나 그런 기업의 중요한 주주이다. 여기에서 나오는 기술은 주요한 산업이며, 벤처 자본이 이익을 얻기를 원하는 주요 원천이다. 인간게놈프로젝트는, 그것이 대중들을 희생시켜서(대중들에게서 나오는 돈으로) 새로운 기술을 창조하는 한, 생명공학 기업들이 자신들의 상품을 시장에 내놓을 수 있는 강력한 도구들을 제공하게 될 것이다. 게다가 이 프로젝트의 성공은 생명공학이 유용한 산물을 만들어내는 힘에 대해 좀더 강력한 신뢰를 부여해 줄 것이다…인간게놈프로젝트는 거대한 사업이다.[32]

지금까지 모든 기술이 정치경제적 동기 없이 개발된 적은 없었지만 생명공학은 인간유전체계획의 경우에서 알 수 있듯이 유례를 찾아볼 수 없을 정도로 "의도적인" 경제적 동기에서 출발되었다. 이러한 의도성으로 인해 생명공학은 1953년 이래 불과 반세기 남짓한 기간 동안 빠른 속도로 발전할 수 있었다. 그러나 이러한 빠른 발전과 병행해서 그 사회적 영향에 대한 폭넓은 연구가 이루어지지 못하면서 오늘날 많은 사회적·윤리적 문제가 발생하고 있으며 그만큼 신념체계의 유포를 통한 인지적 정당성 확보의 필요성도 높아지는 셈이다.

이렇게 유도된 신념체계의 핵심적인 요소가 유전자 결정론이었다. 유전자 결정론은 물리학에서 물질의 기본적인 단위를 원자로 파악하듯 생물을 결정하는 가장 근본적인 단위를 유전자로 파악하는 사고방식이다. 유전자 결정론은 멘델의 유전법칙에 대한 재해석에서부터 DNA 이중나선 구조의 발견에 이르기까지 일관된 흐름으로 지속되었지만, 그 공고화와 대중적 차원으로의 확산은 HGP를 통해

---

32 리처드 르원틴, 2001, 『DNA 독트린, 이데올로기로서의 생물학』, 김동광 옮김, 궁리. pp.97-98

서였다. HGP는 그 출발부터 게놈의 염기서열을 해독함으로써 생명의 본질을 이해하고, 질병, 건강 등의 문제에 대한 포괄적인 해결책을 얻을 수 있다는 신념을 자기 강화해왔다.

생명공학 발전을 주도하는 미국을 비롯한 선진국들은 기술중심적 접근을 통해 생명공학기술의 발전을 곧바로 사회에 적용시키려는 일관된 움직임을 보였다. 이것은 기술생산국들이 취하는 일반적인 접근방법이다. 이 과정에서 기술수입국들은 기술과 함께 그 기술을 정당화시키기 위한 신념체계까지 함께 수입하게 되며 그 과정에서 기술 자체의 문제 이외에도 많은 사회-문화적 문제가 야기된다. 이러한 양상은 특히 기술생산국들과 상이한 사회-문화적 배경을 갖고 있는 기술수입국인 제3세계의 경우에 두드러지게 나타난다.

그리고 이러한 신념은 여러 차례의 이벤트와 언론매체를 통해 대중적으로 전파되면서 확고한 사실의 지위를 확보하게 되었다. 현실적으로 생물학자들 중에도 극히 예외적인 경우를 제외하면, 유전자결정론을 그대로 받아들이는 사람은 없다. 그러나 건강과 질병에 대한 커뮤니케이션과 수사(修辭)를 통해 유전자결정론은 대중들 사이에서 이미 지우기 힘든 사실적 지위를 확보하고 있다.

생물학의 거대과학화–과학연구 실행양식 변화

인간유전체계획은 과학연구 자체에도 큰 영향을 미쳤다. 그 핵심은 앞에서도 언급했듯이 생물과학을 거대(巨大)과학으로 만든 것이다. 거대과학을 한마디로 요약한다면 '2차 세계대전 이후 새롭게 등장한 과학연구 방식'이라고 할 수 있다. 먼저 거대과학의 선조뻘에 해당하는 움직임은 20세기 초 물리과학을 중심으로 나타난 대규모 과학의 흐름에서 시작되었다고 볼 수 있다. 거대한 입자가속기나 전파망원경을 기반으로 하는 입자물리학이나 전파천문학의 경우, 막대한 비용, 엄청난 물리적 자원, 인력, 기술력 등이 요구되기 때문에 소수의 개인이나 작은 연구집단으로는 엄두도 내지 못하는 새로운 연구방식이다.

거대과학이 가져온 변화는 가장 먼저 과학연구의 목표와 방향에 대한 결정이 과학자 개인이나 작은 연구자 집단에서 거대한 연구소, 기업, 나아가 국가로 이전하게 되었다는 점이다. 다시 말해서 연구의 주도권이 과학자 개인에서 자본이나 국가와 같은 거대조직으로 넘어가게 되었다는 뜻이다. 과거에는 과학자들이 연구주제를 결정하는 데 자신의 관심사가 1차적인 요소로 작용했지만 2차 세계대전이 끝나면서 더 이상 과학자들은 자신의 연구관심이 아니라 연구비를 지원받거나 직장을 구하기 쉬운 분야에 맞추어서 연구주제를 설정할 수밖에 없게 되었다. 그것은 연구비를 지원하는 대기업이나 국가가 특정한 방향으로 연구비를 집중 지원하기 때문에 과거처럼 자유로운 연구주제에 대한 지원이 상대적으로 줄어들게 되었기 때문이다.

두 번째 특징은 과학연구의 중앙집중화, 관료화, 그리고 정치화이다. 많은 숫자의 연구자들이 함께 모여서 단일한 연구주제를 놓고 분업적인 시스템을 구축하다보니 자연스럽게 연구는 중앙집중화되고 관료화될 수밖에 없다. 따라서 과거에는 없던 연구관리자라는 역할이 생겨나고, 보다 많은 연구비를 얻기 위해 자신의 연구를 선전하며 언론을 적극적으로 활용하기 위해 대중매체와 인터뷰를 하고, 연구비 지원서를 작성하는 등의 연구 이외의 업무에 들어가는 시간을 당연한 것으로 여기는 새로운 연구 풍속도가 나타났다. 더 이상 과학자가 실험실에서 연구에만 몰두해서는 칭송받지 못하게 된 것이다. 이러한 과정에서 과학의 상업화와 정치화가 점차 가속되었다.

이러한 양상은 단지 생명공학이나 생물학에 국한되는 문제가 아니라 새로운 천년대가 시작된 이래 생물학 이외의 다른 분야의 과학 활동에도 많은 영향을 주고 있다. 실제로 이후 비슷한 양상으로 국가가 주도했던 나노, 로봇 등 융합기술 프로젝트들은 HGP를 벤치마킹하려는 양상을 보이고 있다. 따라서 HGP는 생물학뿐 아니라 다른 과학 분야에 대해서도 하나의 모델 케이스로서 전범(典範)을 제공한 셈이다.

지금까지 살펴보았듯이 HGP는 단순히 분자생물학이나 유전학의 발전과 자동 염기서열 분석기계와 같은 기술적 장치들이 등장하면서 저절로 이루어진 산물이 아니라 그 형성과정에서 숱한 정치경제학과 사회문화적 차원들이 작용한 거대한 복합체이다. 그것은 연구자와 정부기구, 사기업 등 여러 집단들의 숱한 이해관계와 갈망들이 얽힌 공(共)구성의 과정이었다. 2003년 인간 게놈의 염기서열을 분석해서 최종 완성된 인간유전체계획은 생의료 분야의 시장에 대한 기대를 한껏 부풀려서 이후 생명공학의 상업화를 촉진시켰고, 자신을 정당화하기 위해 건강과 질병과 같은 생명현상이 모두 DNA로 이해가능하다는 DNA주의를 유포해서 생명의 분자적 관점을 한층 강화시켜 신념체계로 굳혔다.

- 르원틴, 리처드, 2001, 『DNA 녹트린, 이네올로기로시의 '생물학』, 김동광 옮김, 궁리
- 벤터, 크레이그, 2009, 『게놈의 기적』, 노승영 옮김, 추수밭
- Agar, Jon, 2012, *Science in the Twentieth Century and Beyond*, Polity, p.439
- Beatty, John, 2000, "Origins of U.S Human Genome Project: Changing Relationships between Genetics and National Security", in Sloan, Phillip R.,(Edit.), *Controlling Our Destines, Historical, Philosophical, Ethical, and Theological Perspectives on the Human Genome Project*, University of Notre Dame Press.
- Bud, Robert, 1993, *The Uses of Life, A History of Biotechnology*, Cambridge University Press
- _____, 1998, "Molecular Biology and History of Biotechnology" in Thackray Arnold(Edit), *Private Science, Biotechnology and the Rise of the Molecular Sciences*, University of Pennsylvania Press
- Collins, Francis, S., 2010, *The Language of Life*, Harper Collins Publishers
- Cook-Deegan Robert, 1994, *The Gene Wars; Science, Politics and the Human Genome*(『인간게놈프로젝트』, 황현숙/과학세대 옮김, 민음사)
- Kenny, Martin, 1998, "Biotechnology and the Creation of a New Economic Space", in Thackray Arnold(Edit), *Private Science, Biotechnology and the Rise of the Molecular Sciences*, University of Pennsylvania Press
- Keller, Evelyn Fox, 2000, *The Century of the Gene*, Harvard University Press
- Nelkin, Dorothy, 1995, *The DNA Mystique, The Gene as a Cultural Icon*, W. H. Freeman and Company
- Venter, J. Craig , et al. "The Sequence of the Human Genome", *Science* 16 Feb 2001: Vol. 291, Issue 5507, pp. 1304-1351

11장

세계화와 생명의
전 지구적 사유화

1980년대 이후 과학기술을 둘러싼 상황은 크게 바뀌었다. 80년대 말 소련을 필두로 사회주의권이 사실상 붕괴하면서 독주체제를 맞이한 자본주의 진영은 전 세계를 역사상 유례를 찾을 수 없을 정도로 긴밀하게 자본의 그물망으로 얽어맸다. 자본의 자유로운 흐름을 방해하는 모든 요소들을 제거하려는 신자유주의의 움직임은 생명 과학기술의 실행양식에도 크게 영향을 미쳤다.

과학지식이 생산되는 방식도 예외는 아니었다. 공교롭게도 1980년에 일어난 두 가지 사건이 과학기술 상업화에 제도적 기반을 마련해주었다. 연방자금의 지원으로 연구를 진행한 대학이나 기업이 발명에 대한 권리를 가지고 특허를 신청할 수 있는 길을 열어준 미국의 베이돌 법안과 생물 특허의 길을 열어준 다이아몬드-차크라바티 판

| 그림 14 |　유전자조작 생물에 대해 최초의 특허를 받은 아난다 차크라바티

결(Diamond V. Chakcrabaty)이 그것이다. 다이아몬드-차크라바티 사건은 제너럴 일렉트릭 소속 미생물학자 아난다 차크라바티(Ananda Chakrabarty)가 1971년에 해양유출된 원유를 생분해할 수 있도록 유전자 조작된 미생물 특허를 출원하면서 시작되었다. 처음에 특허청은 "토스터라면 몰라도…"라는 유명한 판결문으로 생물의 특허를 인정하지 않았다. 그러나 제너럴 일렉트릭은 끈질기게 항고를 했고, 결국 1980년에 대법원은 5:4의 근소한 표차로 특허를 인정했다. 당시 재판장 워렌 버거는 "생물이냐 무생물이냐가 아니라 인간의 발명이냐 여부가 중요하다"고 말했다. 이후 생물 특허가 봇물을 이루었다. 흔히 베이돌 법안이라는 별명으로 불리는 특허 및 상표에 관한 개정법안(Patent and Trademark Amendments Act)은 연방의 공적 자금의

지원을 받아 수행한 연구결과를 대학이나 기업 등이 특허를 받을 수 있는 권리를 부여해서 과학연구의 사유화를 부채질했다.

또한 과거 화학 등 특정 분야에 한정되었던 몬산토와 같은 초국적기업들이 더 높은 부가가치를 찾아 생명공학과 같은 신흥기술(emerging technology)로 방향을 전환해서 천문학적 연구비를 특정 기술 영역에 쏟아붓기 시작하면서 과학연구의 구조적 기반 자체에 큰 변화가 나타나기 시작했다.

베이돌 법안과 차크라바티 판결은 과학기술의 규율양식에서 나타난 큰 변화이지만, 몬산토의 경우에서 대표적으로 나타나듯이 초국적기업들은 전통적인 기업과는 다른 기형적인 특성을 가진 낯설고 이종적인 새로운 행위주체이며, 그 실행양식도 전례를 찾을 수 없을 만큼 이윤을 향한 자본의 자기 운동을 노골적·폭력적으로 강제한다는 점에서 학계와 시민 사회 전반을 당혹스럽게 만들고 있다.

다른 한편, "과학기술 = 전문가의 영역"이라는 전통적인 고정관념을 넘어 일반 시민들이 과학기술을 둘러싼 의사결정에 참여하고, 나아가 과학기술 지식을 공동생산하기까지 하는 등 적극적인 역할을 수행하게 된 것도 중요한 변화 중 하나이다. 여기에는 과거 노동조합이나 정치적 단체들을 중심으로 정치적 투쟁으로 한정되었던 사회운동이 환경, 보건, 과학기술 등 다양한 주제를 포괄하는 신사회운동으로 주체와 주제가 확장된 것도 한 몫을 했다. 1980년대 이후 합의회의, 과학상점 등 시민참여 제도가 널리 채택되었고, 미국에서는 AIDS 환자들과 가족, 그리고 에이즈 활동가들이 중심이 되어 결성한 ACT UP과 같은 단체가 당시 에이즈를 동성애자들의 질병으로 보는 사회적 편견으로 치료제 개발이 이루어지지 않고 발병자들이 거의 90% 이상 죽음으로 내몰리던 상황에서 에이즈 치료제를 개발하도록 NIH, FDA 등을 압박하고 스스로 자금을 모아 연구자들에게 투자하고, 일부 운동가들은 직접 연구자가 되어 에이즈를 통제 가능한 질병으로 바꾸어놓는 데 성공했다.[33] 이런 움직임들은 과학기술의 참여적 전환(participatory turn)이라 일컬을 만한 변화이다.

이처럼 과학기술의 행위주체, 규율양식, 지원체계 등에서 급격한 변화가 나타나면서 과학기술의 사회적 연구에서도 새로운 접근방식이 요구되기 시작했다. 과학의 새로운 정치사회학, 또는 신과학정치사회학(New Political Sociology of Science, NPSS)이라는 이름으로 포괄되는 접근방식은 과학을 둘러싼 급격한 상황변화를 구조적으로 이해하려는 노력의 하나이다.

스콧 프리켈과 켈리 무어가 이야기하듯이 NPSS는 지식정치의 권력과 불평등이라는 구조적 차원에 초점을 맞춘다. 이 접근방식은 왜 과학이 어떤 집단보다 다른 집단에서 더 잘, 또는 자주 작동하는지, 그리고 인종, 젠더, 계급, 직업 등의 사회적 속성이 특정 결과를 조건 지우고 상호작용하는 방식은 무엇인지 탐구한다. 따라서 생명, 민주주의, 대학-기업 관계, 페미니즘, 환경, 보건, 윤리 등의 주제가 주된 관심사로 부상하게 되며, 분석의 초점이 권력과 자원의 비대칭성에

---

33   ACT UP(AIDS Coalition to Unleash Power)은 1987년 초 뉴욕에서 결성되었다. 이 주제에 대해서는 Epstein(1995)을 보라. 최근에 이 조직의 초기 10년(1987년에서 1996년까지) 역사를 다룬 다큐멘터리 〈역병에서 살아남는 법(How to Survive a Plague)〉(2012)이 제작되었다.

집중된다.

이 접근방식에 따르면 신자유주의 정치경제학은 생명, 환경, 보건, 안전, 윤리 등의 가치가 상대적으로 간과될 수밖에 없는 구조적 측면을 내재한다. 과학지식사회학을 비롯해서 지금까지 과학기술의 사회적 연구는 과학기술의 수행, 과학지식/기술/인공물의 생산 등에 초점을 맞추어온 데 비해, 과학기술의 비수행, 비생산에는 상대적으로 관심을 기울이지 않았다. 반면 NPSS는 "왜 어떤 과학기술이 수행되지 않았는가의 문제(undone science problem)"[34]에 초점을 맞추어야 한다고 주장한다. 따라서 불평등은 과학지식 생산양식의 변화에 따른 결과이면서 동시에 전 지구적 사유화 체제 속에서 생산되는 과학지식에 규정적 영향을 미치는 요소로 파악된다. NPSS 학자들은 불평등이라는 주제가 오늘날 과학기술 연구의 적극적 주제로 다루어져야 한다고 제기한다. 그것은 우연적이거나 일화적 현상이 아니라 제도, 연결망, 권력이라는 구조에 의해 특정 지식만을 생산하고 공공의 이익을 추구하려는 사람들에게 필요한 지식은 생산되지 않는 "체계적인 지식 비생산(nonproduction of knowledge)", "강요된 무지"의 문제이기 때문이다. 이러한 과학지식 생산양식의 변화는 오늘날 생명에 가해지는 전례없는 위협과 죽음의 문화의 구조적 원인의 일부를 이루고 있다.[35]

---

34   한재각 장영배(2009)가 "undone science"를 "수행되지 않은 과학"으로 번역했다.

35   김동광, 2010, "상업화와 과학기술지식의 생산양식 변화, 왜 어떤 연구는 이루어지지 않는가", 《문화과학》 64호, pp.327-347

과학지식 생산양식 변화—제도, 연결망, 그리고 권력

1990년대 이래 많은 학자들이 과학지식 생산의 변화과정에 주목했다. NPSS를 지지하는 학자들은 지식생산에서 권력의 제도적 기반을 더 중시해왔다.

스콧 프리켈과 켈리 무어는 『과학의 새로운 정치사회학을 향하여』의 한국어판 서문(2013)에서 그동안 과학기술학에서 지배적이었던, 실험실의 실천을 중심에 두고 미시 환경을 강조하는 접근방법의 한계를 지적했다. 이러한 접근은 "과학지식 생산의 선형 모델에 대해 설득력 있는 비판을 가했고, 언어, 물질성, 문화, 행위자의 행위능력이 하는 역할에 주목했다"는 점에서 많은 성과를 거두었지만, 과학의 주체와 실행양식, 그리고 과학을 둘러싼 상황변화는 더 이상 이런 접근으로 설명하기 힘들다는 것이다. 프리켈과 무어는 자신들이 주장하는 과학의 정치사회학이 지식에 대한 사회적 연구의 규모를 확장해서 실험실을 넘어 정부와 시장과 같은 제도적 시스템으로까지 나아가게 했고, 비과학자들이 사회운동이나 여타 대중참여를 통해 기존 지식에 이의를 제기하고 새로운 방향으로 지식생산의 방향을 트는데 핵심적 역할을 했고, 사회기술 시스템이 여러 집단에게 어떻게 차별적으로 경험되는지 주의를 기울였다고 말했다.[36]

NPSS는 지식생산과 확산과정을 조건지우는 제도(institution)와

36　　스콧 프리켈, 켈리 무어, 2013, "한국어판 서문"(『과학의 새로운 정치사회학을 향하여(스콧 프리켈, 켈리 무어 엮음, 김동광, 김명진, 김병윤 옮김, 갈무리)』)

연결망(network), 그리고 권력(power)의 문제에 초점을 맞춘다. 권력의 제도적 기반에 관심을 쏟으면서 실험실 문 밖에서 벌어지는 논쟁 연구와 과학지식이 생산되는 사회의 지배적인 법률적·경제적·정치적 구조에서 나타나는 지속적이고 복잡한 변화로 인한 갈등에 대한 연구로 이어지게 된다.

전 지구적 사유화 체제

프리켈, 헤스, 클라인맨 등 NPSS 진영의 학자들은 오늘날 과학기술지식이 생산되는 양식이 과거와는 크게 차이가 있다고 주장한다. 상업화의 경우에도, 과학이 제도화된 이래 상업화의 영향을 받지 않은 적은 없었지만 1980년대 이후의 상업화는 그 이전과는 사뭇 다른 양상을 나타낸다는 것이다. 그것이 이른바 전 지구적 사유화 체제(globalized privatization regime)라는 관점이다.

전 지구적 사유화 체제가 언제부터 시작되었는지 명확하게 선을 긋기는 힘들다. 그러나 많은 학자들은 1980년 무렵이 여러 가지 측면에서 변화의 기점이 되었다는 데 동의한다. 1970년대 말에 석유위기와 경제침체로 미국이 경쟁국들에 대해 경제적 우위를 잃었고, 그에 따라 경제개혁을 이루려는 다양한 노력이 시작되었다는 분석도 있다. 가장 많이 언급된 사건들로는 앞에서 이야기했던 베이돌 법안과 다이아몬드-차크라바티 판결이다.

그러나 베이돌 법안은 기업들이 자기 제품을 지배하고 통제하면서 협동연구에 참여할 수 있는 능력을 확장시켜준 1980년대의 여러 법률 중 하나에 불과했으며, 법률적 기반을 제공한 것은 사실이지만, 이것만을 오늘날 과학사유화의 원인으로 보기는 힘들다.(Mirowski and Sent, 2008) 미로프스키와 센트는 그보다는 사내 기업연구소의 몰락과 기업연구의 외주(outsourcing) 관행 확산을 좀더 중요한 요인으로 꼽았다. 상업화가 과학의 역사에서 줄곧 나타났지만, 1980년 이후의 상업화 양상을 그 이전과 구분하게 만드는 것은 기업 연구개발의 전 지구화와 그로 인한 전 지구적 상업화의 영향이라는 것이다. 지적재산권의 강화[37], 기업정책에 대항할 수 있는 각국 정부의 능력 약화, 낮은 비용으로 실시간으로 통신할 수 있는 기술능력의 개발, 1980년대 이후 전면화된 연구의 국제적 외주체제, 재구조화를 받아들여서 연구비를 대는 기업 측에 연구에 대한 통제권을 기꺼이 넘길 채비가 되어 있는 대학 등이 전 지구적 사유화 체계를 가능하게 해주고, 이전 시기와 구분하게 해준 구조적 토대였다. 이 대목에서 상업화 논의는 미국의 경계를 넘어 전 지구적 현상으로 확장된다.(Mirowski and Sent, 2008)

초국적기업과 전 지구적 외주 관행

상업화가 특정 지역에서 한 차례 일어나는 일화적(逸話的) 사건이 아니라 국가의 경계를 넘어서서 반복적으로 발생할 수 있는 것은 그

37　같은 맥락에서 Kleinman은 지적재산권 문제를 산학관계(university-industry relation, UIRs)의 구조적 맥락에서 작동하는 지적재산권 체제(intellectual property regime)로 보아야 한다고 말한다(Kleinman, 2003)

것을 떠받치는 구조인 전 지구적 사유화체제 때문이다. 그리고 이러한 전 지구적 사유화 체제를 구축하는 데 중요한 역할을 한 것이 초국적(超國籍)기업이다.

초국적기업의 존재는 그 자체로도 영향력을 갖지만, 구조적인 측면에서 신자유주의적 세계화라는 배경과 떼려야 뗄 수 없는 밀접한 연관성이 있다. 헤스는 신자유주의적 세계화가 초래하는 영향을 정치경제적 측면에서 다음과 같이 분석했다. "먼저 경제적 관점에서 전 세계적 공급 연쇄의 복잡성과 밀도 증가, 금융의 국제화, 대규모 초국적기업과 그들로부터 혜택을 받는 엘리트들에게 부(富)가 집중되면서 경제변화가 자연스러운 진화과정과는 거리가 멀게 국가정책이나 국제조약에 의해 추동되는 현상을 들 수 있다. 이러한 정책과 조약은 무역자유화를 지지하고, 복지국가의 역할을 축소시키고, 시장구조를 재편하고, 기업간 합병을 용이하게 해주는 방향으로 일관한다. 이러한 변화는 엄청난 부를 창출하지만, 미국을 비롯해서 많은 나라들에서 부의 재분배에서 나타나는 불평등이 날로 증가해왔다. 정치적인 관점에서, 세계화는 국민국가가 그 경제를 지시하고 조직하는 능력을 약화시킨다. 탈식민주의(post-colonial)의 작은 정부들은 이미 이러한 제약을 오랫동안 겪어왔지만, 미국과 같은 강력한 정부도 국제조약들, 국제정부조직, 초국적기업, 교역관계, 초국적 시민사회 조직 등의 날로 촘촘히 늘어나는 그물망에 의해, 자신들의 주권이 제약된다는 것을 깨닫게 되었다. 게다가 중앙정부와 도시, 지방자치체 등은 각기 독립적으로 글로벌 경제와 관계를 모색하게 되었고, 부분적으로는 국가정책이나 정치를 우회한다. 각급 수준의 정부들은 한때 그들의 고유한 권한이라고 여겨졌던 많은 기능을 비영리 부문이나 영리 부문에 넘겨주게 되었고, 선출직이나 지명직 공무원들에 의해 이루어지던 의사결정의 상당부분은 이제 이해당사자들 사이의 거버넌스로 대체되었다. 그 결과 '민주주의 결핍(democracy deficit)' 현상이 점차 만연하게 되었다."[38] 조금 길게 인용했지만, 헤스는 초국적기업과 전통적인 국가의 지배층, 그리고 국제조약과 같은 규율체계가 촘촘한 그물망을 형성하면서 복지국가의 역할을 제약하고 시민사회의 기능을 위축시켜 불평등을 확대한다고 분석했다.

이처럼 전 지구적 사유화 체제의 수립은 세계화의 다른 이름이라고도 할 수 있다. 공간적·시간적 거리가 사실상 소멸하면서 나타난 산업, 금융, 정치, 정보, 문화의 세계화는 20세기와 21세기의 생명공학 성장에서 중심을 이룬다. 세계화는 거대제약회사의 성공에서도 핵심적인 역할을 한다. 상위 20개 회사의 연간 총매출을 합치면 4000억 달러에 달하며, 그 범위도 전 세계에 미쳐 연구활동과 임상시험의 장소를 계속 이전하고 있다. 서구에서 임상시험의 비용이 증가하고 유사한 약으로 치료를 받은 적이 없는 피험자를 찾기가 어려워지면서, 제약회사들은 임상시험을 가난한 국가들로 외주를 주고 있다. 신자유주의 경제를 받아들이고 내부 투자를 유치하려 하는 동유럽 국가들은 이를 환영해왔다. 예를 들어 에스토니아는 자국의 교육받고 과학친화적인 인구가 신약 시험에 이상적이라고 광고하고

38　　　David J. Hess, 2009, *Localist Movements in a Global Economy; Sustainability, Justice, and Urban Development in the United States*, The MIT Press, pp.2-3.

있다. 인간 재생산에 관한 연구는 민
감한 윤리적·정치적 사안들과 결부
돼 있어 인간 배아줄기세포 연구의 장
소를 찾는 문제를 복잡하게 만든다.
여기서는 규제가 거의 혹은 전혀 없는
국가나 분명한 윤리적 규제가 있지만
부담이 크지 않은 국가가 대안으로 부
각되고 있다.[39]

| 그림 15 | 〈구글 베이비〉

　2009년 EBS 국제다큐멘터리영화
제(EIDF 2009) 개막작으로 상영된 이스라엘 감독 지피 브랜드 프랭
크의 〈구글 베이비(2009)〉는 많은 사람들에게 충격을 주었다. 이 작
품은 3개 대륙에 걸쳐 이루어지는 인터넷 시대의 '맞춤형 아기 생산'
을 생생하게 보여준 다큐멘터리로 신자유주의와 첨단기술이 결합하
는 시대에 생명이 다루어지는 방식을 적나라하게 고발했다. 이 과정
은 인터넷 쇼핑과 다르지 않으며, CEO는 이스라엘인이며 인터넷을
통해 고객의 주문을 받아 주로 유럽이나 북아메리카 지역에서 난자
와 정자를 모집한다. 고객의 취향에 따라 선택된 난자와 정자가 체외
수정된 수정란은 액화질소에 담겨 인도의 대리모에게 착상된다. 인
도가 아기공장으로 선택된 이유는 물론 생명윤리에 대한 규제가 없
기 때문이다. 이 작품을 관람한 사람들은 인터넷상에서 한결같이 "끔

39　　힐러리 로즈, 스티븐 로즈, 2015, 『급진과학으로 본 유전자, 세포, 뇌』, 김명진, 김동
광 옮김, 바다출판사, p.27

찍하다"는 반응을 보였는데, 그것은 영화 속에서나 나올 법한 맞춤형 아기생산이 이미 현실화되었기 때문이다. 〈구글 베이비〉는 전 지구적 사유화 시대에 생명이 다루어지는 방식을 잘 보여주고 있다.

세계화를 통해 생명공학 분야가 부를 창출하는 한 가지 방식은 이른바 '소매 유전체학(retail genomics)'으로 나타났다. 지난 2007년에 캘리포니아에 기반을 둔 회사 23앤드미(23andme)는 침 시료에 근거해 개인의 유전체 스캔을 제공하기 시작했다. 스캔은 완전한 서열을 제공해주지는 않지만, 회사의 투자 설명서에 따르면 심장병, 당뇨병, 일부 암 같은 만발성(晩發性) 증상 등 최대 100가지 질병에 대해 선별된 위험 관련 유전자들의 유무를 파악해낼 수 있으며 외모와 관련된 특징들을 예측하거나 조상을 추적할 수도 있다. 이 모든 결과를 겨우 199달러(2011년 가격)에 얻을 수 있는 것이다. 이내 23앤드미의 모험 사업을 뒤따르는 몇몇 경쟁사들이 등장했다. 미국-아이슬란드 회사인 디코드(deCode)의 자회사 디코드미(deCODEme)도 그 중 하나이다. 23앤드미의 상품은 이것이 '구매자에게 힘을 주고 연구를 가속시킬' 것이라는 근거하에 판매되고 있다. 불확실한 재정상황 속에서 개인 유전체에 대한 마케팅은 신생 생명공학 회사들이 미래를 확보하려는 수단이 되었다.

그러나 이런 유의 검사의 신뢰성, 재현가능성, 유용성에 대해서는 폭넓게 비판이 제기되어왔다. 예를 들어, 에반스와 동료 과학자들은 지난 2011년《사이언스》에 실은 "게놈 거품을 빼다"는 제목의 글에서 일부 닷컴 기업들이 일으키고 있는 "기대의 거품"을 현실적으로 파악하지 못하면 유전체 연구가 정당성을 잃을 수 있다고 경고했다.[40]

"E로 다이얼을 돌리세요", 생명윤리의 하청화

이러한 과학적 실행의 외주화 관행은 생명윤리 분야에서도 나타나고 있다. 지난 1988년 인간유전체계획의 일환으로 '출범했던 윤리적 법적 사회적 함의(Ethical Legal and Social Implications: ELSI)'에 배당된 예산은 HGP 전체 예산의 5%나 되었다. 이 돈은 가동할 수 있는 전문가와 전문지식의 풀에 비해 너무 거액이었다. 생명공학 태동기 이래 줄곧 비판적인 연구를 수행해온 로즈 부부는 최근 연구에서 HGP 이후 생명윤리 분야의 확장에 대해 비판적인 목소리를 냈다. "수준 낮은 연구와 공허한 학술회의, 도저히 읽을 가치가 없는 보고서와 전문 학술지들이 잡초처럼 자라났고, 넘치는 연구비로 인한 이러한 혼란에서 오늘날 생명윤리라 일컬어지는 학문적 산업이 출현하게 되었다."[41]

21세기 초, 독특한 미국의 산물이 된 생명윤리는 도덕과 돈의 융합으로 넉넉한 재정지원을 받는 학문활동이 되었고, 이 분야 연구자들을 위해 분명하게 마련된 진로, 경쟁관계에 있는 생명윤리 센터들 간의 영역 다툼, 자문 회사들, 서로 경쟁하는 일단의 인쇄본 학술지와 온라인 학술지들을 갖추었다. 미국의 경우, 생명윤리는 40여 년에 걸친 제도화의 과정을 거치면서 생의학 연구 내에 확실한 자리를 잡았고 그것의 당연한 특징으로 받아들여지게 되었다. 윤리는 이제 개별 연구자들이 내면화해야 하는 것이 아니라, 간편하게 생명윤리 전

40　　J.P.Evans, Meslin, E.M., Marteau, T.M., and Caulfield, T., 'Deflating the Genomic Bubble', *Science* 331, 861-2, 2011.

41　　힐러리 로즈, 스티븐 로즈, 같은 책, p.387

문가들에게 맡겨둘 수 있는 무엇이 되었다. 《네이처》지는 이러한 전개과정을 만족스럽게 보면서, 이제 대학의 생의학 연구자들이 '생명윤리가 필요하면 E에 다이얼을 돌려' 캠퍼스에서 생명윤리학자에게 상담을 할 수 있게 되었다고 평했다.[42]

오늘날 미국의 거의 모든 대규모 생의학 프로젝트들이 직원 내지 컨설턴트로 고용된 전문 윤리학자를 두고 있다. 생명공학, 나노, 로봇, 신경과학 등 신흥 기술이 등장할 때마다 미국을 비롯한 여러 나라의 윤리학자들 사이에서는 해당 분야를 선점하려는 경쟁이 벌어지곤 한다. 그로 인해 신경윤리와 같은 새로운 하위 분야가 생겨났으며, 그 창시자들은 각 분야가 서로 뚜렷이 구별되는 별개의 윤리 문제를 제기하고 있다고 주장하며 분화된 전문성과 전용 기금을 요구했다. 그동안 생명윤리는 전문성의 영역임을 주장하여 자신을 의학과 의학 연구에 필수불가결한 영역으로 만드는 데 확실히 성공했다. 그 결과 해당 분야의 윤리적 쟁점들과 생의학 연구의 잠재적 결과에 대한 도덕적 고려는 다른 사람들에게 위탁되었고, 자격 있는 전문가들에게 하청되었다는 것이다. 로즈 부부는 이러한 양상을 윤리 외주화로 인해 윤리가 잘나가는 산업이 되는 지극히 신자유주의적인 현상이라고 지적했다. 물론 이러한 현상은 미국에 국한되며, 우리나라를 비롯한 많은 국가에서 생명윤리를 비롯한 윤리분야는 여전히 충분한 지원이 미치지 못하는 영역이다. 그러나 로즈 부부의 뼈아픈 지적은 생명공학과 윤리의 구조적 유착 가능성을 제기한다는 점에서 유의미한 것으로 판단된다.

42　　Helen Pilcher, 'Dial E for Ethics', *Nature* 440, 1104-5, 2006.

NATURE|Vol 440|7 April 2006

DIAL 'E' FOR ETHICS

Facing a moral dilemma in the lab? No reason to panic. **Helen Pilcher** meets the academic troubleshooters who promise a quick answer to any ethical problem.

Stanford biomedical researchers can now phone a friend to discuss their pangs of conscience.

Sometimes you're midway into a research project before an ethical dilemma reveals itself. This was Joachim Hallmayer's experience at the Stanford School of Medicine in California. About a year after he and his team had begun recruiting children for a genetic study of autism, they realized that they couldn't agree what results to share with the parents. "It's sometimes difficult to know what information will be useful and what will be dangerous," admits Hallmayer, a psychiatric geneticist.

But the team was in luck. Across campus, at the Stanford Center for Biomedical Ethics, a pilot project offering biomedical researchers speedy practical advice on ethical concerns was under way. Hallmayer contacted the 'dial-an-ethicist' project, or bench-side consultation service as it is also known, and three weeks later got professional answers to his questions.

Hallmayer's team is now pursuing its autism study with a renewed sense of harmony. But the Stanford service aims to go beyond ethical troubleshooting, say co-founders David Magnus and Mildred Cho. "A lot of scientists don't really see ethics as a part of their job," says Cho. By making the usually academic field of bioethics more accessible, Magnus and Cho hope to promote a culture of ethical thinking within the laboratory.

Often scientists don't think about ethics until it is too late — sometimes when their research has already hit the headlines. In South Korea, disgraced stem-cell pioneer Woo Suk Hwang not only fabricated results, he also obtained eggs from women donors under questionable circumstances. And he did it all while claiming to follow ethical guidelines. It's an extreme example of the harm that can be caused when ethics advice is ignored, but one

> "It's sometimes difficult to know what information will be dangerous." —
> Joachim Hallmayer

that raises questions about the role of bioethicists in the laboratory.

Some people doubt whether practical ethics advice can make a real difference. Can bioethicists retain credibility when their advice is sought but ignored? Are they liable when things go wrong? And what about claims that they rubber-stamp most research proposals?

"Bench-side consultations are a way of integrating ethical thinking into a scientist's everyday life," says Magnus, director of the Stanford centre. Like most of his colleagues he doesn't think bioethicists should be expected to prevent misconduct. But he believes his bench-side service can foster integrity in trainee scientists and so indirectly prevent research going off the ethical rails.

The Stanford service is designed to help researchers identify the ethical and social issues that arise in their work and aims to complement, not replace, the bodies that regulate human and animal studies. Institutional review boards (IRBs), for example, oversee all federally funded US biomedical human studies. They evaluate the risks and benefits to people who participate, from their recruitment through to the confidentiality of results.

An IRB seal of approval must be in place before a study begins.

Unlike IRB approval, the Stanford service is voluntary, not mandatory, and it yields confidential advice, rather than edict. The Stanford team will advise researchers at any point in a study, although they prefer to be involved at the start. The pilot seeks to address issues, such as the broader societal implications of a study, that go beyond the scope of IRBs. In fact, the project was set up, in part, to offer advice on human embryonic stem-cell research, which initially fell outside the IRB's purview.

Brisk business

Over the past six months, the pilot service has given consultations to seven different Stanford research groups. Topics ranged from oncology trials to microarray analysis, and the ethical issues from conflicts of interest to what to do with incidental findings. Six of the queries were easily resolved, most within 24 hours, and half of the responses involved alerting researchers to existing rules rather than developing new policies.

Hallmayer's request, however, required deeper analysis. The California Autism Twin Study (CATS) plans to assess 300 twin pairs on a range of skills, including intelligence, language and planning ability. To date, more

| 그림 16 | 《네이처》에 실린 기사 "E로 다이얼을 돌리세요"

앞에서 소개한《네이처》기사는 과학자들이 윤리를 원할 때면 간편하게 다이얼 E를 돌려 캠퍼스에 있는 동료 생명윤리학자와 상담을 할 수 있게 된다고 했다. 연구자와 생명윤리학자들이 한 캠퍼스에 있다는 것은 서로 간에 긴밀한 대화를 촉진시키는 점도 있지만, 다른 한편 지나친 친분으로 인해 엄정한 판단을 요구하는 생명윤리학지의 독립성 상실이라는 문제점을 야기할 수 있다. 더구나 실제로 연구를 수행하는 과학자와 윤리학자들이 같은 연구 예산에서 지원을 받는 경우, 독립성 문제는 더 복잡해진다.

세계화로 인해 테크노사이언스의 압박은 과학자와 기술자들의 사회적 도덕적 책임까지 외부 하청을 제도화시켰다. 이제 과학자들은 굳이 특별한 도덕적 책임 의식을 갖지 않아도 무방하게 되었다. 하청된 생명윤리가 세계화된 생명공학 경제에 점점더 긴밀히 편입되면서 생명공학이 잘못된 방향으로 나아갈 때 그것을 억제할 기회는 점차 줄어들고 있다.

'수행되지 않은 과학 문제'
– 지식과 산물의 체계화된 비생산과 불평등

한편, 전 지구적 사유화 체제는 돈이 되는 분야에만 연구비가 몰려 일부 분야는 흥청망청 연구비를 사용하면서 도적적 해이의 문제가 빚어지는 반면, 생명, 안전, 윤리, 환경 등의 주제에는 연구비가 주어지지 않아서 필요한 연구마저 이루어지지 않는 문제를 낳고 있다. 이러한 양상은 과학기술이 발전할수록 심화되는 역설적인 상황을

야기하고 있다.

NPSS 학자들은 과학지식, 기술, 인공물의 생산에서 나타나는 편향, 연구결과에 대한 접근성의 불평등, 그리고 사회집단에 따른 차별적 영향이 일시적인 현상에 국한하지 않고 확대 재생산되는 것은 구조의 문제이며, 일부 집단에게 필요한 과학지식, 기술, 인공물이 체계적으로 비생산되기 때문이라고 본다. 따라서 다음과 같은 물음이 제기된다. 어떤 지식이 생산되는가? 누가 그 지식에 접근할 수 있는가? 어떤 종류의 연구가 수행되지 않는가?

신정치과학사회학의 접근방식은 수행되지 않은(undone) 과학 개념을 통해 좀더 구체적인 지향성을 얻게 된다. 단순하게 생각하면 어떤 연구가 이루어지면 필연적으로 연구가 되지 않는 영역이 생기게 마련이다. 과학연구에 할당할 수 있는 자원은 항상 한정되기 때문이다. 그러나 NPSS가 문제삼는 수행되지 않은 과학은 일상적인 과학 활동에서 나타나는 연구되지 않는 영역의 문제가 아니라 체계적이고 구조적인 과학지식의 비생산의 문제이다. 그들이 제도와 권력의 문제에 주목하는 이유는 그 때문이다. 누가 어떤 과학지식의 생산과 비생산을 결정하는가, 그리고 수행되지 않은 과학을 수행되게 만드는 것은 또한 누구인가의 문제가 중요하게 부각되기 때문이다.

정치경제 엘리트들이 지식이라는 정원에 물을 대고 잡초를 뽑을 자원을 소유하기 때문에, 지식은 정치경제 엘리트들의 목표에 부합하는 방향으로 성장하는 ("선택되는") 경향이 있다. 사회변화를 원하는 사회운동 지도자들과 산업 혁신가들이 그들의 연구

문제에 대한 답을 얻기 위해 "과학"에 도움을 기대할 때, 종종 그들은 텅빈 공간을—한 번도 발간되지 않은 저널의 특집호, 개최되지 않은 학술회의, 한 푼도 자금이 지원되지 않은 인식론적 연구—발견하는 반면, 훨씬 풍부한 자금을 지원받은 적들은 마음대로 가져다 쓸 수 있는 지식의 병기고를 갖추고 있다는 사실을 깨닫게 된다. 나는 이것을 "수행되지 않은 과학 문제(undone science problem)"라고 부른다. 활동가와 개혁지향적인 혁신가들의 관점에서, 수행되어야 할 과학이 수행되지 않은 이유는 그 연구가 이루어지지 못하게 가로막는 구조가 있기 때문이다.(Hess, 2007)

헤스는 정작 사람들의 건강과 안전, 그리고 윤리적 측면에서 필요한 연구가 이루어지지 않는 것은 우연한 일이 아니라, 그러한 연구가 이루어지지 못하게 가로막는 구조가 있다고 주장한다. 따라서 시민들에게 수행되지 않은 과학은 '의도된 무지', 또는 '강요된 무지'인 셈이다.

수행되지 않은 과학의 사례
-GMO의 안전성

수행되지 않은 과학의 대표적 사례로 GMO(Genetically Modified Organism)를 꼽을 수 있다. GMO는 분자생물학과 생명공학의 탄생 이후에 처음 시장에 등장한 산물 중 하나로 생명공학을 둘러싼 기대와 우려의 결집체라고 볼 수 있다. 또한 GMO는 그에 대한 인식을 둘

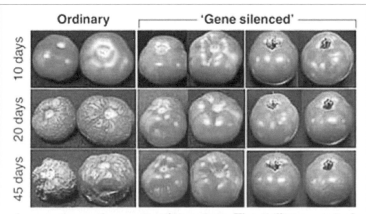

Image shows three sets of tomatoes. The ordinary control
tomatoes (extreme left) soften and shrivel up, while texture
of gene-silenced tomatoes remains intact for up to 45 days.
Photo credit: Asis Datta, Subhra Chakraborty, National Institute
of Plant Genome Research, New Delhi

| 그림 17 | 1994년에 최초로 상용화된 유전자 조작 토마토 '플레이버 세이버'

러싼 과학적 논쟁과 GMO의 도입과 생태계 방출을 둘러싼 사회적 논
쟁 역사를 통해 두 가지 서로 상반되는 특성을 배태하고 있다. 그것은
농경기술의 자기 전개과정의 연속성으로서의 유전자 조작의 산물이
라는 측면과 지금까지 생명의 역사에서 한 번도 등장하지 않았던 유
전적 조성을 가진 생물체로서의 새로움(novelty)이다(김동광, 2009).
이처럼 GMO는 그 탄생과 함께 이중성과 양면성을 가지고 있다.

　　1986년 미국의 칼진(Calgene)사가 무르지 않는 토마토, 플레이버
세이버(Flavr Savr)를 개발한 이래 해충 저항성 옥수수, 감자, 대두, 면
실, 카놀라 등 여러 가지 품목이 개발되어 전 세계에 판매되고 있다.
플레이버 세이버는 1994년 미국 식품의약품국(FDA)의 승인을 받아

| 그림 18 | GM 식품은 유럽에서 가장 강력한 저항에 부딪혀서 프랑켄 푸드라는 오명을 썼다.

최초로 판매가 허용되었으며, 이 외에도 유전자변형 옥수수, 콩, 토마토, 감자 등의 미국 내 판매가 허가되었다.

GMO는 단순한 인공물이 아니라 인간과 자연의 관계에서 지금까지와는 전혀 다른 형태의 잡종(hybrid)으로 간주된다. 과학사회학자 도나 해러웨이는 무르지 않는 토마토 플레이버 세이버가 등장한 사건을 "1994년 5월 19일, 외계체의 침공"으로 표현했다. 해러웨이는 플레이버 세이버를 지난 2000년을 규정하는 세 가지 합성물 중 하나(나일론, 플루토늄, GMO)라고 말했고, 단순한 물질이 아니라 혁명적 신세계의 새로운 주민들로 규정했다. 그 존재로 인해 세계가 변화했다는 것이다(Haraway, 1997). 그녀에게 GMO는 비자연이나 반자연이 아닌 새로운 자연이다.

GMO는 생명공학기술이 발달하면서 실제로 제품화로 연결된 첫 번째 사례에 해당한다. 실험실을 나와 현실에 적용된 생명공학기술의 최초 사례 중 하나인 셈이다. 따라서 GMO는 생명공학기술의 발전 과정에서 등장한 과학기술적·사회적·문화적 논란을 대표한다고 할 수 있다. 9장에서 다루었던 오늘날 GM 식품의 탄생을 가능하게 한 중요한 기술적 돌파구는 1970년대 초의 재조합 DNA 기술의 등장이었다. 새로운 기술이었던 재조합 DNA 기술에 대한 관점은 단일하지 않았으며, 당사자인 과학기술자와 미국 정부, 일반 시민들은 이 기술이 가지는 불확실성과 위험에 대해 제각기 다양한 대응양식을 나타냈다. GMO를 탄생시킨 재조합 DNA 기술은 탄생부터 과학기술적·사회적 논란에 휩싸인 셈이었다.

1994년 최초의 GMO가 승인을 받으면서 GM 식품은 순조로운 출발을 보이는 듯했지만, 이후 유럽을 중심으로 강력한 반대에 부딪혔다. 1990년대 후반 이후에는 동물 실험 과정에서 GMO가 인체 및 생태계에 해로운 영향을 미칠 수 있다는 GMO의 안전성을 둘러싼 과학기술적 논쟁이 본격화되었다. 또한 GMO가 인류의 식량난을 해결할 수 있는지, 그리고 GM 기술의 혜택이 기아에 시달리는 저개발국에게 돌아갈 수 있는지 아니면 개발 당사자인 초국적기업들만이 수혜자인지에 대한 사회적 논쟁도 이어졌다.

특히 유럽을 중심으로 GM 식품은 '프랑켄 푸드(Franken-food)', 즉 메리 셸리의 프랑켄슈타인 박사가 사체(死體)의 여러 부분을 모아 인조인간을 만들었듯이 종(種)의 경계를 뛰어넘어 여러 생물체의 유전자를 조합해서 만든 식품이라는 오명이 붙을 정도로 부정적인 평판을 받았다. GMO의 안전성에 대한 유럽의 인식이 미국과 큰 차이를 나타낸 데에는 여러 가지 요인들이 있지만, 그중에서도 광우병(BSE)이라는 집단 체험이 큰 영향을 주었다. 특히 영국은 광우병의 경험으로 GM 식품에 대한 시민들의 반발이 가장 강한 지역 중 하나였으며, 이러한 영국의 경험은 유럽 전체에 공유되고 있다. 광우병 사태는 GMO와 같은 새로운 기술로 인한 위험 규제의 새로운 필요성을 대중적으로 인식시켰다.

GM 식품의 안전성을 둘러싼 논쟁에서 가장 잘 알려진 사건은 1998년에 일어났다. 영국의 최대 생명공학연구기관인 로웨트 연구소의 푸스타이(Arpad Pusztai) 박사가 영국의 텔레비전 프로그램 〈움직이는 세계〉에서 발표한 쥐를 대상으로 한 실험결과는 사람들에게 엄청난 충격을 주었다. 유전자 변형된 감자를 먹인 결과 쥐의 면역체계가 크게 약화되고 뇌의 축소 및 위벽의 확장 등이 일어났다는 것이다. 푸스타이 박사는 이 발표 직후 연구소에서 해고되었고, 연구자료를 몰수당했다. 이후 푸스타이 박사의 연구가 타당한 것인지를 둘러싸고 지금까지도 논쟁이 계속되고 있다.

인체에 미치는 안전 이외에 생태계에 미치는 영향도 유전자 조작 곡물을 둘러싼 중요한 쟁점이다. 유전자를 삽입하는 이유는 해당 식물에 새로운 특성을 부여해서 특정 기능을 수행하게 하려는 것이다. 그러나 유전자는 다양하게 퍼져나갈 수가 있는데, 예컨대 인근 들판에 바람을 타고 꽃가루처럼 날아갈 수 있다. 그리고 유전자는 종 사이의 벽을 넘을 수도 있고 예기치 않은 장소에 전혀 예상치 않은 영향을 미칠 수도 있다. GMO의 불확실성 중에서 최근 관심의 초점이

| 그림 19 | 세라리니 박사의 발표를 크게 보도한 프랑스 일간지

되는 것은 바로 이러한 예상치 않은 영향이다.

지난 2012년 9월에 프랑스의 칸 대학교 분자생물학 교수인 세라리니(Gilles-Eric Serali) 연구팀은 몬산토에서 제조한 GMO 콩인 라운드업 레디 품종을 먹여 기른 쥐에서 탁구공만 한 종양이 발견되어 안락사시켰다고 미국의 학술지《식품 및 화학 독성(Food and Chemical Toxicology)》에 발표했다. 지난 2004년 몬산토사의 과학자들도 독성 실험결과를 같은 잡지에 발표했다. 그러나 세라리니 교수팀의 연구가 발표된 후, 몬산토를 비롯한 업계와 일부 생명공학 연구자들 사이에서 연구 프로토콜이 제대로 지켜지지 않았기 때문에 그 결과를 인정할 수 없다는 비판이 제기되었다. 결국 이 논문은 6개월 만에 게재가 철회되었으나 2014년 다른 저널에 재차 발표되었다.

GMO와 관련한 저널 발표가 철회되거나 게재가 거부되는 사태는 비단 세라리니 교수팀의 경우만이 아니다. 지난 2002년 버클리 대학의 대학원생이자 환경과학자인 데이비드 퀴스트와 그의 지도교수인 멕시코인 생물학자 이그나시오 차펠라가 멕시코의 유전자 조작 옥수수의 유전자가 인근 농장에서 재배되는 토착 종자에 전이(轉移)되었다는 사실을 발견했고, 이 발견은 지난해 11월《네이처》에 보도됐다. 그리고 두 사람의 논문은《네이처》2002년 4월호에 게재될 예정이었다. 그러나 노바티스와 몬산토와 관련된 생물학자들의 반박으로 논문 게재는 오랫동안 지연되었다.

사람들에게 가장 관심이 높은 GM 식품의 안전성 문제가 1998년 이래 아직도 충분한 연구가 이루어지지 않고 있으며, 간혹 뜻있는 과학자들이 연구를 해도 산업계, 그리고 업계와 직간접적으로 연관된 과학자들의 집중적인 공격을 받아 논문이 철회되는 상황은 얼핏 이해되기 힘들다. 그러나 과학기술의 전 지구적 사유화라는 구조적 측면에서 볼 때 이러한 연구는 교묘한 방식으로 방해되고 있으며, 시민들은 GMO의 안전성에 대한 무지를 강요당하는 셈이다. 이것은 비단 GMO나 생명공학에 국한되지 않으며, 나노, 로봇, 인공지능 등 신흥기술에서 전반적으로 나타나는 문제이다.

누가 이득을 보는가?

새로운 천년대가 시작되었던 지난 2001년 전 세계는 생명공학이 인류를 난치병에서 벗어나게 해줄 기술이라고 칭송했고, 많은 생명공학 연구자들은 HGP를 생물학의 "성배 찾기"라고 추켜세우면서 유전자에 대한 지식을 통해 인류가 생로병사의 오랜 굴레에서 벗어날 수 있다고 주장했다.

그러나 HGP가 완성된 지 10여 년이 지난 지금 그동안 생명공학 분야의 많은 발전에도 불구하고, HGP가 건강과 복지에 주는 이득에 관한 과장된 주장들이 결코 입증되지 않았다는 인식이 널리 퍼져 있다. 더 많은 유전적 위험 요인을 찾아냈고, 더 많은 확률적 예측 검사가 나온 것은 맞지만, 유전자정보에 근거한 유전자치료나 맞춤의료가 나오지는 못했다는 것이다. 줄기세포를 둘러싸고 우리나라에서 불어닥쳤던 한바탕의 광풍은 섣부른 기대가 어떤 결과를 낳을 수 있는지 잘 보여주었다.

생명공학이 시장에 나온 최초의 성과물로 꼽히는 유전자조작(GM) 곡물과 그를 원료로 삼은 GM 식품도 생명공학의 산물이 우리에게 어떤 이로움을 줄 수 있는지 의문을 제기하게 만든다. 흔히 다국적 기업들은 GMO가 식량문제를 해결하기 위해 피할 수 없는 선택이라고 주장하지만, 많은 학자들은 오늘날 인류가 겪고 있는 영양 부족과 기아가 오히려 이익만을 좇는 기업들이 야기한 결과라고 주장한다.

GMO 개발은 다국적 기업들이 주도하고 있고 이들은 식량문제를 해결할 수 있는 가치있는 곡물보다는 시장가능성이 있는 상품을 원한다. 그들은 저개발국에 환금 작물만을 단일 경작하도록 권장하며, 이러한 경향은 기업의 힘을 증대시키는 반면, 전체적으로 볼 때 지역 농업의 다양성과 영양분의 질을 감소시키고 세계 대부분의 지역에서 경작자들의 빈곤 퇴치를 위해 아무런 도움도 되지 않을 것이다. 기업농업이 농부들을 대체시키고 그 대가로 안전과 보호는 뒷전으로 밀려날 수 있다.

흔히 GM 작물의 인체 유해성으로 관심이 집중되지만, 전 지구적 사유화 체제라는 관점에서 볼 때 GM 작물이 산업화된 농업 구조에서 차지하는 위치와 그 역할을 충분히 고려할 필요가 있다. 세계에서 가장 많이 GM 작물을 재배하고 있는 미국, 캐나다를 비롯한 농산물 수출국들은 농업 산업화가 가장 빠른 속도로 진행되는 나라들이기도 하다. 오늘날 농업과 농촌의 모습은 놀랄 만큼 철저하게 변화하고 있다. 수천 년 동안 지속되었던 전통적인 농업의 성격이 크게 바뀌었고, 가족농이 급속도로 파괴되면서 기업농업으로 전환되고 있다. 이러한 산업화된 농업체계는 몬산토와 같은 초국적 생명공학 기업, 거대 식품회사, 다국적 외식산업 등 수많은 이해관계가 서로 얽히면서 복잡한 구조를 이루었다. 이 과정에서 산업화된 농업은 전통적인 의미에서의 먹거리가 아니라 식제품을 위한 값싼 원자재를 생산하는 역할을 담당하게 되었다.

오늘날 과학기술이 발달하면 그 혜택이 모두에게 돌아갈 것이라는 순진한 기대는 더 이상 설자리를 잃게 되었다. 과학이 발달할수록 그 혜택이나 피해가 특정 집단에게 쏠리는 사회적 불평등의 문제가 부상하게 되었다. 인터넷과 같은 정보기술이 발달할수록 그 기술을 이용해서 자기향상을 이룰 수 있는 계층과 그렇지 못한 계층 사이의 간격이 더 벌어진다는 정보 격차(digital divide) 개념은 이미 고전이 되었다. 각국 정부는 이러한 문제를 해결하기 위해 안간힘을 기울였지만 사실상 모두 실패했다. 이러한 격차는 오늘날 생명공학, 나노, 로봇 등 거의 모든 분야에서 판박이처럼 되풀이되고 있다.

앞에서 여러 번 거론했듯이 몬산토와 같은 초국적기업은 오늘날 GMO, 식량 산업화 등 생명공학을 둘러싼 많은 논의의 중심에 있지만 그들의 행태와 과학지식 생산양식에 미치는 영향은 충분한 연구가 이루어지지 않고 있다. 생명공학을 둘러싼 최근의 움직임은 "생명공학의 발전을 통해 이득을 얻는 세력은 과연 누구인가?"라는 구조의 문제에 관심을 돌려야 할 필요성을 제기한다.

- 김동광, 2009, "불확실성에 대응하는 위험거버넌스: 생명공학사례, GMO와 위험 거버 넌스를 중심으로", 2009 한국과학기술학회 후기 학술대회 발표문
- _____, 2010, "상업화와 과학지식생산양식 변화-왜 어떤 연구는 이루어지지 않는가?", 《문화과학》 2010년 겨울호(통권 64호) pp.324-347
- _____, 2011, "지향점으로서의 공익과학", 시민과학센터 『시민과학』, 사이언스북스
- 로즈, 힐러리, 스티븐 로즈, 2015, 『급진과학으로 본 유전자, 세포, 뇌』, 김명진, 김동광 옮김, 바다출판사
- 모랑쥬, 미셸, 1994, 『실험과 사유의 역사 분자생물학』, 강광일, 이정희, 이병훈 옮김, 몸과마음
- 프리켈 스콧, 무어 켈리, 『과학의 새로운 정치사회학을 향하여』, 김동광, 김명진, 김병윤 옮김, 갈무리
- 한재각, 장영배, 2009, "과학기술 시민참여의 새로운 유형: 수행되지 않은 과학 하기-한 국의 두 가지 사례-아토피와 근골격계 질환,《과학기술학연구》 9권 1호 pp.1-31
- Evans, J.P., E. M. Meslin, T. M. Marteau, and T. Caulfield, 2011. 'Deflating the Genomic Bubble', *Science* 331, pp.861-862
- Epstein, Steven, 1995, *The Construction of Lay Expertise; Aids Activism and Forging of Credibility in the Reform of Clinical Trials, Science, Technology & Human Values*, Vol.20 No.4, pp.408-437
- Frickel, Scott, Sahra Gibbon, Jeff Howard, Kempner Joanna, Ottinger Gwen, and Hess David, 2010, Undone Science; Charting Social Movement and Civil Society Challenges to Research Agenda Setting, in *Science, Technology & Human Values* 35(4) 444-473
- Haraway, Donna, 1997, *Modest_@Second_Millenium.FemaleMan©_Meets_OncoMouseTM; Feminism and Techonoscience*, Routledge New York, London
- Hess, J. David, 2007, *Alternative Pathways in Science and Industry; Activism, Innovation, and the Environment in an Era of Globalization*, MIT Press

- Hess, J. David, 2009, *Localist Movement in a Global Economy; Sustainability, Justice and Urban Development in the United States*, The MIT Press
- Kleinman, Lee Daniel, 2003, *Impure Cultures, University Biology and the World of Commerce*, The University of Wisconsin Press
- Mirowski, Philip and Esther-Mirjam Sent, 2008, "The Commercialization of Science and the Response of STS" in Hackett J. Edward et al(edit), 2008, *The Handbook of Science and Technology Studies*(3rd edition), The MIT Press
- Pilcher, Helen, 2006. 'Dial E for Ethics', *Nature* 440, pp.1104-5

에필로그[1]

斷想—생명에 대한 다른 관점들

　이 책은 생명에 대한 관점의 변화, 특히 분자적 생명관이 형성된 과정을 살펴보려는 시도였다. 그런데 어찌 보면 '생명이란 무엇인가' 라는 물음은 그 자체가 매우 직설적(直說的)이다. 사실 이런 직설적 물음의 전통도 그 역사적 맥락을 추적한다면 이 책에서 파헤치려고 했던 근대과학혁명 이후 자연과 세계에 대해 우리가 발전시키고 견지해왔던 태도와 무관치 않을 것이다. 다시 말해서 생명의 본질에 무언가가 있을 것이라는 실체론적 관점이 그 물음 깊숙한 곳에 깔려 있다는 뜻이다. 앞에서 다루었던 슈뢰딩거를 비롯한 물리학자들이 생명에 대해 단도직입적으로 제기했던 '생명이란 무엇인가'라는 물음의 배후에는, 그것이 무엇이든 간에, 생명에 본질이 있을 것이라는

1　　이 에필로그는 다음 글을 기초로 한 것임을 밝혀둔다. 김동광, 2010, 「사회생물학의 인식론적 경향, 그리고 그 대중적 차원들」, 《인간연구》18호, 가톨릭대학교 인간학연구소. pp.41-68

믿음이 있었던 셈이다.

　또 다른 측면에서 '생명이란 무엇인가'라는 물음은 그 물음 자체가 생명을 어떻게 탐구할지의 방향성을 제시한 것이라고 볼 수 있다. 토마스 쿤은 과학이 자유롭고 창의적인 활동이라는 고정관념을 깨뜨리고 패러다임이라는 완고한 틀 속에서 이루어지는 활동으로 간주했다. 그는 패러다임이 수립된 이후 수행되는 정상과학의 가장 큰 특징은 그 패러다임이 중요시하는 문제를 해결하려는 퍼즐 풀기라고 보았다. 이 퍼즐에는 답이 있으며, 패러다임은 친절하게도 어떻게 그 퍼즐을 풀어야 하는지 문제 풀이 유형과 방식까지 제공한다. 슈뢰딩거의 저서 『생명이란 무엇인가』가 중요한 의미를 가지는 것은 이 책의 제목으로 표현된 '생명이란 무엇인가'라는 연구 문제를 과학자들에게 제기했을 뿐더러 이 물음에 답이 있다는 것을 확인해주었고, 문제 풀이 방식을 시사했기 때문이다. 생명의 분자적 패러다임이 수립되기 전에는 그런 퍼즐들은 아예 존재하지 않았다. 어떤 면에서, 과학이 문제 풀이를 잘 하는 까닭은 자신이 낸 문제를 스스로 풀기 때문이다. 분자생물학 이전의 생물학의 전통은 에둘러 물음을 제기하는 자연학(自然學)의 오랜 전통에 맞닿아 있었다. 자연학은 직설화법으로 답을 내놓으라고 자연을 닦달하는 것이 아니라 자연으로 나아가 지혜를 구하는 방식이었다.

　이런 유의 직설화법은 근대과학 전반에서 익숙하게 찾아볼 수 있다. 요즈음 세간의 화제가 되고 있는 인공지능을 둘러싼 논의에서 나오는 '지능이란 무엇인가'라든가 '우주는 왜 존재하는가' 등의 물음들도 같은 맥락에 해당한다. 계몽주의 이래 성공에 크게 도취한 근대

과학은 모든 것을 설명할 수 있다는 과도한 자신감을 갖게 되었다.

분자적 생명관의 문제점은 단지 생명현상을 유전자로 환원시키려는 환원주의와 유전자 결정론적 관점을 유포한다는 면에 그치지 않는다. 또 다른 문제는 오늘날 이러한 생명관이 지배적 지위를 유지하면서 생명에 대한 담론을 독점해 생명에 대한 다른 관점들을 소외시키고 억압할 수 있다는 점이다. 현실에서 생물학 연구 방향을 분자적 접근으로 편중시켜서 연구의 다양성을 저해할 수 있기 때문이다. 그러나 좀 더 근본적인 문제는 생물학을 통해 생명의 모든 비밀을 밝혀낼 수 있을 것이라는 믿음을 유포시켜서 생명에 대한 다른 설명이 가능할 수 있다는 상상 자체를 막는 것이다.

미국의 시인이자 농부, 문명비평가인 웬델 베리(Wendell Berry)는 알지 못함, 즉 무지(無知)에 대한 인식을 강조하면서 지금까지 우리가 얻은 지식의 불완전함을 강조했다. 그는 우리의 삶을 둘러싼 신비가 결코 무언가로 축소되거나 환원될 수 없다고 말하면서 환원주의적 생물학의 문제점을 이렇게 지적한다.

> 만일 우리가 불완전한 지식을 오만하고 위험한 행동의 근거로 사용하지 못하도록 막을 문화적 수단을 확보하지 못한다면, 지적인 학문 자체가 가공할 위험이 될 것이다… 결국에는 우리가 알아내고야 말 것이며, 알아낼 수 있다는 가정하에 유기체 안에서 각 기관의 "목적"이나 생태계 안에서 각 유기체의 목적을 연구한다면 이것은 자연을 단지 현재, 혹은 미래의 이해를 위한 하나의 주제로 포획하는 것이고, 그러한 이해는 훨씬 더 심한 산업적 · 상업

적 낙관주의의 토대가 될 것이며, 공동체와 생태계, 지역 문화에 대한 더욱더 심한 착취와 파괴의 발판이 될 것이다.(베리, 2000)

그는 환원주의적 접근방식을 '정복주의적 이해'라고 비판한다. 이러한 접근방식은 세계 속에 설명되지 않는 영역이 있을 수 있다는 가능성을 아예 인정하지 않는다. 따라서 세계는 이미 과학으로 설명된 영역과 아직 설명되지 않은 영역이라는 이분법으로 나뉜다.

그렇다면 과학에서 정복적이지 않은 설명이나 이해방식이 존재하는가? 오늘날 지배적인 지위를 차지하는 분자적 생명관과 정복주의적 설명양식 때문에 이러한 지배적 방식과 다른 대안적 과학적 설명과 이해가 억압되고 있지만, 매클린톡(Barbara McClintock)이나 하이젠베르크와 같은 과학자들을 통해 다른 가능성을 찾아볼 수 있다.

옥수수 유전자에서 나타나는 '자리바꿈' 현상을 연구해서 유전자가 길다란 실에 꿰어진 고정된 무엇이 아니라 유동적이고 역동적으로 움직인다는 사실을 밝혀내 노벨상을 받았던 매클린톡의 경우는 생명에 대한 다른 접근이 가능하며, 다른 접근을 통해서 생명에 대한 '온전한 이해'가 가능할 수 있다는 것을 보여주는 몇 안 되는 사례들 중 하나이다. 매클린톡은 전통적인 유전학의 훈련을 받았고, 그녀가 연구하는 주제도 유전자였지만 "이제 곧 유전자의 비밀을 밝히겠다"는 사람들과는 다른 길을 택했다. 그녀가 밝혀낼 문제는 유전자가 아니었고, 유전자는 단지 '상징'일 뿐이었다. 매클린톡 역시 세포에서 이루어지는 유전현상의 구체적인 과정을 이해하기 위해 물리적 변화에 일찍부터 관심을 가지고 이 문제에 몰두했지만, 그녀는 생명체 전체를 한꺼번에 보아야 한다는 신념이 있었다. 유전자의 자리바꿈은 유전자 내부에서 결정되는 것이 아니라 세포 전체, 생명체 전체, 나아가 그 생물이 들어 있는 환경까지 포괄되는 현상이라는 것이다.

매클린톡은 분석적 접근과 환원주의 등의 전통적 과학적 접근과는 다른 길을 택했다. 흔히 근대과학은 객관적 연구를 위해 연구자와 연구대상 사이의 분리를 전제하지만, 매클린톡은 연구대상인 옥수수와의 교감(交感)과 느낌을 통한 이해라는 다른 경로의 가능성을 확인시켜주었다. 그것은 유전자로 환원될 수 없는 "옥수수라는 생명 전체가 살아가는 일반적인 생명원리, 즉 생명의 느낌"이었다. 이러한 이질적인 방법, 그리고 여성이라는 이유 때문에 그녀는 탁월한 연구업적에도 불구하고 30년이나 늦게 노벨상을 받아야 했다. 그녀가 입증한 과학적 이해의 또 다른 새로운 측면은 흔히 가설수립, 논증, 계산, 입증 등의 방법을 통해 답에 도달하는 방법이 아닌 직관(直觀)을 통한 인식이다. 매클린톡에게 직관은 답에 도달하는 중요한 경로 중 하나였다.(켈러, 2001)

또한 불확정성의 원리를 밝혀내서 양자역학의 수립에 중요한 역할을 했던 하이젠베르크는 과학, 특히 현대물리학에서 '이해'가 뜻하는 바가 무엇인지에 대해 깊이 천착했다. 그는 과학자가 쓴 가장 철학적 자서전 중 하나인 『부분과 전체』의 한 장을 "현대물리학에서의 '이해'라는 개념"에 할애하기도 했다. 그 후 하이젠베르크는 당시의 문제의식을 발전시켜서 『물리학과 철학』이라는 책을 썼다. 그는 물리학자이면서도 과학개념과 학술언어의 한계와 일상언어의 중요성을 제기한 폭넓은 사상을 개진했다. 그는 현대물리학의 발전으로 이상화된 과학개념이나 학술언어는 "세련된 실험적 보조수단을 이용한 경험에서 유도"되지만, 바로 이러한 "이상화 또는 엄밀한 정의로 인해 실재와의 결합을 상실한다"고 지적한다. 반면 일상언어는 "세계와의 직접적인 결합으로 구성"되어 있고, 실재를 묘사하기 때문에 "수백 년 간 실재 그 자체의 변화와 마찬가지로 부단한 변화를 겪게 되지만, 그로 인해 실재와의 결합은 아주 견고하고 분리되지 않는다". 따라서 "과학개념은 '부분적 실재'와 잘 들어맞지만, 다른 현상 집단에 대해서는 일치점을 상실한다"는 것이다.

하이젠베르크의 '부분과 전체'의 사상은 사회생물학의 접근방식과 상당한 대비를 이룬다. 하이젠베르크는 양자역학적 세계관이 과학개념의 과대평가, 즉 과학의 진보에 대한 지나친 낙관과 비관 모두를 경고한다고 말했다. 또한 그는 "새로운 결과가 물리학적 개념을 다른 영역에 강제적으로 적용하는 데 대한 진지한 경고를 담고 있다"고 말한다. "오늘날 사람들은 물리학의 개념, 또는 양자론 개념이 생물학이나 과학의 다른 분야에 확실하게 적용될 수 있다는 생각을 덜 가지게 될 것이다. 반대로 사람들은 낡은 개념이 현상을 이해하는 데 아주 유용했던 그런 과학 분야에 있어서조차 새로운 개념으로 들어가는 문을 열어놓고자 한다."(하이젠베르크, 1988)

결국 그는 과학이 부분적 실재와 부합하는 '국소적 지식(local knowledge)'임을 강조했고, 전체에 대한 이해란 국소적 이해를 다른 영역에까지 적용시키려는 성급한 단순화를 통해 이루어질 수 없다는 것을 시사했다.

매클린톡과 하이젠베르크의 사례는 오늘날 지배적 지위를 가지는 이해양식인 생명에 대한 분자적 패러다임 역시 국소적 이해에 불과하다는 것을 보여준다. 분자적 접근은 중요하며 우리에게 많은 새로운 관점을 열어주었다. 그렇지만 유전자를 중심으로 한 분자적 접근이 개체, 군집, 생태계 등 다른 수준의 접근에 비해 더 근원적이라는 근거는 없다. 생명에 대한 이해는 다양한 수준에서 다양한 방식으로 이루어질 수 있으며, 이러한 해석들 중에서 어느 하나가 특권적 지위를 갖지 않는다. 생명을 보는 창문은 하나가 아니라 여럿이다.

• 베리, 웬델, 2000, 『삶은 기적이다, 현대의 미신에 대한 반박』, 박경미 옮김, 녹색평론사

• 켈러, 이블린 폭스, 2001, 『생명의 느낌, 유전학자 바버라 매클린톡의 전기』, 김재희 옮김, 양문

• 하이젠베르크, 베르너, 1988, 『물리학과 철학』, 구승희 옮김, 온누리

찾아보기

생명의 사회사

1판 1쇄 찍음 2017년 8월 25일
1판 1쇄 펴냄 2017년 8월 31일

저작권자 고려대학교 산학협력단 · 김동광

주간 김현숙 | **편집** 변효현, 김주희
디자인 이현정, 전미혜
영업 백국현, 도진호 | **관리** 김옥연

펴낸곳 궁리출판 | **펴낸이** 이갑수

등록 1999년 3월 29일 제300-2004-162호
주소 10881 경기도 파주시 회동길 325-12
전화 031-955-9818 | **팩스** 031-955-9848
홈페이지 www.kungree.com | **전자우편** kungree@kungree.com
페이스북 /kungreepress | **트위터** @kungreepress

ⓒ 고려대학교 산학협력단 · 김동광, 2017.

ISBN 978-89-5820-474-9 93470

값 23,000원